韩林涛 主编

A Beginner's Guide
to
Translation Technology

Programming Lessons *for* Translators

译者编程入门指南

清華大學出版社
北京

内容简介

高等外语教育是我国高等教育的重要组成部分。“新文科”建设过程中，高等外语教育如何积极迎接新科技革命挑战、新技术如何融入文科类课程、外语专业学生如何开展综合性跨学科学习？本书是回答这一系列问题的一次实验性探索。

本教材共九章，定位为翻译专业本科、翻译专业硕士、职业译者、翻译爱好者的编程入门学习指南，旨在以浅显易懂、层次清晰的计算机辅助翻译小工具开发实例，循序渐进讲解基础编程知识，进而提升“新文科”背景下翻译学习者、翻译实践者的信息素养，助其更好地应对人工智能浪潮给翻译职业带来的冲击和挑战。

本教材从编程环境搭建过程入手，图文结合、步骤清晰完整，利于零基础文科背景学习者学习编程入门。在工具开发实例部分，本书选例兼顾技术背景解读和开发流程详解，在线术语管理工具开发、在线翻译记忆库开发、字数统计工具开发、译前准备中正则表达式应用、百度和有道机器翻译引擎接入等案例均与译者真实工作场景息息相关，紧密结合。本书采用混合式教学模式、与线上线下学习相结合，构建立体式学习环境，提升读者学习体验。

图书在版编目（CIP）数据

译者编程入门指南 / 韩林涛主编. —北京：清华大学出版社，2020. 5（2025. 1 重印）
ISBN 978-7-302-51834-1

Ⅰ. ①译… Ⅱ. ①韩… Ⅲ. ①程序设计—高等学校—教材
Ⅳ. ①TP311.1

中国版本图书馆CIP数据核字（2018）第273371号

责任编辑： 钱屹芝
封面设计： 子 一
责任校对： 王凤芝
责任印制： 丛怀宇

出版发行： 清华大学出版社
网　　址： https://www.tup.com.cn，https://www.wqxuetang.com
地　　址： 北京清华大学学研大厦A座　　**邮　　编：** 100084
社 总 机： 010-83470000　　**邮　　购：** 010-62786544
投稿与读者服务： 010-62776969, c-service@tup.tsinghua.edu.cn
质量反馈： 010-62772015, zhiliang@tup.tsinghua.edu.cn
印 装 者： 北京建宏印刷有限公司
经　　销： 全国新华书店
开　　本： 185mm × 260mm　　**印　　张：** 16.75　　**字　　数：** 343千字
版　　次： 2020 年 5 月第 1 版　　**印　　次：** 2025 年 1 月第 6 次印刷
定　　价： 68.00元

产品编号：079245-01

本书为“北京语言大学梧桐创新平台项目”（中央高校基本科研业务费专项资金）（16PT02）、“北京语言大学青年英才培养计划”和“北京语言大学语言资源高精尖创新中心‘面向冬奥会的跨语言术语库建设及应用开发’项目”资助的研究成果。

本书为"北京语言大学梧桐创新平台项目"（中央高校基本科研业务费专项资金）（16PT12）、"北京语言大学青年英才培养计划"和"北京语言大学语言资源高精尖创新中心'面向多模态的跨语言术语库建设及应用开发'项目"资助的研究成果。

在《周礼》和《礼记》中有对翻译职业的记载与描述，“寄”“象”“狄鞮”“译”等是历史上中国对翻译人员的称谓。随着世界各国交流的增加，译者的角色和作用日益凸显，其“伴侣”（工具）也随着科学技术的发展发生了重大变化：2000多年中，译者始终与笔和纸为伍，近代有打字机相伴，后来出现了文字处理机，直到1971年第一款个人计算机问世，286、386、486等不断升级。随后，“INK TextTools”术语管理工具出现，并成为今日业界广泛使用的计算机辅助翻译工具SDL Trados的基础。译者逐渐从纸和笔、从笔记、术语表等繁重的人工“语料积累”工作中被解放出来。

然而，需要翻译的文本量越来越大，用来完成翻译的时间越来越短，翻译主题越来越专业化，突发事件也频发不断，翻译需求倍增。总之，传统翻译模式与方法已无法应对世界变化之快。20世纪90年代，在爱尔兰这个本地化“硅谷”，IBM、微软、甲骨文等世界级企业的软件本地化工作得以完成。译者与技术在更深层次结伴而行。

中国的翻译教育已走过十个年头有余，在人才培养方面取得了一定的成果。但是，面对《谷歌发布神经机器翻译，翻译质量接近笔译人员》《谷歌神经机器翻译再突破：实现高质量多语言翻译和zero-shot翻译》《AlphaGo神经网络应用于Google翻译，将接近人类水平》《谷歌再掀机器翻译革命，人工翻译何去何从？》等技术的进步，有人“泰然处之，无动于衷”，也有人“惊呼恐怖，声言放弃”。

机器/软件与人的关系是什么？机器/软件与人的各自利弊何在？

《译者编程入门指南》试图回答这些问题，而且为译者推荐了新“伴侣”，即面对机器和智能发展译者应采用的解决方案。该书从相关知识铺垫到合理选择计算机和相关软件，再到在线双语术语库和术语管理工具，随后进入翻译记忆库和字数统计工具，再从正则表达式在译前准备中的应用到从零入手接入机器翻译引擎，读者看到的是以知识为基础、操作性极强且循序渐进的“伴侣”学习和应用过程。另外，教材涉及的译者编程能力建立在北京语言大学高级翻译学院翻译专业（本地化方向）四个年级学生的培养基础上，既是对翻译教育的经验和教训反思，也是对将编程引入翻译专业教育教学大纲的深入思考。《译者编程入门指南》是译者的好“伴侣”，是译者必不可缺的工具，更是帮助译者“飞得更高”的翅膀。

翻译职业发展到今天，面对翻译智能化和自动化的挑战，唱衰翻译职业是对人类认知等特征表现出的无知，无动于衷则是面对挑战表现出的不负责任。翻译教育的根本在于培养并提升人的各种素养和能力，人文素养是基础，技术和工具使用素养是一种理性选择，必不可少。

拥抱技术，才能拥有未来。

刘和平
北京语言大学高级翻译学院
2019 年 8 月 18 日于北京

< 目录 >

第一章

导论

本章导言

“译者”（Translator）和“编程”（Programming）这两个词放在一起兴许会让翻译专业学生觉得很陌生，因为绝大部分正在学翻译和正在做翻译的人都不曾想过有一天自己会去写代码编程序。本书将展示如何开发简易的程序来解决翻译过程中遇到的技术问题。不论你是否曾被他人或自己打上“文科生”的标签，不论你是否曾笃定自己此生与编程无缘，相信本书内容会让你直观感受到技术给翻译服务带来的便利。

本章内容将重点介绍在今天的翻译行业发展背景下译者为什么要学习编程，以及如何学习编程。

1.1 翻译简史

“语言的起源”是科学界的一道难题[1]，语言学家、人类学家、考古学家等尝试通过各种方法来探究其根源，但始终没有达成共识。据估计[2]，在我们今天所处的星球上有多达六七千种语言，我们习惯于将两种语言之间的转换称为“翻译”，而翻译又可分为“口译”“笔译”和“手语翻译”。

翻译职业是世界上最古老的职业之一，如果在中国历史中去追寻翻译职业的痕迹，可以在许多史料中看到相关的记载。

如记录周朝（前 1046 年—前 256 年）职官制度和相关礼制的《周礼》一书中写道：“象胥，掌蛮、夷、闽、貉、戎、狄之国使，掌传王之言而谕说焉，以和亲之。若以时入宾，则协其礼与其言辞传之。”

儒家经典《礼记》中有这样的描述：“五方之民，言语不通，嗜欲不同，达其志，通其欲。东方曰寄，南方曰象，西方曰狄鞮，北方曰译。”唐朝经学家孔颖达这样解释[3]：“其通传东方之语官谓之曰寄，言传寄外内言语。通传南方语官谓之曰象者，言放(仿)象外内之言。其通传西方谓之狄鞮者，鞮，知也；谓通传夷狄之语与中国相知。其通传北方语官谓之曰译者，译，陈也；谓陈说外内之言。”

简单而言，在我国古代，“寄”“象”“狄鞮”“译”都是翻译人员的称谓，区别在于他们的工作语言不同。“胥”是指官府中有才智的小吏[4]，所以“象胥”是一种官名。

---

1 Christiansen, M. H. and S. Kirby.（2003）. Language evolution: the hardest problem in science? In M. H. Christiansen and S. Kirby (eds.), *Language Evolution*（pp. 1-15）. Oxford: Oxford University Press.

2 http://tac-online.org.cn/ch/tran/2010-07/02/content_8255857.htm

3 http://m.guoxuedashi.com/diangu/32763x/

4 http://agri-history.ihns.ac.cn/scholars/yxl/yxl135.htm

不过，中国历史上第一次大规模的翻译活动源自两汉时期佛经的翻译，历时 1000 余年。“翻译”一词也在这一时期出现，唐代史志目录《隋书·经籍志》[1] 写道：“章帝时，楚王英以崇敬佛法闻，西域沙门，赍佛经而至者甚众。永平中，法兰又译《十住经》。其馀传译，多未能通。至桓帝时，有安息国沙门安静，赍经至洛，翻译最为通解。”

自此之后，在中国的历史上，“翻译”一词便替代了前述的“寄”“象”“狄鞮”“译”等词，沿用至今。

1.2 翻译行业发展现状

许多翻译爱好者都会因翻译职业的悠久历史以及他们对语言本身的热爱而下定决心做一名翻译，但又因不理解当今翻译行业发展的现状而对翻译职业产生了误解。

中国今天的翻译行业又称“语言服务业”或“翻译服务业”，是伴随改革开放诞生的新兴服务行业。改革开放作为中国的基本国策，在正式推行后开放了外商直接投资，这种类型的投资目的在于利用中国廉价的劳动力、原材料，来生成产品，并将产品销售到中国以外的地区。在这个过程中，翻译服务并未产生太大的价值，直到跨国公司开始进行市场寻求型投资，将其产品销售到中国，为了适应中国的语言、文化、政策、法律法规而对产品进行适应性改变，由此催生了专业化的翻译行业。20 世纪 70 年代开始升温的跨国公司市场寻求型投资是语言服务业兴起的原动力[2]。但此时的语言服务业最重要的业务领域还是传统的笔译和口译业务，与计算机技术还没有太直接的联系。

谈起计算机技术，1946 年，世界上第一台电子计算机“ENIAC”（Electronic Numerical Integrator And Computer，译为“电子数字积分器和计算机”）在美国宾夕法尼亚大学问世。彼时的计算机体积庞大、运算速度低、成本高，主要用于科学计算，寻常百姓尚不能负担这样的计算机价格。到了 20 世纪 70 年代，不同类型的个人计算机接连问世，美国肯巴克（Kenbak）公司在 1971 年推出了一台名为“Kenbak-1”的计算机，号称是世界上第一款个人计算机。这时的计算机内部已经借助大规模集成电路极大提升了运行速度，从 20 世纪 40 年代的每秒几千次到几万次提升至当前的每秒上千万次到亿次。

当个人计算机开始进入企业、学校和家庭的时候，人们也开始进一步尝试将计算机与自己的日常工作结合在一起。1980 年，荷兰人 Jaap van der Meer 和 Simon Andriessen 在阿姆斯特丹创建了一家名为“INK”的翻译公司，他们在 1982 年获得了

---

1 https://ctext.org/wiki.pl?if=gb&res=386407&searchu=%E7%BF%BB%E8%AF%91&remap=gb

2 王传英 . 2014. 语言服务业发展与启示 . 中国翻译，35（02）：78-82.

IBM DisplayWrite System 的文档翻译合同。为了能够快速完成大批量、多语言的翻译项目，他们开发了“INK TextTools”[1] 工具。开发者认为，翻译质量受到诸多因素影响，其中最重要的是术语的一致性和准确性。“INK TextTools”包括多个组件，其中“Texan”用于创建和更新翻译文本中的术语，“LookUp”嵌入在当时的字处理工具 WordPerfect 和 WordStar 中，用于查询“Texan”中管理起来的术语。因此，本质上来说“INK TextTools”是一款术语管理工具。

可惜，“INK TextTools”因为种种原因没能最终成功商业化，但是它却成为了今天全世界的译者都在广泛使用的计算机辅助翻译工具塔多思（SDL Trados）的基础。

目光转至同时期的中国，从 1989 年开始，中国经济从过热进入低谷，宏观经济政策从抑制过热转向了启动经济。世界上少数国家对中国经济的封锁和改革的停滞，使中国的经济发展出现了停滞[2]。但在 1992 年，邓小平同志南巡，中国的改革开放进入“新时代”，中国的语言服务行业也迎来了巨变。1992 年前后，Oracle（甲骨文公司）、Microsoft（微软公司）、IBM（国际商业机器股份有限公司）等世界著名计算机技术巨头争先在中国成立办事处或中国分公司，中国的计算机市场进入快速发展期。1993 年微软发布视窗 3.1（Windows 3.1）简体中文版，标志着微软正式进军中国软件市场。为了降低软件国际化过程中语言翻译技术和人力资源等成本，国际大型软件开发商倾向于将软件翻译的业务交给专业的软件翻译公司，这类公司不仅要高质量完成翻译工作，还需要有足够的技术实力与软件开发商对话——而这是传统的翻译公司无法做到的。这类公司也因此演化为软件本地化（Software Localization）公司，他们所用的技术手段称为软件本地化技术，软件本地化技术的发展促成了专业语言服务商从语言翻译服务到软件本地化服务的转型[3]。

1.3 译者培养现状

20 世纪 90 年代软件本地化技术的广泛应用给语言服务人才培养带去新的挑战，爱尔兰有欧洲“硅谷”之称，IBM、微软、甲骨文等世界级企业的软件本地化工作均在爱尔兰完成，因此爱尔兰利默里克大学（University of Limerick）早在 1997 年就开始设立“本地化技术”专业[4]，在两学期的课程中要求学生学习“本地化导论”“计算机编程导论”“语言工程基础”“项目管理导论”“国际化最佳实践”“本地化工程”“质量与本地化”和“本

1 http://www.mt-archive.info/70/LangTech-1988-Olsen.pdf

2 http://news.ifeng.com/special/30economy/

3 杨颖波，王华伟，崔启亮 . 2011. 本地化与翻译导论 . 北京：北京大学出版社 .

4 https://multilingual.com/multilingual-newsletter/?nl_id=267

地化工具与技术”等课程。今天，这个专业已经更名为“多语言计算和本地化”，课程内容更加丰富，涉及“本地化项目管理”“高级语言工程”“本地化中的主要问题”“本地化标准和最佳实践”“本地化流程自动化”“翻译技术”“国际化最佳实践”等专业课程[1]。

由于20世纪90年代“本地化”概念才在中国开始萌芽，我国的翻译学科发展和翻译人才培养历程中，“本地化”很晚才出现，如今的本地化专业人才培养还要得益于“中国入世”。

2001年12月11日，中国正式加入世界贸易组织（WTO），中国的语言服务行业迎来了新的机遇。

中国入世后不久，上海外国语大学、广东外语外贸大学和北京外国语大学分别于2004、2006、2008年在外国语言文学一级学科内自主设置了翻译学学位点，培养翻译学的博士生和硕士生[2]。

2006年，教育部正式批准复旦大学、广东外语外贸大学与河北师范大学设立翻译本科专业（BTI, Bachelor of Translation and Interpreting）。同年，北京大学软件与微电子学院和北京大学计算语言所共同创建语言信息工程系，2007年9月第一批统招计算机辅助翻译专业（CAT, Computer-Aided Translation）学生入学，学生专业背景为计算机专业或语言专业，毕业后授予学位为“工程硕士”。

“在我国对外文化交流和社会发展的新形势下，社会对翻译的高级专门人才在数量和质量上的要求急剧上升，旨在让中国文化走出去的汉译外问题甚至提到了国务院办公机构的议事日程上。为适应这一形势，2007年1月，国务院学位委员会第23次会议以全票通过设置‘翻译硕士专业学位’（MTI，Master of Translation and Interpreting）。”[3]

截至2018年2月，全国翻译硕士培养单位246所，本科培养单位252所，但在翻译硕士和翻译专业本科的课程内容中，“本地化”依然是个陌生词，与利默里克大学的“本地化技术”专业相似的仅有北京大学的计算机辅助翻译专业，而此专业培养的是“工程硕士”，并非“翻译专业硕士”。

在很长一段时间内，由于中国传统的翻译公司和培养翻译人才的高校所处的“翻译行业”与“本地化行业”是独立发展的，“本地化”并没有引起太多重视，翻译行业相关的企业和学校内均没有太多专业本地化人才参与翻译业务和翻译人才培养，反而是“技术替代论”的盛行使得一大批从事翻译工作的人排斥技术，拒绝使用技术。

---

1 https://www.ul.ie/international/sites/default/files/Postgrad_Prospectus.pdf

2 http://www.china.com.cn/culture/zhuanti/zgyxd6/2009-11/09/content_18853197.htm

3 杨晓荣. 2008. 翻译专业指什么：正名过程及正名之后. 中国翻译，(03)：31-34.

实际上，彼时的“本地化技术”完全是机助人译的计算机辅助翻译技术，更多是通过工具的应用帮助译者提升翻译效率，流程自动化工具辅助译者完成简单的翻译质量控制，即便那时的机器翻译技术发展迅猛，也还达不到替代译者的地步。

直到2016年9月末，这样几条媒体报道在互联网上不胫而走，《谷歌发布神经机器翻译，翻译质量接近笔译人员》《谷歌神经机器翻译再突破：实现高质量多语言翻译和zero-shot翻译》《AlphaGo神经网络应用于Google翻译，将接近人类水平》《谷歌再掀机器翻译革命，人工翻译何去何从？》，这些新闻震动了翻译行业从业人员和高校翻译专业师生，许多人发自内心的惊呼“要被替代了！”

2016年9月27日“谷歌大脑小组”的科学家发表了一篇网文：《一个产品规模的用于机器翻译的神经网络》，提及谷歌最新的神经机器翻译系统GNMT（Google Neural Machine Translation System，谷歌神经翻译系统）取得重大突破，文中一些描述“与经典的基于短语的统计机器翻译模型相比，GNMT将若干关键语言对之间的翻译错误率显著降低了55%到85%”“法英、英西语言对的机器翻译质量已非常接近人工翻译质量”，经过媒体解读后，谷歌机器翻译随即变身成翻译从业人员的“终结者”，并与此前战胜人类顶尖围棋选手的人工智能系统AlphaGo相提并论。

人们本以为这样的新闻不过是昙花一现，关于机器翻译质量超过人工翻译质量的新闻很快就会从公众视野中消失，但没想到神经机器翻译的技术自此飞速演进，依靠新硬件、新技术和高质量的大数据，在越来越多的专业领域媲美人工翻译。

在这样的背景下，传统的翻译专业应当如何发展，新时代的译者应当具备怎样的能力，翻译教育过程应当进行怎样的升级改良，等等，这些都是亟待解决的新问题。

1.4 翻译专业（本地化方向）人才培养现状

2015年4月，北京语言大学高级翻译学院召开了本科翻译专业（本地化方向）论证会。中国翻译协会本地化服务委员会秘书长崔启亮、北京大学软件与微电子学院语言信息工程系副主任俞敬松、原北京大学翻译硕士教育中心王华树、北京语言大学信息科学学院语言监测与社会计算研究所刘鹏远、北京语言大学信息科学学院大数据与语言教育研究所于东、资深本地化专家师建胜等6位在本地化、自然语言处理、机器翻译、翻译教育领域的校内外知名专家与高级翻译学院荣誉院长刘和平、副院长许明、本科专业负责人刘丹、笔译系主任梁爽，以及卢宁、韩林涛、校教学督导组成员沈素琴共同参与此次论证会。

此次论证会后，北京语言大学高级翻译学院建立起了包含语言课程、翻译课程和技术课程三个主要模块的专业课程体系，学生在入学后先后学习相应难度的语言类课程、翻译类课程和信息技术类课程，并充分利用翻译实践、上机实践、企业实践等机会与社区内的互联网公司、语言服务企业以及本校信科学院的计算机专业学生共同探索网站建设、移动应用开发、游戏开发过程中的多语言本地化和国际化解决方案，为中国的信息技术产品、互联网产品走出去和国际产品引入中国做好专业知识储备。

2015 年 9 月，北京语言大学高级翻译学院翻译专业（本地化方向）第一届学生正式入学。该专业方向学生所学课程由五大细分模块构成：语言基础课程、计算机类课程、翻译类课程、本地化课程和其他课程。

语言基础课程包括英语读写、英语听说、英语国家概况、科技英语等；计算机类课程包括数学综合、初级编程、计算导论、数据库原理、网站设计与开发、数据结构、语言计算与信息检索、计算机辅助翻译等；翻译类课程包括翻译理论与实务、基础笔译、非文学翻译、经贸翻译等；本地化课程包括翻译与本地化实践、本地化概论、本地化实务等；其他课程包括思想道德修养、中国近现代史纲要、心理健康教育、军事理论等由学校面向全体学生开设的公共选修课程。

若按培养阶段来分：

本科一年级课程以语言基础课程和计算机基础课程为主，主要是帮助学生夯实语言基础、计算机基础，比如加强听说读写训练，了解数学基础知识、计算机基础知识、编程基础知识等。语言类课程由高级翻译学院教师承担，计算机基础课程由信息科学学院教师承担；

本科二年级开始，学生将会继续夯实语言基础和计算机基础，并开始培养较为基础的翻译能力；

本科三年级开始，侧重翻译教学和计算机教学的结合，并且开始引入本地化概论、本地化实践等真正与本地化行业所需专业知识相关的课程；

本科四年级则继续加强学生的专业学习，引导学生根据能力和兴趣接触行业，为学生的未来发展提供更多支持。

截至 2018 年，该方向同学连续三年成功申请四项国家级大学生创新创业训练计划项目（其中三项已评为国家级优秀项目），如：

“互联网 +”时代多语言电子杂志制作和发布技术探究，2016 年

内容：“互联网 +”时代的新媒体技术迅速发展，信息传播的媒介层出不穷，新媒体平台以全新的方式改变了人们沟通和交流的方式。在“互联网 +”时代，如何借助现代信息技术的力量讲好中国故事、推动中国文化走出去是当下的热点话题之一。其中的一步重要举措是信息的多语化。多语言信息的载体之一——多语言电子杂志的制作和发布是一项值得探究的课题。

中国文化微视频外译，2017 年

内容：适逢“互联网 +”时代的新媒体技术迅速发展，如何借助现代信息技术和新媒体平台推动中国文化走出去是当下的热点话题之一。目前，国内已有许多制作精良、内容翔实的中国文化系列节目（如央视出品的《文化中国》），而海外社交媒体平台上类似系列视频较少，因而输出本地化后的国产优质文化视频将会是中国文化“走出去”的有效途径。作为北语本地化专业的学生，我们通过一年多的“语言 + 技术”学习，已熟练掌握汉英翻译及视频本地化的相关技能，在这样的时代背景和专业背景下，我们希望能充分运用专业特长，学以致用，组建“中国文化微视频外译”项目组，将与中国文化相关的系列视频本地化，发布到国内外社交平台上以供更多人学习研究，在为传播中国文化贡献力量的同时提高专业翻译能力。

中外学生语言技术与本地化体验营，2017 年

内容：在全球化席卷世界的今天，如何借助现代信息技术的力量展示出当代语言技术发展的成果，促进中外信息技术成果的交流是当下的热点话题之一。而建立中外语言技术体验营，如何以“教学 + 体验”的方式，将中国当代语言技术发展中最有特色的成果展示给外国留学生亦是一项值得探究的课题。作为国内本科阶段第一批学习该专业的学生，我们计划结合北语留学生众多的环境优势，与北语中外语言服务人才培养基地合作，以“教学 + 体验”的方式，初期介绍本地化的基本概念、本地化流程、中国本地化发展的现状和成果，中期组织留学生体验本地化过程中运用的语言处理技术，后期带领留学生体验并实践一个完整的本地化项目，达到将中国当代语言技术发展的特色成果展示给外国留学生的目的。

机器翻译辅助英语文本阅读平台，2018 年

内容：英语作为一门国际通用语，其重要性不言而喻。学习并掌握英语的听说读写能力，已经成为衡量大学生文化素养的重要标准。提升英语读写能力的一个有效途径就是阅读英语文章，但阅读时会受到很多因素的限制，比如词汇量、阅读速度、文化背景知识储备等。随着人工智能技术的发展，机器翻译的质量越来越高。在英语文章的阅读中，机器翻译可以承担一个重要的角色，以帮助英语学习者提高阅读效率与阅读质量。本项目计划基于机器翻译搭建一个在线阅读平台，面向有英语学习需求的用户。机器翻译辅助英语文本阅读平台，是基于网页的一个在线文本阅读与词汇管理系统。

这些项目共同的特点是：把语言（翻译）和技术结合在一起。

2019 年 7 月，该专业本科学生顺利毕业，就业率 100%，位居当年全校就业率排名榜首。

1.5 译者为什么要学习编程

作为北京语言大学翻译专业（本地化方向）的负责人，笔者一直对翻译专业本科生同时学习翻译和计算机技术抱有极大的热情和希望，因为笔者在四年的英语专业学习和三年的计算机辅助翻译专业学习后受益颇多，所以也希望该方向同学也能同样享受“语言 + 技术”带来的红利。

今天我们在谈及“翻译行业”和“本地化行业”时，已经用“语言服务行业”来统称我们所处的这个行业，全球语言服务需求的快速增长和新技术的不断应用推动了传统翻译行业与本地化行业的深度融合，语言服务行业的发展也受到了诸多因素的制约，核心因素当属技术和人才。

1) 技术因素

目前对语言服务行业冲击最大的是机器翻译技术的发展。然而，现在无论是本地化行业的资深人士，还是翻译行业的资深人士，真正理解目前最新的“神经机器翻译技术”的人不多，因为要想理解神经机器翻译技术的原理，需要有一定的数学基础、一定的计算机技术基础、一定的语言基础等。如果这个行业里最优秀的人都不懂对自己所在行业影响最大的技术，这个行业的前景就岌岌可危了。

2) 人才因素

如今，越来越多的外语院校和翻译学院开始教学生怎么去使用计算机辅助翻译软件，这些软件专门服务于企业的复杂业务流程开发，每个都需要花费至少 10 个小时，才可以初步掌握 20% 的主要功能，对于文科生和文科背景的教师而言，无疑是有难度的。如果高校培养的语言服务人才无法适应语言服务行业技术升级，不具备掌握新技术应用的能力，语言服务行业的发展就会受到阻碍。

在北京语言大学高级翻译学院，我们尝试将翻译专业（本地化方向）当作“胚胎干细胞”来培养，学生掌握了一定的语言能力和计算机技术应用能力后，根据自己的兴趣来决定未来如何借助“语言”和“技术”这两项工具来发展。

本教材并非鼓励全部翻译专业学生学习编程，而是针对那些想学编程、有时间学编程的翻译专业同学和翻译爱好者。2018 年 7 月 20 日，国务院印发《新一代人工智能发展规划》[1]，其中明确指出人工智能（AI, Artificial Intelligence）成为国际竞争的新焦点，

---

1 http://www.gov.cn/zhengce/content/2017-07/20/content_5211996.htm

应“支持开展形式多样的人工智能科普活动，鼓励广大科技工作者投身人工智能的科普与推广，全面提高全社会对人工智能的整体认知和应用水平。实施全民智能教育项目，在中小学阶段设置人工智能相关课程，逐步推广编程教育，鼓励社会力量参与寓教于乐的编程教学软件、游戏的开发和推广。”由此可预见，随着中小学不断推广编程教育，几年后入学的翻译专业本科生将具备一定的编程基础，如若不尽早在今天的翻译专业本科阶段推动编程教育，那么这些本科生一入学便会进入“编程教育断层”，错失在高等教育阶段深入学习人工智能技术的机遇。

由于国内目前还没有专门针对翻译专业学生的计算机技术教材，因此，经过四年的教学实践，笔者撰写了这本《译者编程入门指南》，试图通过翻译专业学生可以接受的方式介绍一些简易的、与翻译可以结合到一起的编程知识，以期帮助更多翻译专业学生提升信息技术素养，更好地适应未来的语言服务行业。

1.6 译者如何学习编程

对于没有任何计算机基础的翻译专业同学而言，阅读本书学习编程的目的并非是复写本书的每一行代码。本书涉及的代码将尽量简化，重点在于展现代码与“翻译”的关系，让读者直观感受到许多看似复杂的功能其实不难实现。本书的根本目的在于“译者编程入门”，而非对计算机技术和编程技能进行系统性讲解。在入门过程中，译者需要靠自身努力去写自己的代码，实现自己想实现的功能，解决自己在翻译学习、实践和研究中遇到的问题；而在入门完成后，如果对编程产生了浓厚的兴趣，希望继续深入学习，仍应该根据自己的兴趣方向系统性学习计算机技术的原理和编程技能。

作为一名翻译专业学生，编程技能仅是翻译技能的辅助。目前国内开设翻译专业的学校中，所有学校均是以培养学生的翻译能力为根本目的。在完成编程入门后，译者应将所学编程技能与翻译学习、翻译实践、翻译研究等结合起来，一方面可以尝试将本书中所讲解的案例应用于实际问题的解决，另一方面可以尝试与计算机专业背景的教师和同学合作，开展跨学科研究，发现新问题，寻找新方法，提供新的解决方案。

我们今天培养的是“未来的译者”（Future Translator），而未来的优秀译者绝不是“技术盲”，他们在未来之所以优秀，是与他们还在上大学时就学了编程是密不可分的。未来的语言服务行业将会更加技术化，对于众多学习翻译的同学而言，面对这样的行业变化，大家通过编程学习可以：

1) 把自己变成翻译水平很高的人；

2) 把自己变成管理能力很高的人；

3) 把自己变成技术思维很强的人。

这样一来，未来的译者可以利用技术手段提高自己的学习效率和学习质量，利用技术管理好自己的学习、生活和工作。翻译专业的学生不需要自己去开发多么高深的软件，但至少应当知道什么技术对自己是有用的，善于应用技术解决实际问题。

当大家都已经认为外语是一种工具的时候，大家不妨也把“翻译”“技术”和“管理”也置入自己的工具包内。翻译专业学生毕业后不一定必须去翻译公司做翻译，或者去本地化公司做本地化，而是可以依靠自己的“翻译”“技术”和“管理”技能去做更多的事情。比如，可以去一家农产品公司引进国外先进的农业公司管理经验和技术，推动农业的“互联网 +”，比如可以去一家中国建筑公司推动中国先进的建筑行业管理经验和技术在国外开花发芽，推动中国先进技术走出去。

从以上角度来思考，你会发现未来的语言服务行业不会是一个孤立的行业，而是一个与其他任何一个前沿领域都可以有机整合的行业，这个行业可以通过“语言”和“技术”这两块引擎成为未来核心的服务业。

1.7 如何使用本书

编程学习不能仅靠读书，而应以操练为主。本书在编写过程中完全从初学者零基础学习编程的角度设置章节内容，各章节之间以案例形式循序渐进，讲解编程基础知识，详细解释每段代码的编写方法和目的，将系统的编程基础知识点贯穿在与翻译实践密切相关的案例中。

本书从第二章开始正式讲解编程基础知识，正文部分共分为八章：

第二章：从万维网的起源开始讲起，学习如何制作简单的双语网页。

第三章：在读者对网页制作有初步认识后，为学习者介绍如何在满足学习要求的计算机上搭建编程环境。

第四章：双语术语是绝大部分外语学习者和翻译学习者接触过的概念，本章着重介绍如何开发一个简易的在线双语术语库，完成本章学习后读者将可以在自己的计算机上开发一个属于自己的“简明双语词典”，摆脱 Excel 表格的束缚。

第五章：一个仅能用于查询的双语术语库还无法满足译者的查词需求，本章将从术语表的增、删、改、查、登录、退出等几个方面详细介绍如何开发一个有登录退出功能的在线术语管理工具。

第六章：译者在做翻译时不仅需要查双语术语，还需要查双语的例句，在翻译实践中存储双语句子的工具一般称为“翻译记忆库”。在本章的学习中，读者将学习如何开发简易的在线翻译记忆库，学成之后将可以在自己的计算机上建立小规模的双语平行句库。

第七章： 有了术语库和翻译记忆库这两大“法宝”后，译者便可以开启翻译实践之路。在本章中读者将学习翻译实践过程中字数统计的基本原理，了解如何开发一个简易的字数统计工具。

第八章： 知道要翻译的文本有多少字了，译者便可以开始做翻译了。但是在翻译实践过程中，译者处理的文本内有许多特定类型的字符串，经常是标点符号、中文、英文等不同的字符混合在一起，难以处理。在本章中，读者将学习如何在译前准备中使用正则表达式来处理单语文本和双语文本，学成之后便可以轻松处理中英混杂的双语数据。

第九章： 在今天这个谈“机译”即色变的时代，对于外语学习者和翻译学习者而言，机器翻译其实是“工具”，而非“敌人”，在本书的最后一章中，读者将学习如何开发一个“一文多译”工具来同时使用“百度翻译”和“有道翻译”这两款国内领先的机器翻译引擎，学成之后大家就不必在做翻译时每次都去这两个工具的官网上查看机器翻译结果，而是能在自己开发的“一文多译”网站上一键获取多个机器翻译引擎的译文。

以上就是本书正文八个章节的重点内容，读者在学习本书时切勿“跳章学习”，而应按照章节安排逐章推进，确保每章内容均理解清楚后再向后续章节推进。本书每章内容的学习都建立在前序章节的学习基础之上，为方便读者回顾每章的重要代码知识，在本书的附录 B 中读者可以通过本书“核心代码功能速查表”了解每章核心代码的主要功能。

由于教材的主要对象是零基础入门学习的译者，基于笔者在北京语言大学高级翻译学院的编程教学实践，本书并未参照传统编程教材的章节顺序编写内容，许多编程基础知识也未在本书中涉及，目的是让文科背景的初学者能够直观体验编程给翻译实践带来的益处，了解常见计算机辅助翻译技术的基本原理。为了让读者更好地理解计算机专业术语，本书还在内容撰写过程中专门给出了所涉及计算机专业术语的英文全称及部分术语的来源，并在本书附录 C 中一一列举，读者也许会从中感受到译者学习编程的优势。

敬望各位读者在使用本书时能与作者和其他读者一同精进前行！

第二章

入门

本章导言

如果你看完第一章后没有合上此书，那么祝贺你，你已经迈出了勇敢的第一步。从本章开始，我们将基于一个个案例由浅入深带你开启编程之路。由于本书涉及的所有编程案例都是与翻译相关的“在线工具”，“在线”意味着你可以在自己计算机上的浏览器中打开并使用，所以在本章中我们将学习如何制作简单的网页。

2.1 万维网的起源

2.1.1 何为“超文本”？

在我们的计算机[1]上有一个程序叫“记事本”（Notepad），通过这个程序创建的文件后缀名一般为“.txt”，打开文件后在其中输入的文字没有任何修饰，你无法对其加粗、加下画线。我们常称这类文件为“纯文本格式文件”，将其中的内容称为“纯文本”（Plain Text）。

作为一个学语言的人，你是否想过“text”这个英文单词是如何产生的？

很早很早以前，外国人的祖先认为我们人的思想就像线（Thread）一样，而缠线（Yarn）的纺织机（Spinner）则是话痨（Raconteur），只会傻傻地一层层缠线。

真正有思想、会讲故事的人像纺织工人（Weaver），能把不同的线编织在一起，织出有美丽纹理（Texture）的布来。会写字的人，把真正的思想记录下来，变成了内涵丰富的文字，取名为“Textus”，意为“布”（Cloth），后来演变为“Text”[2]。

在计算机出现之前，写在纸上的字叫作“Text”，计算机出现后，显示在屏幕上的字也叫作“Text”。但是，计算机屏幕不光可以显示字，还可以显示其他内容，比如：表格、图片等。这些内容叫作“媒体”（Media），也可以称为“资源”（Resource）。

当我们在计算机键盘上打字时，比如键入：“请参见《蒙娜丽莎》这幅作品。”并且希望读者用鼠标点击“蒙娜丽莎”这四个字就能看到图片，或者跳转到包含这幅图片的网址，则需要在这四个字上添加一个“链接”（Link），把文字与对应的资源连接在一起。

那么当“文字”和“链接”合在一起，叫什么呢？美国信息技术先驱者、哲学家、

1　此处指 Windows 操作系统的计算机。

2　http://www.etymonline.com/index.php?term=Text

社会学家泰德·尼尔森（Ted Nelson）在他 26 岁的时候自己造了一个词：“HyperText”，译为“超文本”，用来指称有链接的文本；而加在超文本上的链接叫作“HyperLink”，译为“超链接”。

我们不妨在自己的计算机上试一下。

→第一步：

在计算机桌面上创建一个空白的文件夹，命名为“Test”。

→第二步：

在文件夹中创建一个名为“index.txt”的纯文本文件，并下载一张名为“MonaLisa.jpg”的图片，与其放在一起，如图 2-1 所示。

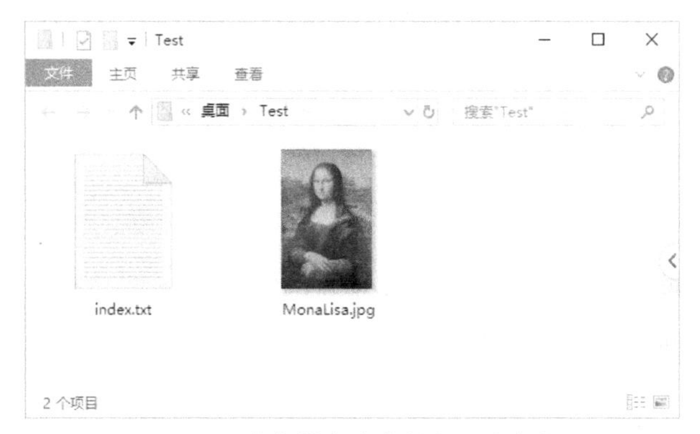

图 2-1　准备纯文本文件和图片文件

注：如果你在计算机上创建的记事本文件看不到后缀名，如图 2-2 所示。

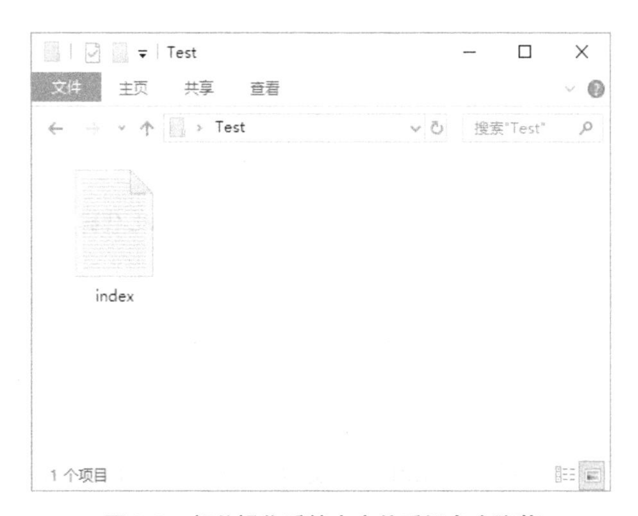

图 2-2　部分操作系统中文件后缀名会隐藏

点击顶部菜单栏中“查看”，并勾选“文件扩展名”，这样即可看到文件后缀名，如图 2-3 所示。

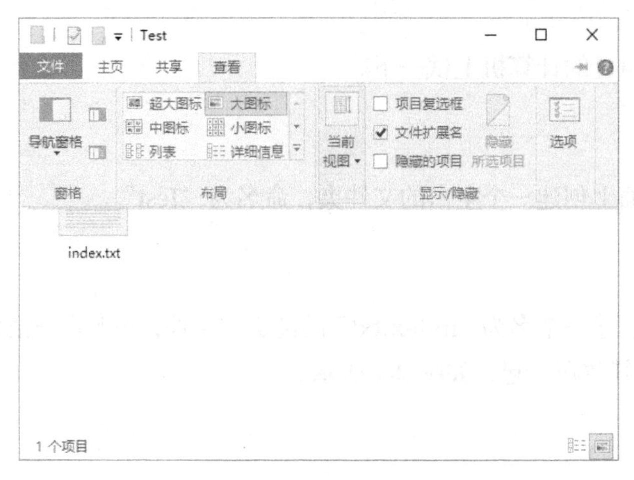

图 2-3　显示“index.txt”文件后缀名

→第三步：

双击打开“index.txt”，并在其中键入以下内容：

```
1. <a href="MonaLisa.jpg">蒙娜丽莎</a>
```

如图 2-4 所示。

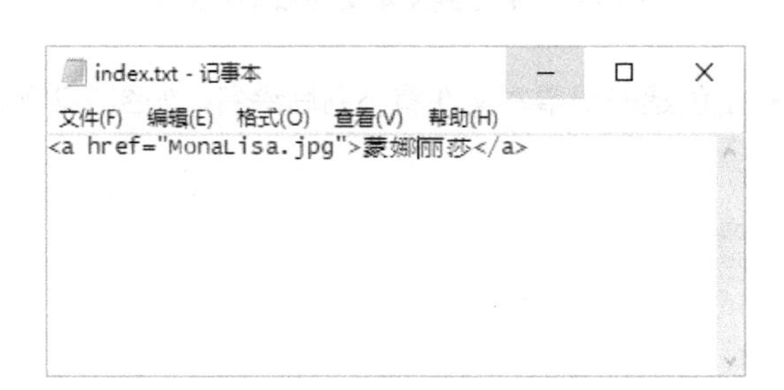

图 2-4　在“index.txt”文件中键入 HTML 代码

注：为了更好地显示本书所采用的代码，本书所有代码均会在每一行最前方显示行号，在自主练习时可以不必键入行号，而是直接键入行号后的代码。

→第四步：

将“index.txt”的后缀名从“.txt”修改为“.html”，如图 2-5 所示。

图 2-5　将“index.txt”文件的后缀名改为“.html”

→第五步：

双击打开“index.html”文件，在浏览器中查看该文件，如图 2-6 所示。

图 2-6　在浏览器中查看“index.html”文件

此时，会看到“蒙娜丽莎”四个字为蓝色且有下画线。点击后会呈现一幅“蒙娜丽莎”的图片，如图 2-7 所示。

图 2-7　在浏览器中点击超链接查看图片

由此，大家可以直观理解何为“超文本”（HyperText）。

2.1.2 万维网（World Wide Web）的背景

在“HyperText”诞生 21 年后，即 1984 年，29 岁的蒂姆·伯纳斯·李（Tim Berners-Lee）来到位于日内瓦的欧洲原子核研究会粒子实验室工作，他的工作是开发一款软件，把分布在欧洲各个国家实验室的重要资料汇聚在一起，共同分享。

5 年后，他使用超文本技术开发的软件把各个单位的资料连接在了一起，通过点击文本上的链接，他的同事可以访问欧洲原子核研究会粒子实验室位于不同国家实验室计算机上的资料。

蒂姆·伯纳斯·李当时购买了一台史蒂夫·乔布斯（Steve Jobs）所在公司研发的 NeXT 计算机，1985 年乔布斯被迫离开了他自己创办的苹果公司（Apple），同年创立了 NeXT 公司，1989 年 3 月 30 日乔布斯于旧金山公开展示了 NeXT 计算机。

乔布斯也是 1955 年出生的，与他同龄的蒂姆·伯纳斯·李在 1989 年的夏天，成功开发了世界上第一台网站服务器（Web Server）。他在这台服务器上存储了他所在实验室每位研究人员的电话号码，允许用户登录到服务器中查询电话号码。

这个功能虽然很简单，但却真正实现了他最初的想法。他把“资源”放到一台计算机上，也就是服务器（Server）上，允许用户（User）在自己的计算机上，也就是客户端（Client）访问服务器中的资源。

蒂姆·伯纳斯·李把人们所访问的网络命名为 World Wide Web，简称“WWW”，译为“万维网”。

又过了两年，他把“万维网”接入到了“互联网”，也就是在 1960 年就诞生的“Internet”。

要想访问他的服务器上的资源，需要安装一个软件，名为“网页浏览器”（Web Browser），在浏览器中需要输入自己想找的资源的名字，而且这个名字必须是全球唯一的，这个“名字”叫作“Universal Resource Locator”，后来改名叫作“Uniform Resource Locator”，中文一般译为“统一资源定位符”，这就跟你出生后有身份证、入学后有学号一样，国家或学校统一给你分配一个只有你才有的识别序号，网站也需要一个全球统一分配的识别方式。它的简称是“URL”，小名叫“Web Address”或“Website Address”，中文称之为“网址”或“网站地址”。

现在大家都知道，如果我们上网查资料时，“数据库”(Database)连接不上，原因是：网站（Website）打不开了，服务器（Server）连不上了，浏览器（Browser）不支持，没有权限（Authorization）或用户名密码，等等。

当你去商店买计算机时，你的身份是顾客（Customer）或客户（Client），而卖给你计算机的人是老板或提供服务（Service）的服务人员（Server）。当你买到计算机后准备上网（Web）时，需要申请网络服务，获得上网账号，然后才能连接到互联网（Internet）上。

现在你看到这些名词后，也许能更理解它们的功能。

2.1.3 “在线”的意义

当你拥有了一台计算机，把你想分享的资源放到这台计算机上，给它取一个全球唯一的名字，然后将这台计算机连接到互联网，这时你的“资源”就真正“在线”了。而当你可以为他人提供在线服务的时候，你所提供的信息会变得更有价值。

2.2 HTML 入门

2.2.1 如何给文字“穿衣服”——标记语言

在上一节中，我们通过一行代码实现了这样一个功能：在浏览器中点击“蒙娜丽莎”四个字后看到蒙娜丽莎的图片。之所以能实现这个功能是因为我们将“蒙娜丽莎”从纯文本变成了超文本。

下面，我们再做一个演示。

→ **第一步：**

打开桌面上的“Test”文件夹，将“index.html”的后缀名改回“.txt”。

→ **第二步：**

在代码中“蒙娜丽莎”四个字的两侧分别加上以下标记：<b> 和 </b>，如代码 2-1 所示。

```
1. <a href="MonaLisa.jpg"><b> 蒙娜丽莎 </b></a>
```

代码 2-1 在 <a> 元素中添加 <b> 和 </b>

修改后的“index.txt”如图 2-8 所示。

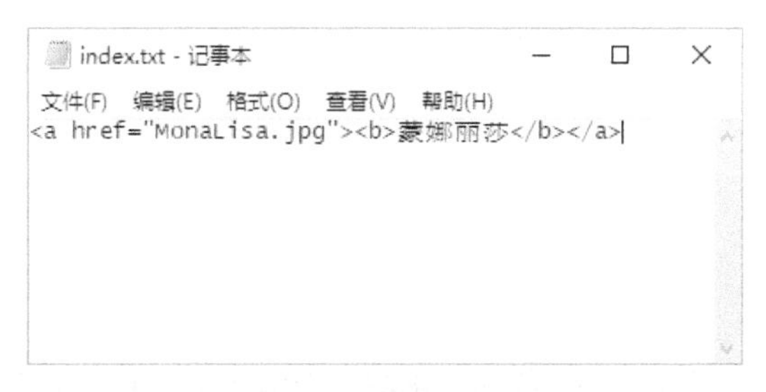

图 2-8 在“index.txt 记事本”中添加 <b> 和 </b>

→第三步：

将“index.txt”的后缀名“.txt”修改为“.html”，双击打开“index.html”文件，在浏览器中查看该文件，如图 2-9 所示。

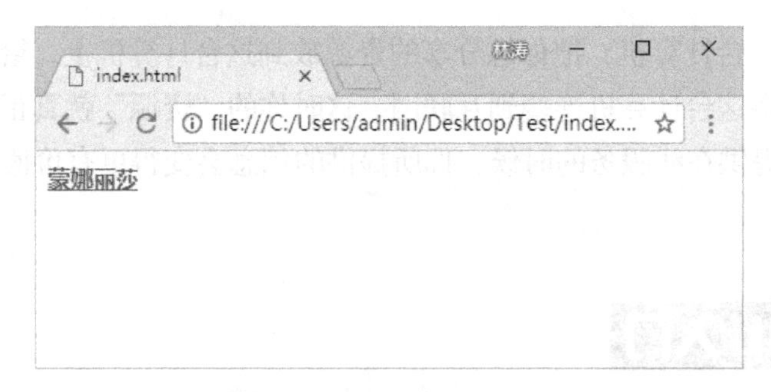

图 2-9　在浏览器中查看修改后的“index.html”文件

我们再将之前的截图和这张截图放在一起比较，如图 2-10 所示。

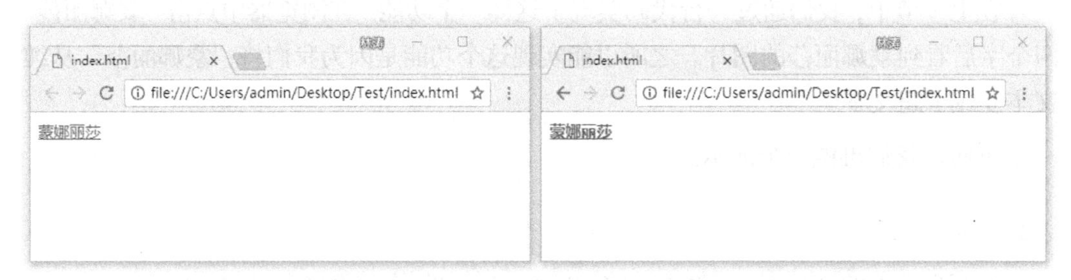

图 2-10　对比添加 <b> 和 </b> 前后的“index.html”文件显示效果

从上图可以看出，在代码中添加了 <b> 和 </b> 两个标记后，“蒙娜丽莎”四个字变粗了。如果我们将 <b> 和 </b> 替换成 <i> 和 </i>，重复上述步骤，如代码 2-2 所示。

```
1.  <a href="MonaLisa.jpg"><i>蒙娜丽莎</i></a>
```

代码 2-2　在 <a> 元素中将 <b> 和 </b> 替换成 <i> 和 </i>

在浏览器中显示的效果如图 2-11 所示。

图 2-11　对比添加 <i> 和 </i> 前后的“index.html”文件显示效果

从上图可以看出，“蒙娜丽莎”四个字变成了斜体。可见，如果我们想给纯文本“穿衣服”，可以通过在文本两侧添加成对标记，如<b>和</b>、<i>和</i>。仔细观察的话，大家会发现其实代码中最外侧的“<a href="MonaLisa.jpg"></a>”也是成对的标记，只不过在左侧的标记中我们额外添加了“href="MonaLisa.jpg"”这部分信息。

实际上，我们在上面的几个例子中看到的成对标记都是“标记语言”（Markup Language）的一部分。这些标记有很多种，通常是成对出现的，统称为“标记标签”（Markup Tag），可简称为“标记”或“标签”（Tag），左侧的可称为“开始标签”（Opening Tag 或 Start Tag），右侧的可称为“结束标签”（Closing Tag 或 End Tag）。

在“<a href="MonaLisa.jpg"></a>”这个代码片段中，“href="MonaLisa.jpg"”称为“属性”（Attribute）。在这个例子中，“href”是属性的名称（Name），本意是“超文本引用”（Hypertext Reference）；“=”后面的“"MonaLisa.jpg"”是属性的值（Value），两侧为半角双引号（Halfwidth Quotation Mark），即我们常说的英文双引号。而且“属性”都是出现在开始标签中。

在“<a href="MonaLisa.jpg">蒙娜丽莎</a>”这个代码片段中，从最左侧的尖括号（Angle Bracket）到最右侧的尖括号之间的所有内容称为“元素”（Element）。

2.2.2 HTML 代码段解析

现在，也许大家能够明白我们之前写的每一行代码的所有组成部分了。下面，我们一起来看段复杂的，如代码 2-3 所示。

```
1. <!DOCTYPE HTML>
2. <html>
3. <head>
4. <meta http-equiv="Content-Type" content="text/html; charset=utf-8" />
5. <title>我的翻译作品</title>
6. </head>
7. <body>
8.
9. <h1>中文标题</h1>
10. <p>第一段中文</p>
11. <p>第二段中文</p>
12.
13. <h1>English Title</h1>
14. <p>First Paragraph</p>
15. <p>Second Paragraph</p>
16.
17. </body>
18. </html>
```

代码 2-3　一段完整的 HTML 代码

在讲解这段代码前，我们先看一下你如何能在自己的计算机上使用这段代码：

→第一步：

在计算机桌面上创建一个空白的文件夹，命名为“HTML”。

→第二步：

在文件夹中创建一个名为“index.txt”的纯文本文件，并将上面的代码逐行键入到“index.txt”中，如图 2-12 所示。

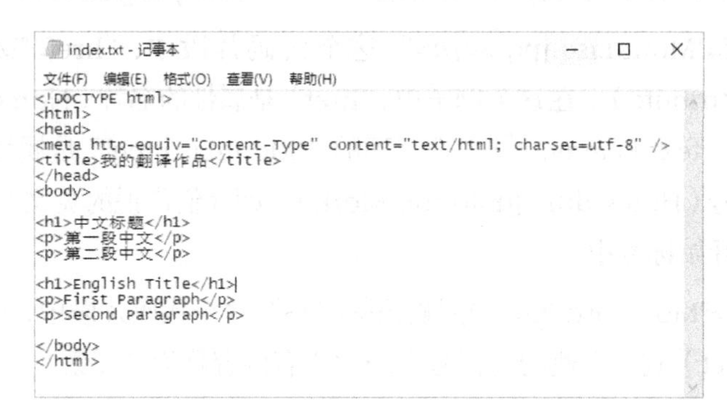

图 2-12　在“index.txt”文件中添加一段完整的 HTML 代码

→第三步：

将“index.txt”的后缀名“.txt”修改为“.html”，并双击“index.html”在浏览器中查看该文件，如图 2-13 所示。

图 2-13　在浏览器中打开“index.html”文件出现乱码

如果你看到的结果与上图一样，那么请继续按照下面的步骤操作。

→第四步：

将“index.html”的后缀名改回“index.txt”，并使用记事本打开该文本。点击“文件”—“另存为”，如图 2-14 所示。

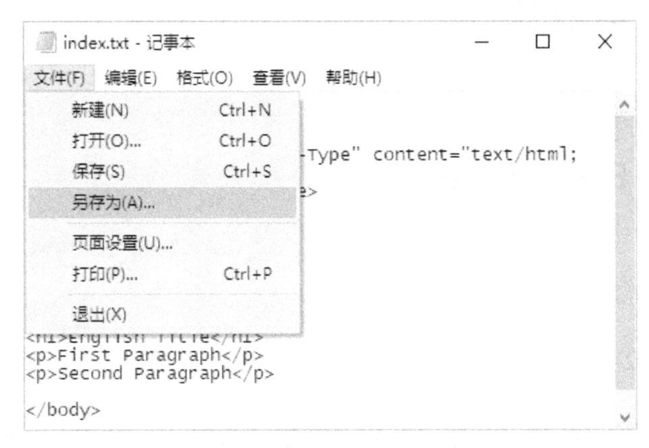

图 2-14 在记事本中点击“文件”—“另存为”

→第五步：

在弹出的“另存为”窗口中，在“编码”处的下拉菜单里选择“UTF-8”（如图 2-15 所示），然后保存该文件至“HTML”文件夹中，覆盖之前的“index.txt”文件。

图 2-15 在“另存为”窗口中，在“编码”处选择“UTF-8”

→第六步：

再次将“index.txt”改为“index.html”，并在浏览器中打开，如图 2-16 所示。

图 2-16　重新在浏览器中打开“index.html”文件，乱码消失

在上图中大家可以看到，中文和英文全部都正常显示，这就是代码 2-3 的作用。下面我们逐行解析一下这段极为关键的基础代码：

```
1. <!DOCTYPE html>
```

代码 2-4　<!DOCTYPE> 声明

代码 2-4 是整段代码的第一行，称为“<!DOCTYPE> 声明”（<!DOCTYPE> Declaration），大家在很多网页文件的源代码中都会经常看到与之相似的代码，这段代码实际上是写给计算机上安装的浏览器看的，告诉浏览器现在它正在处理的是一个“HTML 文件”（HTML Document）。

从本章一开始介绍“超文本”（Hypertext），到后来介绍“标记语言”（Markup Language），大家估计已经知道“HTML”的全称就是“Hypertext Markup Language”，中文译为“超文本标记语言”。我们看到的 <b> 和 </b>、<i> 和 </i>、“<a href=""></a>”都是“超文本标记语言”中的“基本词汇”。

当浏览器看到这些“词汇”的时候就会决定是在浏览器中直接将其照搬原样显示出来，还是根据“词汇”的功能显示对应的样子，如：将 <b> 和 </b> 中间包括的任何文字转换为粗体（Bold），将 <i> 和 </i> 中间包括的任何文字转换为斜体（Italics）。这个将 HTML 文件转换为浏览器中可观看的网页的过程称为“渲染”（Rendering）。

因此，在浏览器中打开文件时，如果看到文件的第一行有这样一段代码，浏览器就知道应当将其以哪种方式进行“渲染”。

在使用这段代码时，大家可以直接复制粘贴使用，不必对其进行修改。需要说明的是，“<!DOCTYPE> 声明”并不是 HTML 标签，而且它并不是成对出现的，没有结束标签。

```
2.  <html>
18. </html>
```

代码 2-5 HTML 根元素

代码 2-5 是整段代码的第二行和最后一行。大家对“html”应该不陌生了，由 <html> 和 </html> 构成的元素称为网页的“根元素”（Root Element），所有的其他元素都应位于根元素之间。而“根元素”之中必须包括以下两个元素：<head></head> 和 <body></body>，口语中我们有时候会分别称它们为“<head> 元素”（如代码 2-6 所示）和“<body> 元素”（如代码 2-7 所示）。

```
3.  <head>
6.  </head>
```

代码 2-6 <head> 元素

```
7.  <body>
17. </body>
```

代码 2-7 <body> 元素

而且，在整段代码中，“<head> 元素”和“<body> 元素”中分别包含了不同的元素。比如，大家在“<head> 元素”中会看到以下两个元素：

```
4.  <meta http-equiv="Content-Type" content="text/html; charset=utf-8" />
```

代码 2-8 <meta> 元素

```
5.  <title> 我的翻译作品 </title>
```

代码 2-9 <title> 元素

代码 2-8 中“<meta> 元素”的“meta”代表的是“元数据”（Metadata）。这段代码可以简单视为一个“固定表达”，在使用时直接复制粘贴即可。其中最重要的是“charset=utf-8”，目的是确保我们在 HTML 文件中填写的中文能够正常显示，其中“charset”是“字符集”（Character Set）的意思，在计算机中设置字符集的目标是对人类语言的所有文字进行编码，使之可以存储在计算机中，让计算机通过文字的编码来识别文字。

计算机最早在欧美国家广泛应用，当时主要用于处理英文字母，所以那时的计算机应当能正常显示英语，为此美国国家标准学会（ANSI, American National Standard Institute）在 1967 年发布了美国信息交换标准代码（ASCII, American Standard Code for Information Interchange），一共规定了 128 个字符的编码方式，比如数字“0”就有多种编码方式，如：00110000（二进制，英文为“Binary Number System”）、48（十进制，英文为“Decimal Number System”）、30（十六进制，英文为“Hexadecimal

Number System”）。许多初次接触这些知识的同学都会觉得匪夷所思，难道计算机还不认识“0”吗，为什么一个简简单单的“0”要搞出这么多种编码方式。其实这些表示方法都是为了计算机能够更好地处理字符，而非让人去记住这些复杂的编码。

英语字母和标点符号少，128 个字符就够用了，但是像汉语这种有成千上万个汉字的语言，128 个字符就不够用了。中国国家标准总局在 1981 年颁布实施了中华人民共和国国家标准《信息交换用汉字编码字符集・基本集》[1]，编号为“GB 2312-80”，我们常称之为“GB 2312 编码”，这个字符集中汉字共收录了 6 763 个，同时收录了包括一般符号、序号、数字、拉丁字母、日文假名、希腊字母、俄文字母等在内的 682 个字符，共 7 445 个图形字符。

世界上国家众多、语言众多、文字众多，每个国家都有自己的字符编码方式，当一台计算机上众多编码方式混在一起的时候，计算机就糊涂了，所以计算机需要一个全世界统一使用的字符集，涵盖人类使用的全部字符，并赋予每个字符唯一的编码。

1987 年，三位分别在美国施乐公司（Xerox）和苹果公司工作的工程师 Joe Becker、Lee Collins 和 Mark Davis 创建了一家非营利组织“统一码联盟”（Unicode Consortium），该联盟于 1991 年发布“统一码标准”（Unicode Standard）。目前该标准的最新版是 2018 年 6 月发布的 11.0.0 版[2]，共收录了 137 374 个字符及其对应的编码。

这家初创组织发布了这套希望全球共用的字符集后，起初并未掀起太大的波澜，因为不同国家的人不知道如何使用这套字符集，大家依然使用属于自己语言的字符集来存储电子文档。直到一个名为“统一码转换格式”（UTF, Unicode Transformation Format）的标准出现，这是一种能让统一码标准在计算机中得以实际应用的字符编码方式（Encoding），目前最常用的一种称为“UTF-8”(8-bit Unicode Transformation Format，亦可写作“utf-8”）。如今世界上 92.9% 的网站[3]都在使用“UTF-8”来对网站中的字符进行编码。

我们在前面也见到过“utf-8”，即将“index.txt”另存时将其编码设置为“UTF-8”。简单来说，前面的设置是确保整个 HTML 文件的编码方式是“UTF-8”，“<meta>元素”中的设置是确保浏览器渲染完 HTML 文件后里面的所有文字编码方式是“UTF-8”。双重设置的根本目的就是为了防止出现乱码。大家在后面的学习过程中切记此知识点。

---

1 http://www.moe.gov.cn/s78/A19/yxs_left/moe_810/s230/201206/t20120601_136847.html

2 http://unicode.org/versions/Unicode11.0.0/

3 https://w3techs.com/technologies/cross/character_encoding/ranking

至于“<title>元素”，大家不妨仔细观察图2-16中浏览器的顶部标签栏上显示的是什么文字。一般来说，我们在浏览器中打开一个网页时、在浏览器中收藏一个网页时、在搜索引擎中搜索到一个网页时，我们看到的网页名称均是“<title>元素”中包含的文字。

无论是“<meta>元素”还是“<title>元素”，只要是包含在“<head>元素”中的所有内容，均不会显示在浏览器的正文页面中。这些元素全都是为浏览器准备的，真正为网页用户准备的内容均显示在“<body>元素”中，也就是下面的这些元素：

```
9.  <h1>中文标题</h1>
10. <p>第一段中文</p>
11. <p>第二段中文</p>
12.
13. <h1>English Title</h1>
14. <p>First Paragraph</p>
15. <p>Second Paragraph</p>
```

代码2-10　<h1>元素和<p>元素

我们在写文章时一般都会突出显示“标题”（Heading），而且不同类型的标题还会对其分级，如“一级标题”“二级标题”等。同样的，在HTML元素中，分别用<h1>、<h2>、<h3>、<h4>、<h5>、<h6>来定义六级标题，最大的标题通过<h1></h1>标签对来定义，最小的标题通过<h6></h6>标签对来定义。

标题之外最重要的莫过于“段落”（Paragraph）。段落是通过<p></p>标签对来定义的。

总的来说，HTML文件中的代码可以看成是一组积木，每个元素就是一块积木，积木重叠到一起再交由浏览器去选择如何呈现给终端用户，如图2-17所示。

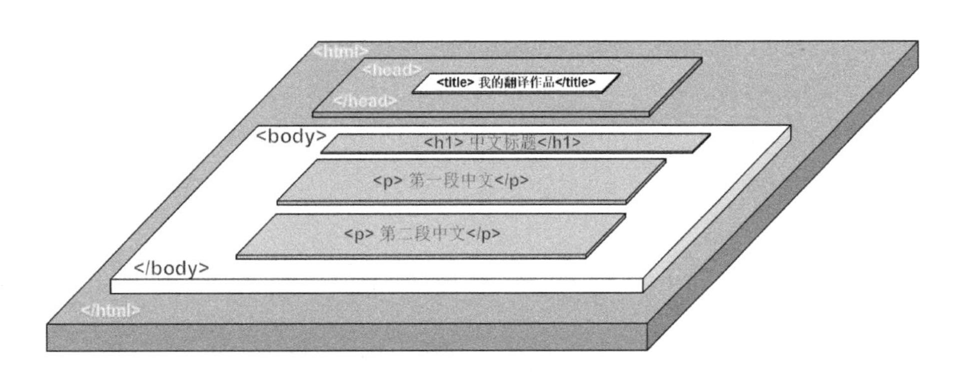

图2-17　HTML文件代码结构概念图

小结

本章的主要目的是帮助大家快速了解什么是网页，如何在不用安装任何软件的情况下制作简单的网页文件，以达到轻松入门“编程”的目的，从而为后续的课程做好基础知识储备。

但事实上，我们在本章中学习的“HTML”并不是严格意义上的编程语言（Programming Language）。正如其名字本身描述的那样，它其实只是一种标记语言（Markup Language）。至于为什么，希望大家可以在本书第四章找到答案。

第三章 编程环境搭建

本章导言

正所谓“工欲善其事，必先利其器”，若大家想在个人计算机上顺利开始学习编程，还须准备好与编程学习相关的硬件和软件。在本章中，我们将首先了解一下如何选购适合译者使用的笔记本计算机，然后再介绍应该在计算机上安装哪些软件。最后会介绍在选购完一台计算机后，如何对其进行配置，以满足本书的编程学习所需。

3.1 译者如何选购计算机

无论是正在学习翻译专业的学生还是已经参加工作的专业翻译人员，计算机都是工作必备，但大家的计算机型号各异，不同型号之间性能相差巨大。有时即便是同一型号的计算机，由于安装的软件不同，性能也有所差异。

每年新学期开始之前，笔者都会收到不少翻译专业同学关于如何选购计算机的问题，比如：

1）我应该买苹果的计算机还是 Windows 的计算机？

2）想买个笔记本电脑用来练习同声传译和编辑文档，预算充足，不爱打游戏，戴尔苹果应该如何选择？

3）听说学翻译还要学软件，从网上下载了一个盗版的软件，但提示 XP 无法安装，要买什么样的笔记本才可以？

4）4000 元价位的翻译专业小白专用计算机，求老师推荐。

关于选购计算机这件事，笔者很难给出统一的建议，更无法指定大家买指定型号的计算机，因为大家的财源不同、财力不同、偏好不同、计算机用途也不同。笔者曾在 2016 年 9 月份对北京语言大学高级翻译学院翻译专业本科生和硕士生计算机使用情况进行过调查，调查结果[1]可供大家未来自主选购计算机时参考。

3.1.1 翻译专业学生计算机使用情况调查结果

在调查了北京语言大学高级翻译学院 100 位翻译专业在校生计算机使用情况后，笔者得到了以下几个简单的结论：

目前的翻译专业本科生和研究生所采购的计算机品牌以联想、戴尔、苹果的笔记本为主；

---

1 调查结果参见：https://mp.weixin.qq.com/s/IUXGwyO128dS3LtfmSMFLg

同学们所使用的计算机价位在4000–7000元之间；

同学们所使用的计算机屏幕尺寸以13英寸和14英寸为主；

同学们采购计算机的途径以实体店和京东为主；

同学们的计算机操作系统以Windows 10为主；

同学们所用Microsoft Office办公软件版本以2013和2016为主；

同学们再次选购计算机时优先选择苹果、戴尔和联想的笔记本，倾向于去实体店购买，最看中计算机的内存、轻便性和速度。

3.1.2 计算机选购建议

提供以上数据的目的是希望大家在选购计算机时能够从宏观上对同领域的人所使用的计算机类型有所了解，以作为参考。

作为一名译者，如果仅为满足笔译实践需求和编程入门学习需求，其实并不需要选购太贵、配置太高的计算机，但无论是做什么工作、学什么专业，拥有一台稳定高效快速的计算机都是至关重要的，关键在于如何使用计算机及各类软件工具，使之真正成为效率工具。

以下为较为具体的计算机选购建议：

1）初次选购计算机时，建议优先选择主流品牌。

2）选购计算机时可先在信誉高的网上商城详细了解不同价格区间不同品牌计算机的配置及用户评价，如果有条件可以前往正规实体店体验。

3）在选定好计算机品牌和可接受价格后，可以罗列出多个候选型号，比较其CPU、内存、显卡、硬盘等参数。建议优选选择CPU为i5以上、内存在4GB以上、显卡为独立显卡、硬盘为128GB以上固态硬盘（SSD）、屏幕尺寸为14英寸的计算机。符合该配置的计算机完全满足本书编程学习的需要。

3.2 译者编程所需软件

在本书的编程入门学习过程中，译者所需的主要软件大多为免费软件，无须额外付费购买，而且在入门阶段所需的软件也并不多，安装起来亦不复杂，这给初学编程的译者带去了很多便利。

本书所需的软件主要分为三类：文本编辑器、集成开发环境和其他工具。

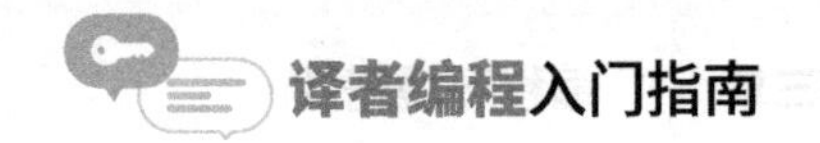

3.2.1 编辑器

在第二章中我们使用了 Windows 操作系统自带的记事本程序来撰写代码，看似简单方便，但却不适合编程。因此在编程时译者需要使用专门的编辑器（Editor），好的编辑器可以高亮显示代码中的重要内容、

1）Notepad++（仅适用于 Windows 操作系统）

地址：https://notepad-plus-plus.org/

该编辑器可以高亮代码中的主要内容、显示代码的行序号、自动填充代码、提示错误语法等。

2）Sublime Text（Mac 操作系统和 Windows 操作系统均可使用）

地址：http://www.sublimetext.com/

如果本书的学习者使用美国苹果公司的 Mac 操作系统作为主要学习环境，那么可考虑使用 Sublime Text，该软件同样具备 Notepad++ 的众多特色功能。

本书选用的编辑器为“Notepad++”，以下为简易安装步骤：

→第一步：

前往 Notepad++ 官网（https://notepad-plus-plus.org），下载安装包，如图 3-1 所示。

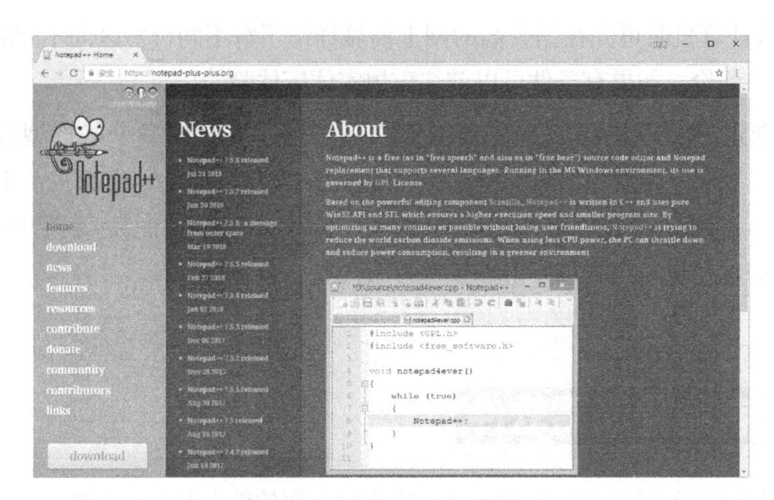

图 3-1　Notepad++ 官网

→第二步：

双击安装包开始安装，选择程序界面语言，如图 3-2 所示。

图 3-2 选择 Notepad++ 的显示语言

→第三步：

选择“中文简体”后，点击“OK”按钮，进入安装向导，如图 3-3 所示。

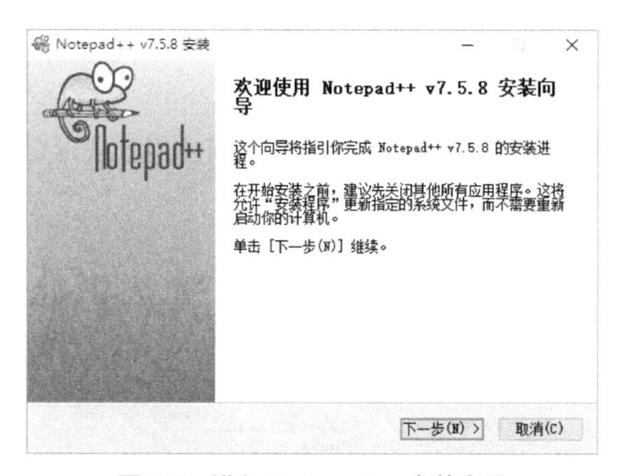

图 3-3 进入 Notepad++ 安装向导

→第四步：

点击“下一步”按钮，查看许可证协议，如图 3-4 所示。

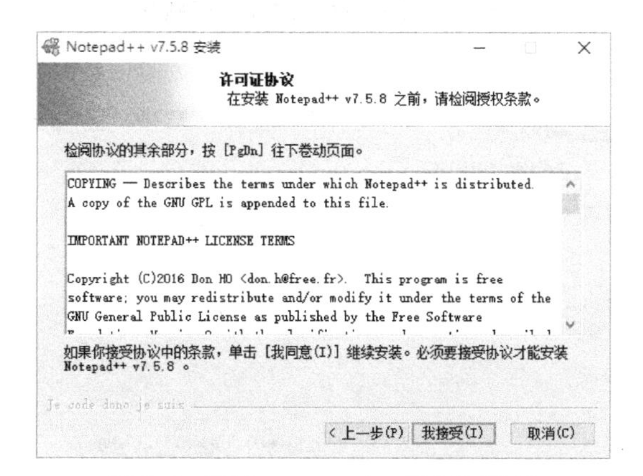

图 3-4 接受 Notepad++ 许可证协议

→第五步：

点击“我接受”，选择安装路径，在这个页面中选择默认安装路径即可，如图 3-5 所示。

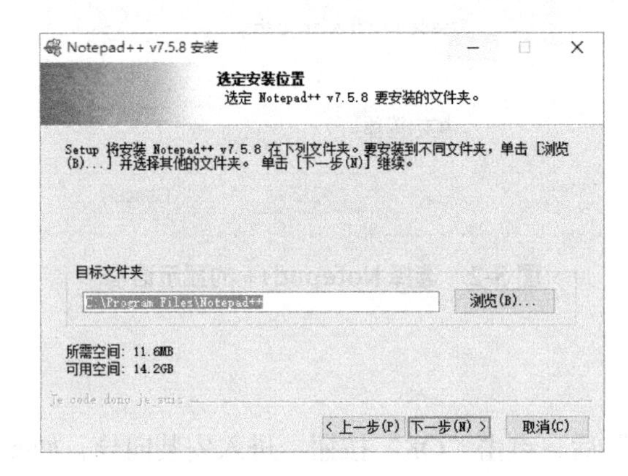

图 3-5　选择 Notepad++ 安装路径

→第六步：

点击“下一步”按钮，选择组件，在这个页面使用默认设置即可，如图 3-6 和图 3-7 所示。

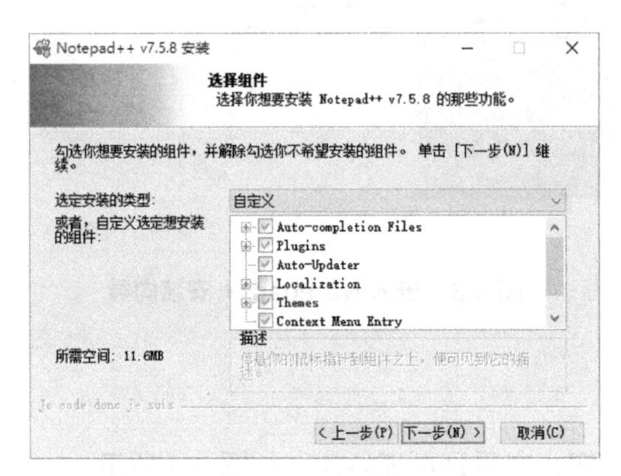

图 3-6　选择 Notepad++ 的组件

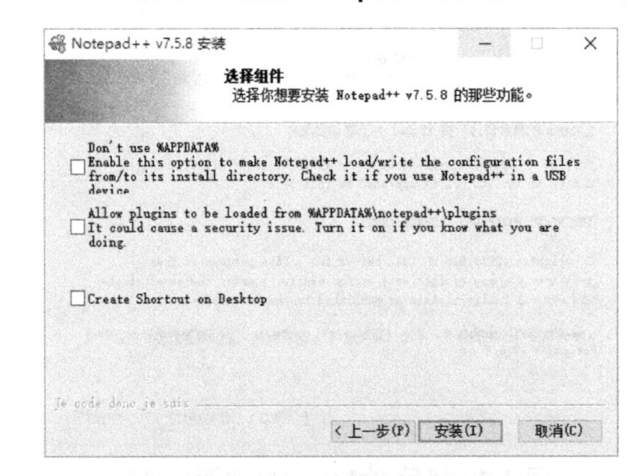

图 3-7　选择 Notepad++ 的组件

→第七步：

点击“安装”按钮，即可完成 Notepad++ 安装，如图 3-8 所示。

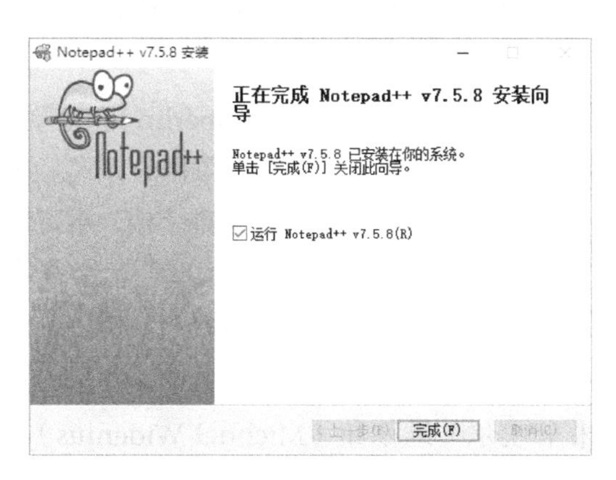

图 3-8 完成 Notepad++ 安装

Notepad++ 安装完成后，计算机中包括记事本文件（.txt）在内的文本文件均可使用 Notepad++ 打开并编辑。

3.2.2 集成开发环境

集成开发环境（IDE，Integrated Development Environment）是一种辅助程序开发的工具。本书主要介绍的编程语言是“PHP”，因此这里重点介绍本书所用的集成开发环境“XAMPP”。

3.2.2.1 “XAMPP”简介

“XAMPP”中的“AMPP”分别对应四款工具：Apache、MariaDB、PHP 和 Perl。初学编程的译者看到这几个工具的名称都会觉得奇怪，学了很多年的英语却几乎从未见过这几个单词。其实，稍微了解这些工具的背景，就会对它们有更为直观的了解。

“Apache”可对应美洲印第安部落的阿帕切族，也可对应美国军队的武装直升机阿帕奇，但在此处以上两种情况都不相关。“Apache”一词源于美国伊利诺大学的国家超级计算中心（National Center for Supercomputing Applications），该中心的工程师在维护已有代码过程中不断撰写新的代码进行修复，类似于给旧衣服打补丁，工程师撰写的新代码称为“补丁”（Patches），所以后来与这些代码相关新工具称为“A Patchy Server”或“Apache Server”[1]。

“MariaDB”的来历就更有意思了。“MariaDB”中的“DB”指的是数据库（Database），

1 https://www.netlingo.com/word/apache.php

大家应该都知道数据库的主要作用是存储数据，而查询数据时可以用到一些检索方法，其中一种方式是借助程序语言来对数据库中的数据进行插入、删除、更新和查询操作，能实现这个功能的最著名的程序语言叫“结构化查询语言”（SQL, Structured Query Language）。

美国科学家唐纳德·张伯伦（Donald D. Chamberlin）和雷蒙德·博伊斯（Raymond F. Boyce）在20世纪70年代一起设计了一种查询数据的方式。这种查询方式很像送快递的人找你家的地址，先定位在哪个小区，再定位哪个楼，再定位哪个单元，再定位哪一层，再定位哪一户。这个方式的名字叫作“SEQUEL”，全称是“Structured English Query Language”，但这个缩写已经被霍克·西德利公司注册为商标，于是他们给这种方式换了一个名字，就叫“SQL”。

芬兰有一位名为米卡埃尔·维德纽（Michael Widenius）的传奇程序员，出生于1962年，他在1995年时参与了一款数据库管理系统软件的开发，并为其取名为“MySQL”，这里的“SQL”即源自“结构化查询语言”，而“My”则是他女儿的名字。他还有个儿子叫“Max”，他用儿子的名字命名了一个叫作“MaxDB”的产品。他离婚后再婚，又有个女儿叫“Maria”，于是他又用这个女儿的名字命名了一个叫作“MariaDB”的数据库管理系统。

至于“PHP”，它是丹麦程序员拉斯姆斯·勒多夫（Rasmus Lerdorf）在1994年创造的一门编程语言，用于开发网站，“PHP”三个字母最初是“Personal Home Page”（个人主页）的缩写，但现在是“PHP: Hypertext Preprocessor”（PHP：超文本预处理器）的缩写。

“Perl”也是一种编程语言，由美国程序员拉里·沃尔（Larry Wall）于1987年正式对外发布，名字来源于圣经典故《高价珍珠》（*The Pearl of Great Price*），通常认为是“Practical Extraction and Reporting Language”（实用信息抽取和报告语言）的缩写，目前在自然语言处理研究等领域有广泛应用。但本书并未涉及任何与“Perl”语言相关的内容。

了解完“XAMPP”背后的四款工具的来源后，我们再来介绍一下为什么我们在编程学习过程中必须要使用“XAMPP”这类集成开发环境。

正如本书前面提及的，本书中涉及的所有案例均是与翻译相关的“在线工具”，意味着最终我们开发完成的工具是可以放到网络上供所有人访问并使用的，而非只能在某几台计算机上供有限的几个人使用。一款能够供他人在线使用的工具必定有网页，我们通常使用“HTML”“PHP”来开发网页文件。在前面我们使用浏览器打开第一个网页时，浏览器的地址栏显示的是这样的内容：“file:///C:/Users/admin/Desktop/HTML/index.html”，如图3-9所示。

图 3-9 在浏览器中查看“index.html”文件的地址

当我们在计算机上找不到“index.html”文件时，可以通过这个地址逐级定位我们所制作的网页文件，比如：“C:/”表示我们要先打开“C 盘”，“Users/”表示我们要前往“Users”文件夹，“admin/”表示我们要前往“admin”文件夹，“Desktop/”表示我们要前往“Desktop”文件夹，“HTML/”表示我们要前往“HTML”文件夹，最终我们在这里看到“index.html”文件。

此时，我们能断定我们的网页文件存储在个人计算机的“C 盘”，但也正因为这个文件在个人计算机上，其他人是没办法访问的，因此为了能让所有人访问，我们需要将这个文件放在一台可供所有人公开访问的计算机上，这个计算机就叫“服务器”（Server），一台提供网络服务的计算机。

在学习编程的过程中，我们是不可能将自己的计算机共享出去让所有人访问，但是我们能够将自己的计算机模拟成一台服务器，只是这台服务器只为我们自己提供虚拟的网络服务。“XAMPP”的组件中，“Apache”的功能就是如此，安装完“XAMPP”并启动“Apache”后，我们的个人计算机就成为一个“服务器”，服务器的名字一般为“localhost”。“host”有“主人”“主持”“招待”之意，在此译为“主机”，所以“localhost”意为“在本地提供服务的主机”。

3.2.2.2 “XAMPP”安装及“Apache”启动

下面我们简要演示如何下载并安装“XAMPP”，以及如何启动“Apache”。

→第一步：

下载“XAMPP”

下载地址：https://www.apachefriends.org/zh_cn/index.html，如图 3-10 所示。

图 3-10　XAMPP 官网

在“XAMPP”的下载地址中，大家可以看到有三个版本可供下载：“XAMPP for Windows”“XAMPP for Linux”“XAMPP for OS X”。可见，“XAMPP”支持多个操作系统，是一个跨平台（Cross-Platform）的集成开发环境，“XAMPP”中的“X”即是此意。

本书以 Windows 10 操作系统为主要工作环境，此处点击下载面向 Windows 操作系统的版本。下载完成的安装包大小约为 124MB。

→第二步：

安装“XAMPP”

“XAMPP”的安装并不复杂，双击安装包后首先会弹出一个提醒对话框，如图 3-11 所示。

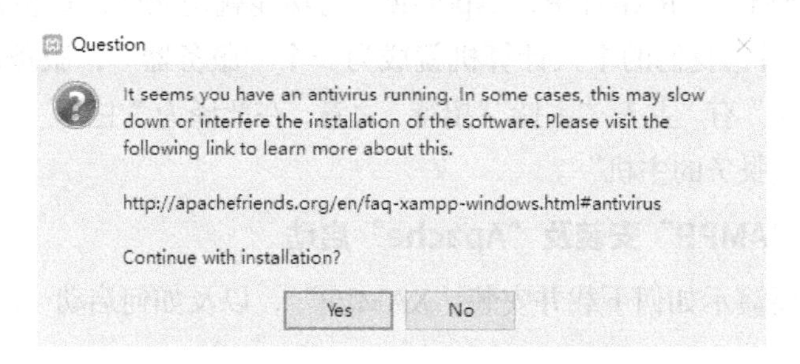

图 3-11　XAMPP 软件的安装提醒

该对话框提醒杀毒软件可能会影响软件安装，所以建议安装时先暂时关闭杀毒软件，然后点击“Yes”。

此时可能会弹出第二个提醒框，如图 3-12 所示。

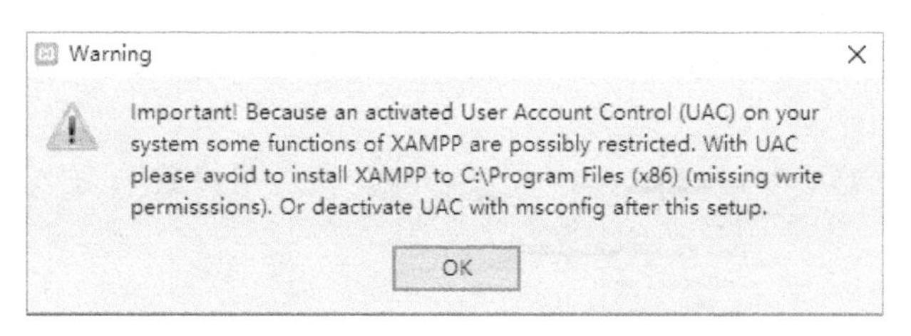

图 3-12 XAMPP 软件的安装提醒

该对话框提醒用户在安装“XAMPP”时不要安装在“C:\Program Files (x86)”文件夹中，否则在“XAMPP”运行过程中会因权限不够无法修改文件。知悉后，点击“OK”按钮，进入安装界面，如图 3-13 所示。

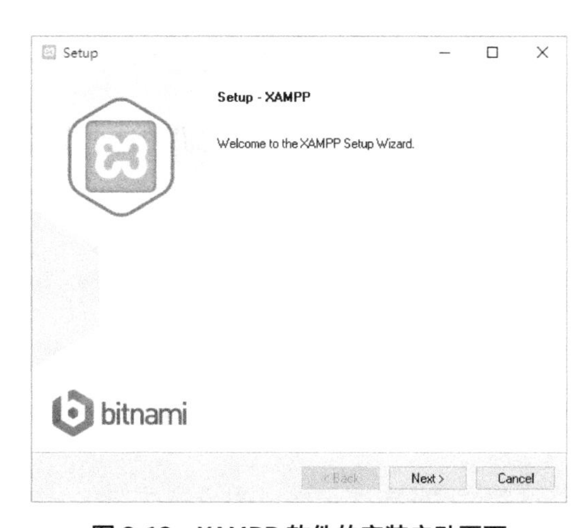

图 3-13 XAMPP 软件的安装启动页面

点击“Next”按钮后选择要安装的组件，如图 3-14 所示，在这个页面中工具默认选中所有组件，我们也可不做任何改动。

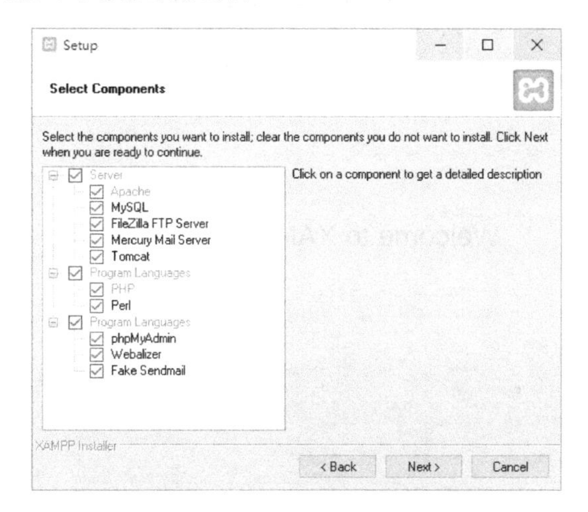

图 3-14 选择 XAMPP 的组件

点击“Next”按钮，进入到下一步，选择“XAMPP”的安装文件夹，如图 3-15 所示。

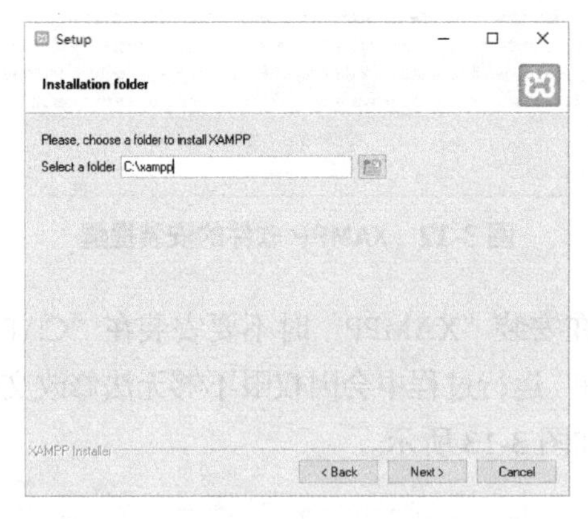

图 3-15 选择 XAMPP 的安装文件夹

工具默认的安装路径是“C:\xampp”，我们也沿用这个设置，点击“Next”按钮，前往“准备安装”的页面，如图 3-16 所示。

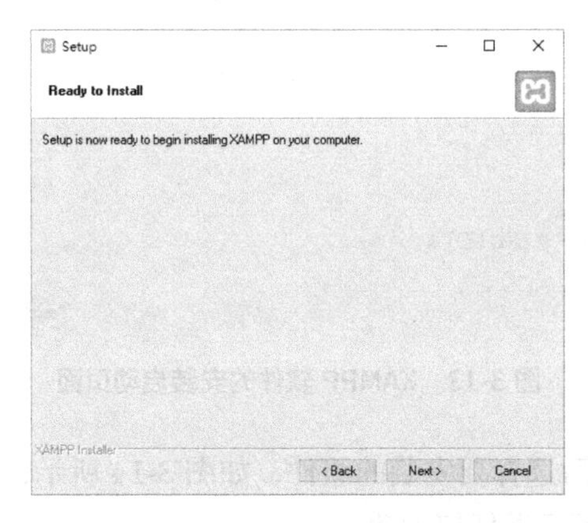

图 3-16 准备正式安装 XAMPP

点击“Next”按钮，进入安装页面，如图 3-17 所示。

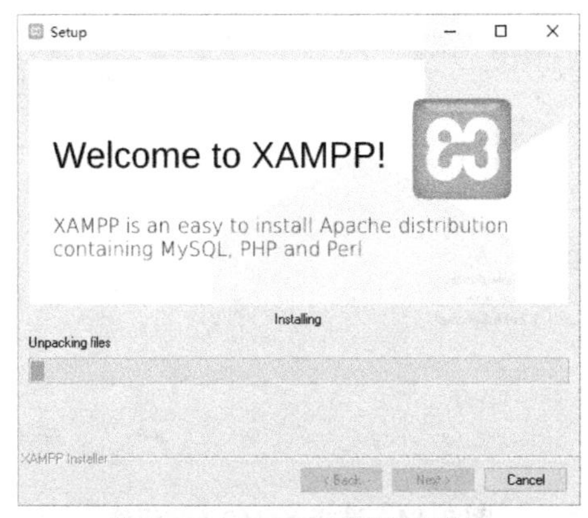

图 3-17 XAMPP 安装进度条

安装结束后，会弹出“Windows 安全警报”，如图 3-18 所示。

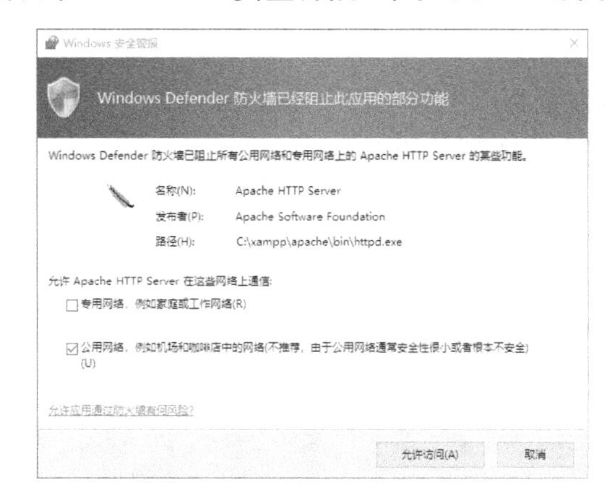

图 3-18　XAMPP 安装过程中的“Windows 安全警报”

在这个页面中点击“允许访问”，完成安装，进入最终的页面，如图 3-19 所示。

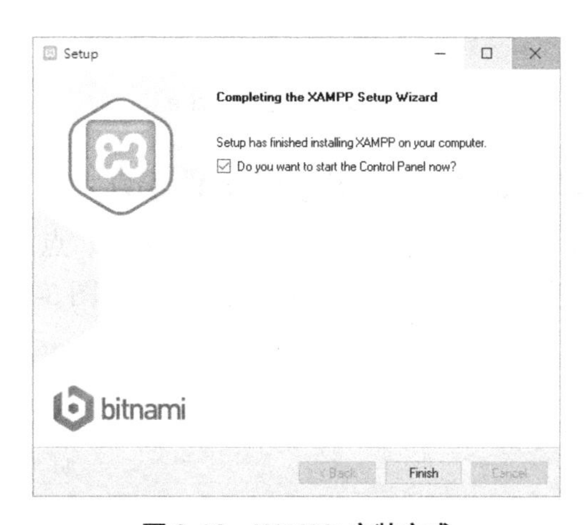

图 3-19　XAMPP 安装完成

点击“Finish”后进入“XAMPP”的控制面板，如图 3-20 所示。

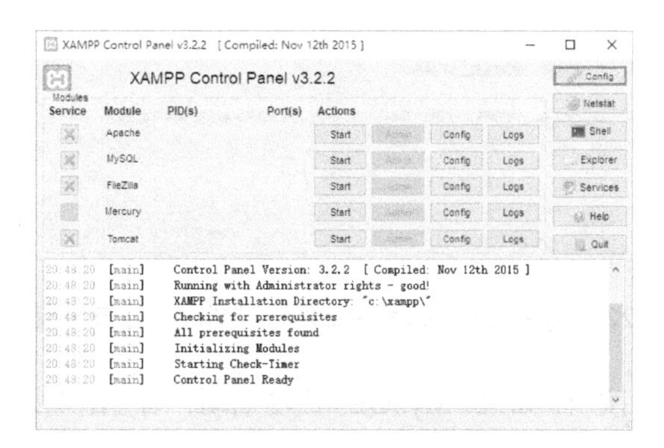

图 3-20　XAMPP 的控制面板

→第三步：

启动“Apache”

在“XAMPP”的控制面板点击第一行“Apache”后的“Start”按钮，如果“Apache”成功启动，则会出现如图 3-21 所示的界面。

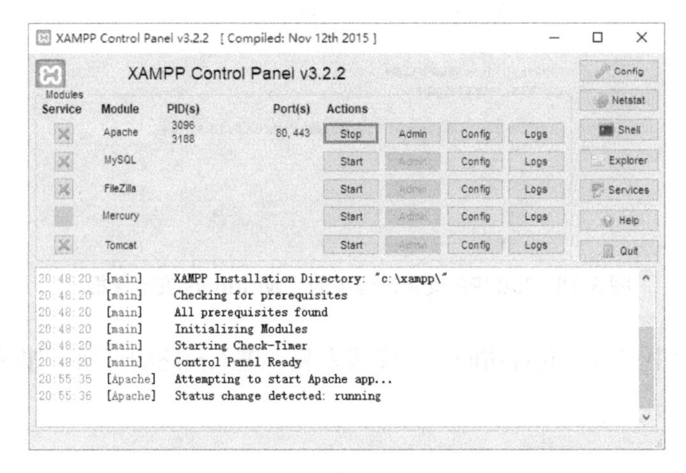

图 3-21 启动 Apache

3.2.2.3 “MySQL”启动及“phpMyAdmin”简介

在“XAMPP”控制面板的第二行显示的是“MySQL”，点击后方的“Start”按钮，启动“MySQL”，随后会弹出“Windows 安全警报”，如图 3-22 所示。

图 3-22 MySQL 启动过程中出现的“Windows 安全警报”

点击“允许访问”按钮，如果“MySQL”成功启动，则会出现如图 3-23 所示的界面。

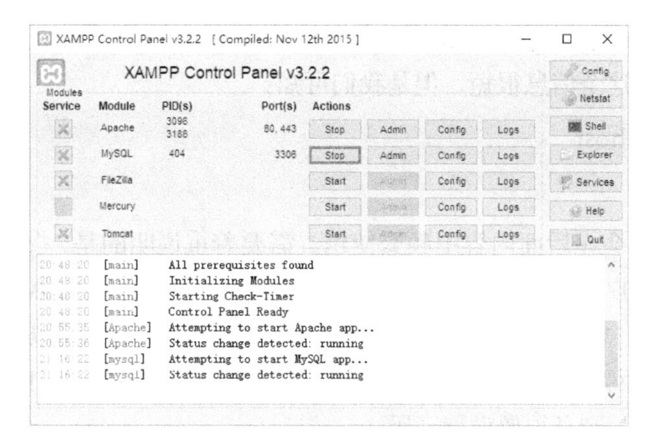

图 3-23 MySQL 启动成功界面

点击第二行的“Admin”，浏览器会自动访问并打开如图 3-24 所示的链接: “http://localhost/phpmyadmin/”。

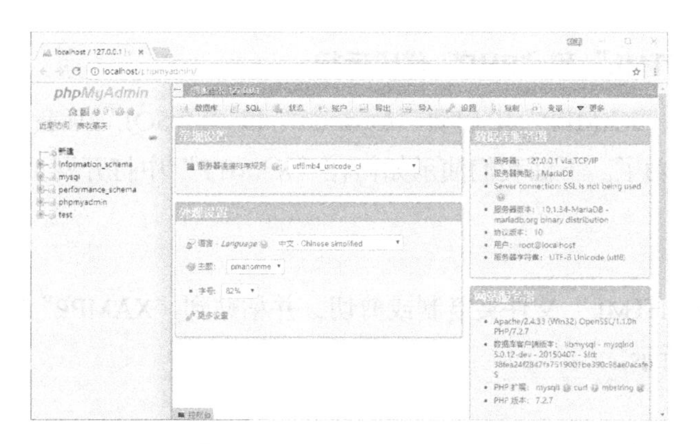

图 3-24 phpMyAdmin 页面

这个页面中打开的是名为“phpMyAdmin”的数据库管理工具，可以用于创建、修改、删除 MySQL 数据库。在该页面的右上侧可以看到如图 3-25 所示的信息。

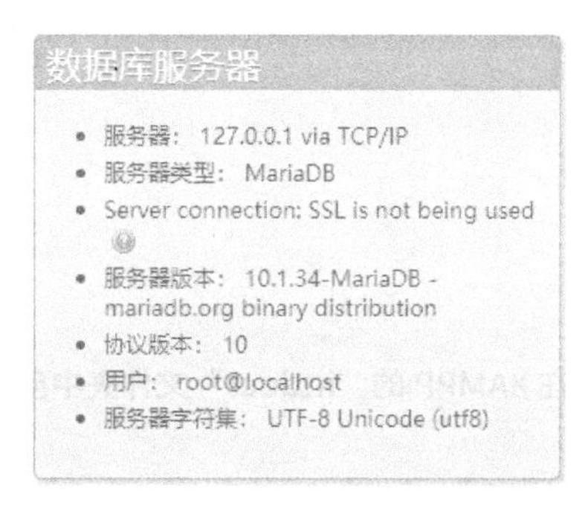

图 3-25 数据库服务器基本信息

通过这部分的内容我们可以获得很多有用的信息，最重要的是“用户：root@localhost”，虽然这个信息很短，但是我们可知：

主机名：localhost

用户名：root

以上两条信息会在后面内容中频繁使用。需要着重说明的是，“phpMyAdmin”的页面是需要输入用户名和密码才可以登录的，“XAMPP”中的“phpMyAdmin”管理员用户名为“root”，密码默认为空，即没有密码。因为我们用的虚拟服务器，用的是只有自己可用的内部网络，并不需要设置密码来麻烦自己，但如果我们做的网站上传到公共网络的服务器上，则必须要设置密码。

“phpMyAdmin”的主要作用是管理我们所开发工具的数据库，数据库列表位于页面的最左侧，选中某个数据库后，会在页面的右侧看到其中的数据表（Table），针对数据表的所有操作也都在这个页面中进行。在后面的章节中我们将介绍如何创建数据库和数据表。

3.2.2.4 “HTML”和“PHP”代码运行

一般来说，在“XAMPP”中启动“Apache”和“MySQL”后我们本地计算机上的编程环境就搭建成功了。下面我们演示如何在“XAMPP”中打开网页。

→第一步：

将桌面上的“HTML”文件夹复制或剪切，并粘贴到“XAMPP”的“htdocs”文件夹中，如图 3-26 所示。

图 3-26　在 XAMPP 的“htdocs”文件夹中创建文件夹

注一："HTML"文件夹及其中的"index.html"文件是本书 2.2.2 节中创建的内容，如果大家的桌面上不存在该文件夹及文件，请根据 2.2.2 节的步骤重新创建。

注二：如果在安装"XAMPP"时使用的是默认安装路径，那么"htdocs"文件夹的路径为："C:\xampp\htdocs"。

→第二步：

打开浏览器，在地址栏中输入并访问："http://localhost/HTML/"，如图 3-27 所示。

图 3-27 通过 XAMPP 查看网页文件

在前面的内容中我们介绍过，"localhost"意为"在本地提供服务的主机"，是我们通过"XAMPP"创建的服务器的名字。主机中可供访问的文件都存放在"htdocs"这个文件夹里，"htdocs"是"Host Documents"（主机文件）的缩写。当我们在浏览器中输入"http://localhost"时就是在告诉浏览器去访问本地计算机编程环境"XAMPP"中的主机"localhost"上的文件，默认访问的就是"htdocs"文件夹中的文件，所以在地址栏中是不用再输入"htdocs"的。

在"http://localhost"后面加上我们要打开的文件所在的文件夹地址及文件全名，如："http://localhost/HTML/index.html"就可以在浏览器中访问该文件。之所以我们在前面没有写"/index.html"而是只写了"http://localhost/HTML"，是因为当浏览器去访问服务器上的某个存有网页文件的文件夹时一般会默认打开"index.html"文件，不用输入也可以。

→第三步：

在网页正文的任何位置单击鼠标右键，在弹出的对话框中点击"查看网页源代码"，如图 3-28 所示。

图 3-28　在网页中点击“查看网页源代码”

在弹出的新网页中可以看到网页的源代码，如图 3-29 所示。

图 3-29　在浏览器中查看网页源代码

→第四步：

在顺利完成前三步后，我们已经了解如何通过浏览器运行服务器上的“HTML”网页文件，下面请关闭前面打开的浏览器窗口，回到“htdocs”文件夹中的“HTML”文件夹，将“index.html”的后缀名从“.html”改为“.php”，如图 3-30 所示。

图 3-30　将 HTML 文件的后缀名改为“.php”

如果在修改文件名时弹出询问“确实要更改吗？”的对话框，请单击“是”，如图3-31所示。

图 3-31　确认修改网页文件后缀名

→第五步：

打开浏览器，在地址栏中输入并访问：“http://localhost/HTML/index.php”或“http://localhost/HTML”，会发现浏览器中呈现的结果与之前打开“index.html”时一样，没有任何不同，如图3-32所示。

图 3-32　通过 XAMPP 查看 PHP 文件

→第六步：

使用“Notepad++”打开“index.php”文件，如图3-33所示。

```
<!DOCTYPE html>
<html>
<head>
<meta http-equiv="Content-Type" content="text/html; charset=utf-8" />
<title>我的翻译作品</title>
</head>
<body>

<h1>中文标题</h1>
<p>第一段中文</p>
<p>第二段中文</p>

<h1>English Title</h1>
<p>First Paragraph</p>
<p>Second Paragraph</p>

</body>
</html>
```

图 3-33　在 Notepad++ 中打开 PHP 文件

注：成功安装完“Notepad++”后，可以将“Notepad++”设置为默认的“.txt”“.html”“.php”文件的打开软件，这样双击这类文件即可在“Notepad++”中查看；如果未进行这样的设置，也可以在要打开的文件上单击鼠标右键，选择“Edit with Notepad++”，同样可以在“Notepad++”中查看文件，如图 3-34 所示。

图 3-34　使用 Notepad++ 打开 PHP 文件

→第七步：

在代码段的第 8 行，插入如代码 3-1 所示的代码。

```
1. <?php echo "发布时间：2018 年 8 月"; ?>
```

代码 3-1　在 PHP 代码中使用“echo”打印字符串

插入代码后效果如图 3-35 所示。

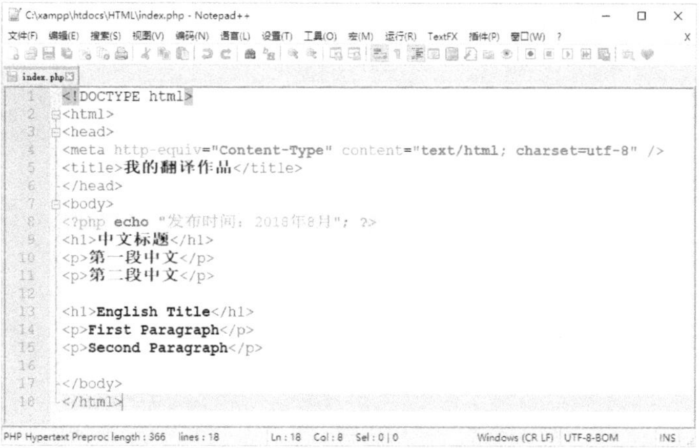

```
<!DOCTYPE html>
<html>
<head>
<meta http-equiv="Content-Type" content="text/html; charset=utf-8" />
<title>我的翻译作品</title>
</head>
<body>
<?php echo "发布时间：2018年8月"; ?>
<h1>中文标题</h1>
<p>第一段中文</p>
<p>第二段中文</p>

<h1>English Title</h1>
<p>First Paragraph</p>
<p>Second Paragraph</p>

</body>
</html>
```

图 3-35 在 Notepad++ 中查看 PHP 代码和 HTML 代码

→第八步：

在浏览器中刷新页面，或重新输入并访问："http://localhost/HTML/index.php"，效果如图 3-36 所示。

图 3-36 在浏览器中再次打开 PHP 文件

→第九步：

在网页中单击鼠标右键，点击"查看网页源代码"，如图 3-37 所示。

图 3-37　查看 PHP 文件的网页源代码

通过与图 3-35 对比发现，虽然我们在代码中插入了一行新的代码，但是在分别查看“index.html”和“index.php”两个文件的源代码时，却发现“index.php”的源代码中多了一行“发布时间：2018 年 8 月”，而这段文字两边原本有的代码“<?php echo "" ?>”却并未出现。

之所以会出现这种情况，是因为我们插入的这段代码是用“PHP”语言写的，我们先是将“index.html”的后缀名改成了“.php”，然后再插入了一段由“<?php”和“?>”标签对包括的“PHP”代码。

该段代码中我们使用了一个名为“echo”的功能，这个功能的用法是：当在浏览器中运行“PHP”代码遇到“echo”发布时间：2018 年 8 月”;”这种代码时，将“echo”后双引号内包括的文本显示在浏览器中。

“echo”在英文中有“回音”的意思，在这里可以看成是一个“动词”，意为在浏览器中“输出”或“打印”“echo”后面跟的文本。这类文本我们通常称之为“字符串”（String）。

另外，需要说明的是：

1）当我们将“index.html”的后缀名改成了“.php”，后生成的“PHP”文件中也包含“HTML”代码，而且也可以正常运行；反之，如果将“index.php”改成“index.html”，其中包含的“PHP”代码是无法运行的。

2）“PHP”代码脱离服务器时无法运行，也就是说，如果我们关掉“XAMPP”或者在“XAMPP”中停用“Apache”，“PHP”文件均无法在浏览器中正常打开。

3.2.2.5 小结

在分别完成“Apache”的启动、“MySQL”的启动和“HTML”及“PHP”代码测试运行后，如果全部正常，那么就意味着本书所需的主要编程环境搭建完成。编辑器和集成开发环境是我们编程学习的“地基”，大家在开始第四章的学习前务必保证安装好这两类工具。

3.2.3 其他工具

除编辑器和集成开发环境外，译者在学习编程过程中还有一些工具可以尝试使用，以提高编程学习的效率，这些工具包括但并不限于：浏览器、笔记软件、录屏软件、文件搜索软件、网盘和代码托管网站等。

3.2.3.1 浏览器

在编程学习过程中需要一款简洁、快速的浏览器，推荐大家使用谷歌浏览器[1]、火狐浏览器[2]。

3.2.3.2 笔记软件

许多优秀的程序员都有写博客记笔记的习惯，笔记软件作为一种个人知识管理工具可以辅助学习者在编程学习过程中收藏和记录来自各种途径的知识。推荐大家使用印象笔记[3]、OneNote[4]、有道云笔记[5]等国内外优秀的笔记软件。

3.2.3.3 录屏截图软件

由于编程学习涉及非常多的代码调试、软件安装，覆盖的知识量极多，通过录屏截图软件将学习过程记录下来有助于事后回顾、查漏补缺。大部分优秀的录屏软件同时也有截图功能，学习过程中可以将截图保存下载、存储在笔记软件中，形成图文结合的笔记。推荐 Windows 操作系统用户使用 FastStone Capture[6]、Camtasia[7] 等录屏软件，二者均有截图功能或截图组件；推荐 Mac 操作系统用户使用 Camtasia、QuickTime[8] 等录屏软件，使用 Snip[9] 等截图软件。

---

1 https://www.google.com/intl/zh-CN_ALL/chrome/

2 http://www.firefox.com.cn/

3 https://www.yinxiang.com/

4 https://www.onenote.com

5 https://note.youdao.com/

6 http://www.faststone.org/FSCaptureDetail.htm

7 https://www.techsmith.com/video-editor.html

8 QuickTime 为 Mac 操作系统自带软件。

9 http://snip.qq.com/

3.2.3.4 文件搜索软件

本书中有大量需要大家自行创建、命名和管理的文件及文件夹，学习过程中难免会在计算机中生成杂乱的文件夹和文件，不便于归档和查询。推荐 Windows 操作系统用户使用 Everything[1]，推荐 Mac 操作系统用户使用系统自带的 Spotlight。

3.2.3.5 网盘

在本书编写过程中，所有相关文件均存储在微软公司的网盘软件 OneDrive 中，此类软件可以确保重要文件存储在云端，并与本地计算机文件实时同步。推荐 Windows 操作系统用户使用 OneDrive[2]，推荐 Mac 操作系统用户使用系统自带的 iCloud。

3.2.3.6 代码托管网站

本书的全部代码均发布在用于进行代码版本控制的软件源代码托管服务网站 GitHub 上，在使用本书学习编程时可以前往该网站[3]查看和下载全部教学代码，也可以将你自己的代码上传到该网站中托管。

小结

通过本章的学习，大家可以了解采购实用计算机的基本方法以及为编程学习准备好适合自己的编辑器、集成开发环境和相关工具。

需特别注意的是，本书全书均以 Windows 操作系统作为主要工作环境。如果需要在 Mac 操作系统中学习，可参考附录 A，通过在 Mac 操作系统中使用虚拟机间接使用 Windows 操作系统。

---

1 https://www.voidtools.com/

2 https://onedrive.live.com/

3 https://github.com/hanlintao/translatorscanprogram

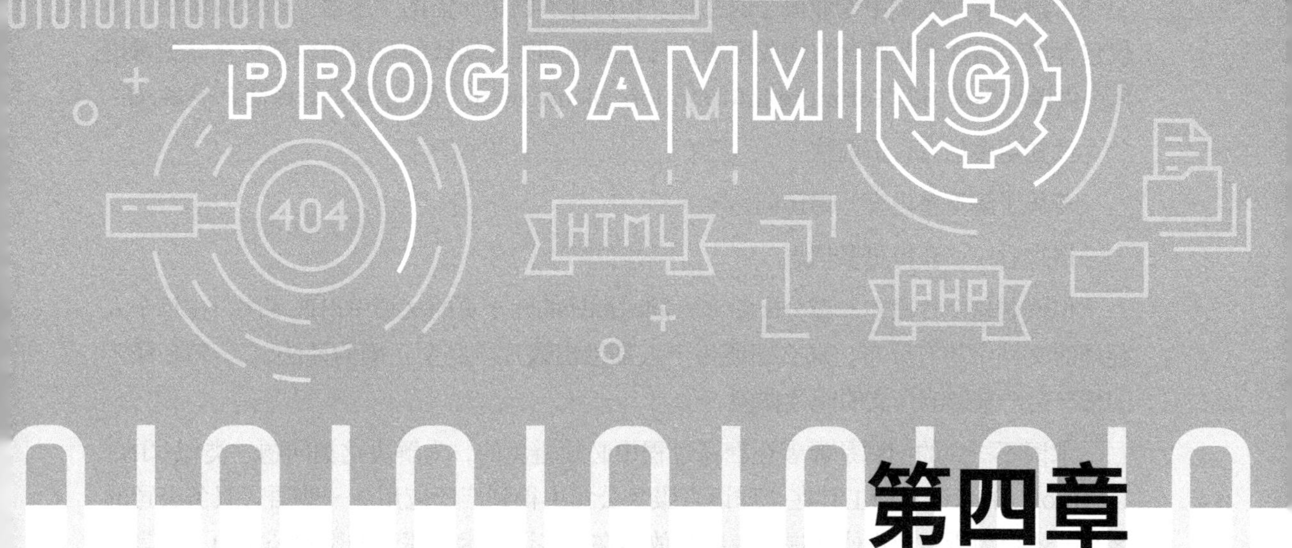

第四章

如何开发简易在线双语术语库

本章导言

在前文中我们提到，荷兰翻译公司“INK”为了提高翻译效率开发了一款名为“INK TextTools”的计算机辅助翻译工具，其主要作用是创建术语库和查询术语库中的术语数据，确保术语一致性是该工具的重要功能之一。

术语是专门领域中专业概念的指称。但翻译实践中所需的“术语”则范围更广，不仅包含用于指称专业概念的词或短语，凡是能辅助翻译实践的双语内容都可存储到术语库中供译者参考。以“For more information, please go to”为例，其正确译法有很多，如：

欲知更多信息，请前往

若想了解更多内容，请访问

请查看……获得更多信息

但倘若这个片段在一篇分配给多人同时翻译的几十页的文档中出现多次，在每个人翻译的文档中均有分布，那么即便每个人都给出该片段完全正确的译法，“一句多译”的情况会严重影响译文的阅读体验。

术语不一致的问题是译者在翻译过程中必须避免的，为解决这类问题，类似“INK TextTool”的术语管理工具在全球语言服务公司中得到广泛应用。一些语言服务公司的客户方还会为所有合作伙伴提供免费开放的在线多语言术语库，如微软公司的“语言门户”[1]，如图 4-1 所示。

图 4-1　在微软语言门户中搜索术语

1　https://www.microsoft.com/zh-cn/language/Search

我们可以在其中输入“For more information, please go to”，源语言设置为“英语”，目标语言设置为“中文（中华人民共和国）”，然后点击“搜索”，获取到一系列检索结果，如图 4-2 所示。

Microsoft 本地化产品中的翻译

英语	翻译	产品	显示 1-6 的 31
For more information, please go to	有关详细信息，请转到	Visual Studio	
For more information, please go to	有关详细信息，请转到	Visual Studio	
For more information, please go to	有关详细信息，请转到	Visual Studio	
For more information, please go to	有关详细信息，请转到	Visual Studio	
For more information, please go to %s. Disconnect code: 0x%x.	有关详细信息，请转到 %s。断开连接代码: 0x%x。	Windows 8.1 Group	
For more information, please go to %s. Disconnect code: 0x%x.	有关详细信息，请转到 %s。断开连接代码: 0x%x。	Windows 10 Group	

上一页 下一页

图 4-2 查看微软本地化产品的双语术语

在图 4-2 中可以看到，微软所有的合作伙伴在翻译到这句话时都可以查询到“有关详细信息，请转到”这种译法，以确保微软发布的全部中文产品所用的术语译文全球一致。

在翻译实践中，很多译者习惯于使用 Excel 表格来存储双语术语，多人协作翻译时会习惯将 Excel 表格以文件形式发送给其他译者，如此一来，多位译者在翻译过程中新增的双语术语难以在团队内实时共享。而且当译者将一整个术语表文件共享给他人时，也容易造成数据泄露。在本章中，我们会介绍如何开发一个简易的在线双语术语库，用户在浏览器中访问该术语库后可以查询其中的双语数据。

4.1 双语术语数据库准备

本章的目标是做一个可以在线检索的双语术语库，其核心由两部分组成：展现在前端的术语库检索页面和隐藏在后端的双语术语数据库。本节重点介绍如何将双语数据导入到数据库中。

4.1.1 使用“phpMyAdmin”创建数据库

我们在本节中所指的术语数据库是指通过“phpMyAdmin”管理的数据库及数据库中的数据表。我们在前文中介绍过如何启动“XAMPP”及其中的“MySQL”组件，如图 4-3 所示。

图 4-3　启动 XAMPP 的 MySQL 组件

打开“phpMyAdmin”的方式有两种，一种是在“MySQL”启动的前提下点击上图第二行的“Admin”按钮，另一种则是在“MySQL”启动的前提下直接在浏览器中输入并访问：“http://localhost/phpmyadmin/”。

打开“phpMyAdmin”后，点击左上角的“新建”，进入“新建数据库”页面，如图 4-4 所示。

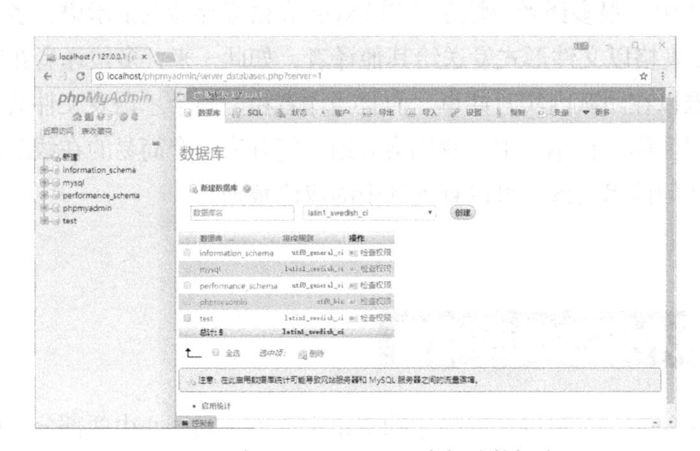

图 4-4　在 phpMyAdmin 中新建数据库

这个页面列举了所有已创建数据库的名称和排序规则。这里的“排序规则”简单而言即是：一列数据由“all”“Apple”“and”三个单词组成，当我们去查询首字母为“a”的单词时，“排序规则”决定这三个单词是否都出现，如果都出现将以怎样的顺序出现。

在本书中，我们创建的所有数据库均只存储中文和英文两种语言，我们默认使用的数据库排序规则是“utf8_general_ci”，其中的“ci”是“case insensitive”的缩写，意为“大小写不敏感”。所以在上例中，首字母以“a”开头的单词也包括“Apple”。再举一例，我们在网络上注册新网站时往往会用自己的邮箱地址，如果网站的数据库以

“utf8_general_ci”作为排序规则，无论你的邮箱地址前面的英文字母是大写还是小写，都是一样的。所以当你注册成功后输入邮箱登录个人账号时，即便不小心按到了键盘上的“Caps”键（大小写转换键，“Caps”是“Capital”的缩写，又称“Caps Lock”键或“大小写锁定键”），使得输入的全部为大写字母，只要密码输入正确也能登录成功网站。密码则是特例，对于大小写是敏感的。

接下来，我们可以使用“utf8_general_ci”作为排序规则创建一个名为“stiterm”的数据库，如图 4-5 所示。

图 4-5 为新建数据库设置排序规则

设置好数据库名和排序规则后，点击“创建”按钮，得到一个空白的数据库，如图 4-6 所示。

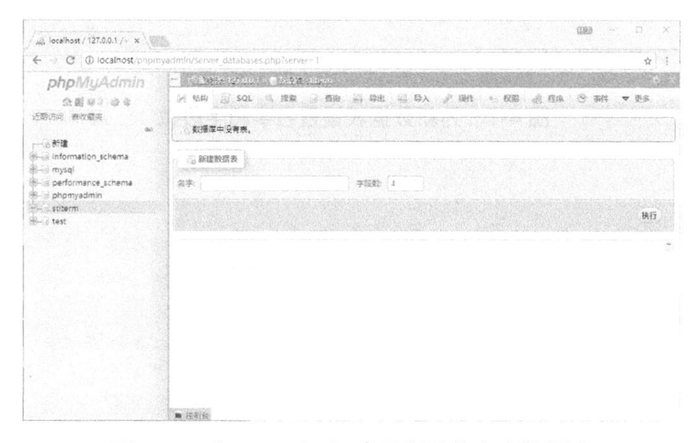

图 4-6 phpMyAdmin 中已创建的空白数据库

同在 Excel 表格中录入数据类似，空有一个 Excel 文件是无法存储数据的，数据均要存储在 Excel 的工作表中。在我们刚刚创建的数据库中，我们还需要创建新的数据表。在本节中，我们从最简单的术语表开始做起，即术语表仅包含三列：序号、中文和英文，如表 4-1 所示。

表 4-1　示例 Excel 术语表

序号	中文	英文
1	北京语言大学	Beijing Language and Culture University
2	高级翻译学院	School of Translation and Interpreting
3	翻译专业本科	Bachelor of Translation and Interpreting
4	翻译专业（本地化方向）	Translation and Localization Program
5	译者	Translator

这个术语表由两部分组成：术语表定义（Term Definition）和术语数据（Term Data）。术语表定义包含三个字段（Field）或列（Column）：序号、中文、英文。在填写术语数据时，序号字段填入阿拉伯数字，中文字段和英文字段分别填入术语的中文文本和英文文本。

在数据库中创建数据表时，我们根据术语表定义来设置数据表的信息，步骤如下。

→**第一步：**

在图 4-7 所示的页面中，我们将新数据表的名字设置为“TermData”，将字段数设置为“3”。

图 4-7　为新数据表设置名字和字段数

→**第二步：**

点击“执行”后，进入数据表定义界面，如图 4-8 所示。

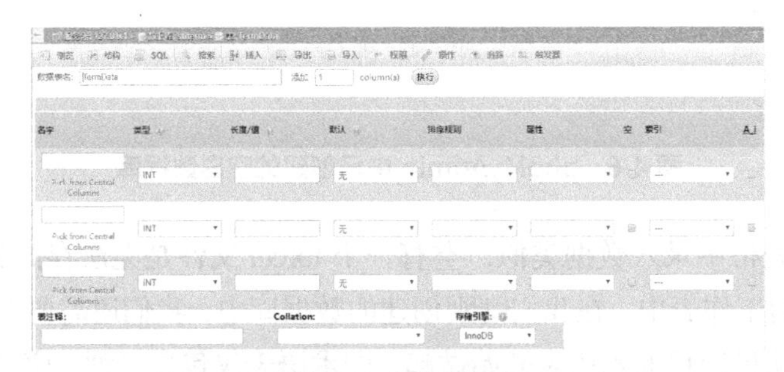

图 4-8　定义数据表

这个页面中要填写的信息非常关键，务必要认真填写。我们之前设置了要创建三个字段，所以在这个页面中有四行信息需要填写，前三行均包括以下内容：

名字、类型、长度 / 值、默认、排序规则、属性、空、索引、A_I，等。

大家可根据表 4-2 来填写。

表 4-2　数据表基本信息

名字	类型	长度 / 值	默认	排序规则	属性	空	索引	A_I	其余字段
ID	INT	5	无	utf8_general_ci	留空	默认	PRIMARY	√	不填
zh_CN	VARCHAR	50	无	utf8_general_ci	留空	√	留空	默认	不填
en_US	VARCHAR	50	无	utf8_general_ci	留空	√	留空	默认	不填

填完后，效果如图 4-9 所示。

图 4-9　定义完成的数据表

第四行仅将“Collation”设置为“utf8_general_ci”，如图 4-10 所示。

图 4-10　设置数据表的“Collation”

全部填写完成后，点击右下角的“预览 SQL 语句”按钮，看到如图 4-11 所示的内容。

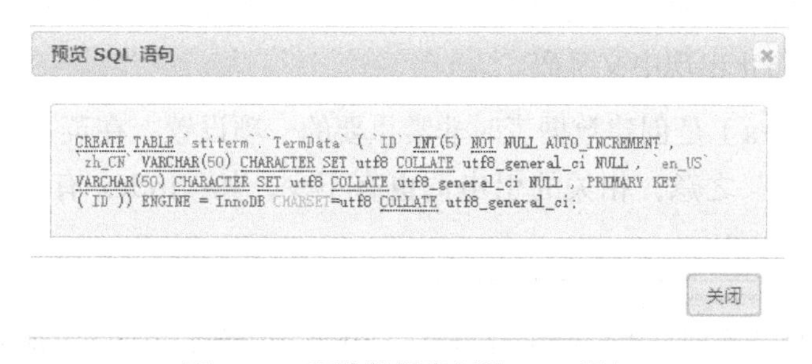

图 4-11　预览数据表创建 SQL 语句

这部分代码称为“SQL 语句”，我们可以将其格式调整一下，如代码 4-1 所示。

```
1.  CREATE TABLE `stiterm`.`TermData`
2.  (
3.    `ID` INT(5) NOT NULL AUTO_INCREMENT ,
4.    `zh_CN` VARCHAR(50) CHARACTER SET utf8 COLLATE utf8_general_ci NULL ,
5.    `en_US` VARCHAR(50) CHARACTER SET utf8 COLLATE utf8_general_ci NULL ,
6.    PRIMARY KEY (`ID`)
7.  )
8.  ENGINE = InnoDB
9.  CHARSET=utf8
10. COLLATE utf8_general_ci;
```

代码 4-1　创建数据表的 SQL 语句

我们先解释上表填写的内容。

1）针对“序号”“中文”和“英文”三个字段名，我们创建了一张有三个字段的数据表，数据表的字段名不能为中文，所以我们分别命名为“ID”“zh_CN”和“en_US”，之所以会用“zh_CN”和“en_US”，是因为：在区域设置（Locale）过程中，计算机程序要根据用户所在的地区来调整一系列的区域设置内容，包括度量衡单位、货币单位、语言等。全球划分为多个区域，“US”代表美国，所以“en_US”可用于表示美式英语。

2）“类型”代表的数据表中存储的数据类型（Data Type），常见的数据类型有数字（Number）、文本（Text）、日期 / 时间（Date）等，而每种类型又可以细分，如数字类型中有整数型（也称整型）（INT）、文本类型中有可变长字符串（VARCHAR）[1]。我们一般将“序号”字段设置为整数型，将存术语或句子的字段属性设置为可变长字符串。无论是整数还是字符串，都需要设置值或长度，当整数型字段长度设为 5 时，意味着数字的宽度为 5，而并非最多只能存 5 个数字；当可变长字符串的长度设为 50 时，意味着这个字段可以最多存储 50 个汉字或 50 个英文字符。

3）关于字符集（Character set）和排序规则（Collation），一般来说，我们应将要存储中文的数据库的字符集设置为“UTF-8”，此处我们将字符集设置为“utf8_general_ci”，以防止出现中文乱码。

4）索引（Index）是创建数据表时非常重要的一项设置，在英文中“index”的词源含“指出、展示”之意，相关的引申词也有不少，如：index 有“食指”的意思；

1　“可变长字符串”又称即长度不固定的字符串，即如果我们指定一个单元格能存储 10 个字符，那么当我存入一个 1 个字符后，计算机中实际使用的就是 1 个字符的空间；与之相对的就是“定长字符串”（VAR），不管其中是否有数据，只要规定了字符串长度，就会占据空间。

indicate 有“显示、指出”的意思；在出版业中 index 可译为“索引”，一般位于书后，可查看按照字母书序排列的书中关键词，用于查询关键词在书中的位置；在学术领域还有引文索引（Citation index），如常见的 SCI（科学引文索引）、CSSCI（中国社会科学引文索引），用于收录高质量的学术期刊。“索引”二字在中文中可分为两个词:“索”和“引”，索有寻找之意，如“按图索骥”，引则有拿来做凭据之意。无论是在英文中还是在中文中，索引都用途广泛。

在数据表中的索引用于在数据查询过程中辅助定位，提高查询效率。我们在 phpMyAdmin 中将“ID”字段设为主键“PRIMARY KEY”，用于帮助我们将所有存储的术语一一区分开。我们在生活中会用身份证号和学生证号来将每一个人区分开，一人一号，不能有重复，在存储术语数据时也一样，我们要用“ID”来区分。由于我们又在“A_I”一列勾选了“ID”字段，意味着该字段的数字是“自动增长”（AI，Auto Increment）的，每向数据表中添加一条术语就自动为其设置一个序号，而且必须为其设置，序号不能与其他术语重复，查找术语时以 ID 字段为主要的索引字段。

通过对以上信息进行设置我们才能在术语库创建一个能用于存储中英双语术语表的数据表。至于点击“预览 SQL 语句”获得的这段代码，我们暂时不详细解释，我们接下来关闭 SQL 语句预览，点击页面最右下角的“保存”，以完成表的创建，如图 4-12 所示。

图 4-12 完成数据表创建

该数据表创建完成后会出现在左侧数据库名的下方，同时 phpMyAdmin 会默认显示对该表进行查询的页面。需要注意的是，虽然在创建数据表时我们设置的数据表名为“TermData”，但在数据表创建完成后表名变成了“termdata”，这是 MySQL 的默认设置，需要进行额外设置方能不使表名自动变为小写。

如果想浏览数据表的内容，可以点击左侧的数据表名，如点击“termdata”后，看到如图 4-13 所示的页面。

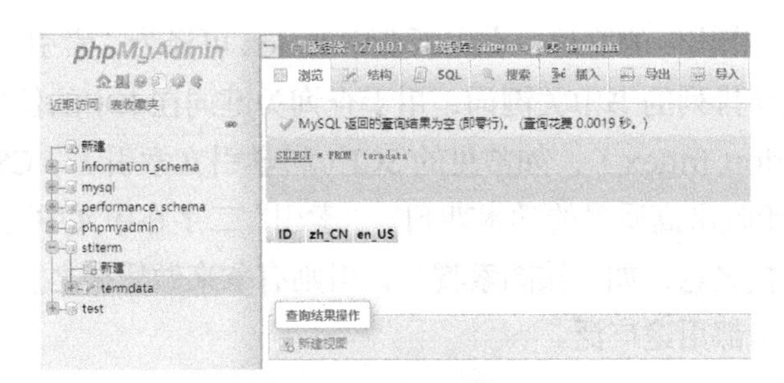

图 4-13　查看数据表

如果想查看数据表的结构，可以点击顶部菜单栏上的“结构”按钮，如图 4-14 所示。

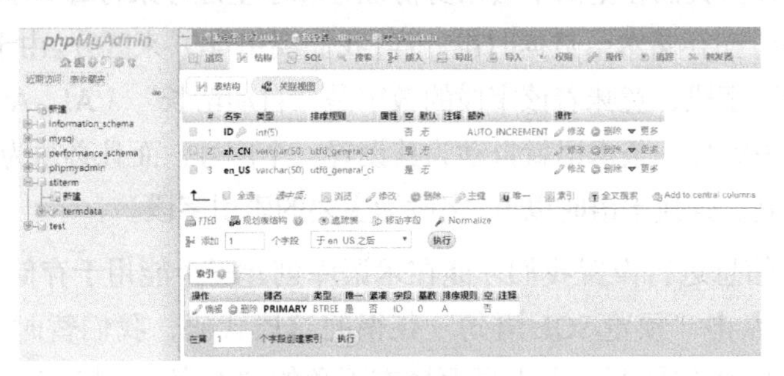

图 4-14　查看数据表结构

在这个页面中，我们可以查看数据表的结构详情，以及对数据表进行修改，如修改字段的属性、删除字段、添加字段等。

至此，我们在 phpMyAdmin 中完成了术语数据库的创建，我们首先创建了一个空白的数据库“stiterm”，然后根据术语表定义在其中创建了一张有三个字段的数据表“termdata”。接下来我们便可以向这个数据表中录入术语数据了。

4.1.2　向数据表中手动录入术语数据

向数据表中录入数据的方式很多，我们在本节中主要介绍最传统的方式：手动录入。首先点击顶部菜单栏中的“插入”按钮，看到如图 4-15 所示的页面。

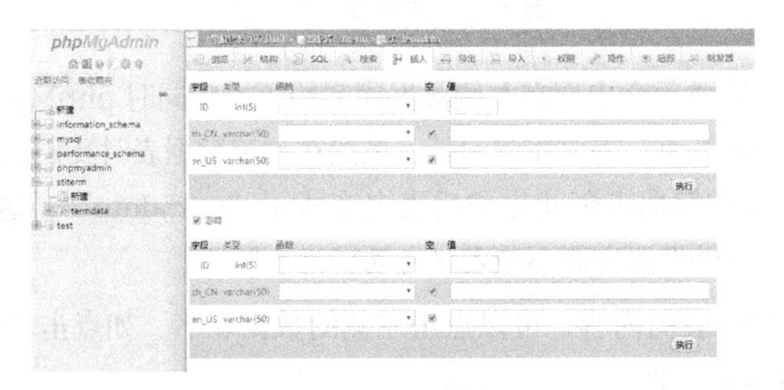

图 4-15　插入数据表界面

在这个页面中我们可以每次录入一组数据，每组数据包含三个值：序号（ID）的值、中文（zh_CN）的值、英文（en_US）的值。如图 4-16 所示。

图 4-16　向数据表录入数据

录入完成并点击“执行”后，该数据即可进入到数据表中。

如果有多组数据，也可以全部录入完成后，点击最下方的“执行”，这样可以同时录入多组数据。

全部录入完成后，点击顶部菜单栏中的“浏览”按钮，查看所有数据，如图 4-17 所示。

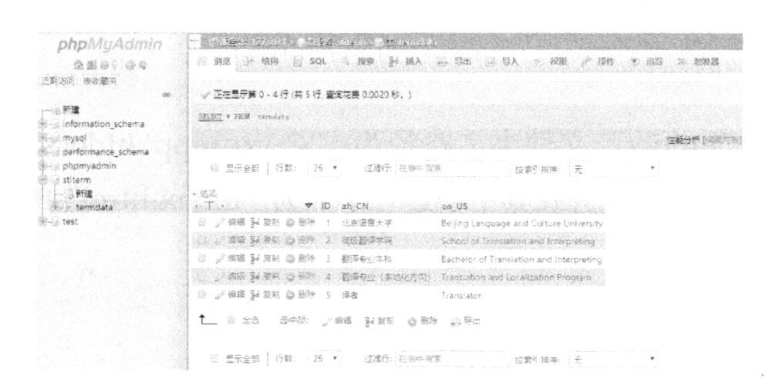

图 4-17　完成数据录入并查看数据表

手动录入数据的过程是繁琐、耗时且易出错的，我们仅仅是在编程学习初期使用这种录入数据的方式，在我们学习完后面章节的内容后，大家就能体会到程序的好处。

4.2  如何展示术语库数据

虽然我们已经将术语表中的术语数据录入到了数据库数据表中，但是也只有我们自己可以看到，而且还必须输入 phpMyAdmin 的用户名和密码才可以访问，并没有实现“在线查询”的目的。从这一节开始，我们将学习如何用代码来“操控”数据库中的数据。

4.2.1　使用 HTML 展示数据

首先我们介绍在没有数据库的情况下如何在浏览器使用 HTML 展示数据。在第二章和第三章中我们制作了一个名为“index.html”的 HTML 文件，在其中输入了代码 2-3，并在 XAMPP 中运行，以获得如图 4-18 所示的效果。

图 4-18　使用 HTML 展示双语数据

可见即使没有数据库，中英文数据也可以在浏览器中正常显示。接下来请大家根据以下步骤来创建一个可以在浏览器中显示的双语术语表。

→第一步：

在 XAMPP 的“htdocs”文件夹（路径为：“C:\xampp\htdocs”）中创建一个名为“stiterm”的空白文件夹，并在其中创建一个名为“index.html”的空白 HTML 文件，如图 4-19 所示。

图 4-19　创建空白 HTML 文件

→第二步：

使用 Notepad++ 打开该文件，并输入代码 4-2，如图 4-20 所示。

```
1. <!DOCTYPE html>
2. <html>
3. <head>
4. <meta http-equiv="Content-Type" content="text/html; charset=utf-8" />
5. <title>STITERM</title>
```

```
6.  </head>
7.  <body>
8.
9.
10. </body>
11. </html>
```

代码 4-2 “index.html”文件源码

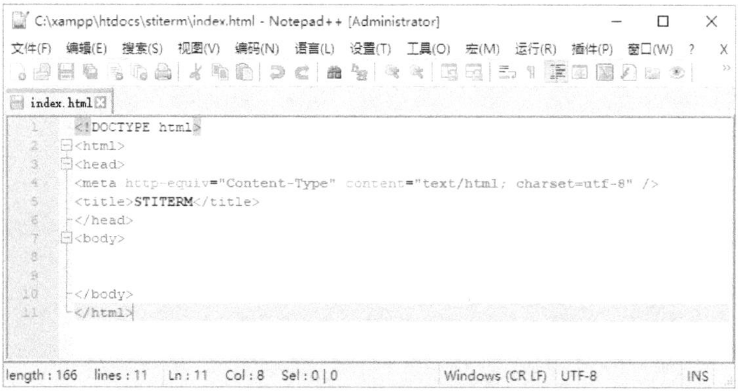

图 4-20 在编辑器中查看“index.html”

注：从下节开始，除非特殊情况，我们在编辑器中输入的代码不再截图展示。

→第三步：

在浏览器中地址栏输入并访问右侧网址（https://htmleditor.io/），并将表 4-1 复制后粘贴到该网站的左侧编辑器中，如图 4-21 所示。

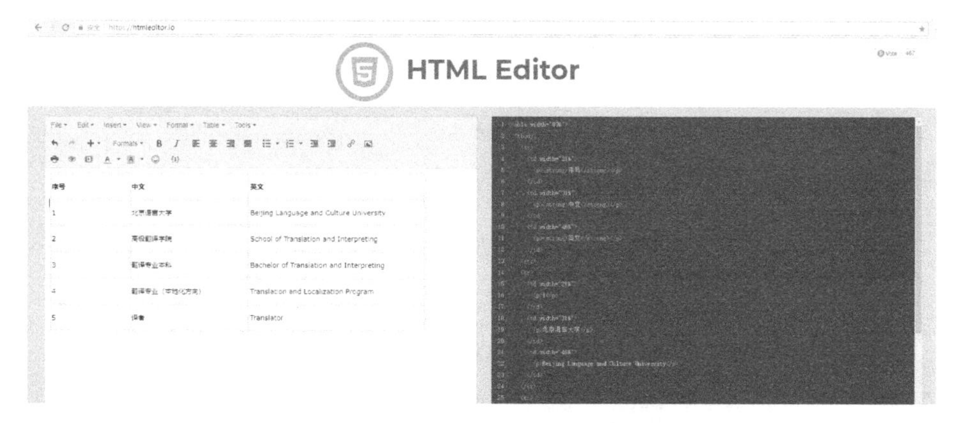

图 4-21 使用 HTML Editor 快速生成 HTML 代码

简单说明一下这个网站的功能：

提供类似工具的网站非常多，这类网站主要用于帮助我们快速生成一段已经排版的文本的 HTML 代码，我们在使用时只需要从 Word 中或者其他网页中选定一段文本，复制并粘贴到这个网站的左侧编辑器中，就会立即在右侧生成相应的 HTML 代码。但是要转换的原文本格式越复杂，转换出来的 HTML 代码也会越复杂，使用时需要特别注意。

→第四步：

将网站中右侧的代码粘贴到代码 4-2 中“<body>”和“</body>”中间，如图 4-22 所示。

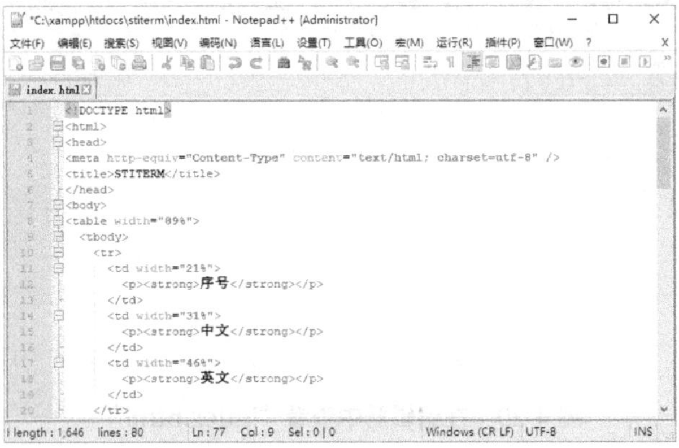

```
<!DOCTYPE html>
<html>
<head>
<meta http-equiv="Content-Type" content="text/html; charset=utf-8" />
<title>STITERM</title>
</head>
<body>
<table width="89%">
  <tbody>
    <tr>
      <td width="21%">
        <p><strong>序号</strong></p>
      </td>
      <td width="31%">
        <p><strong>中文</strong></p>
      </td>
      <td width="46%">
        <p><strong>英文</strong></p>
      </td>
    </tr>
```

图 4-22　将表格代码插入“<body>”和“</body>”中间

→第五步：

保存该文件，并在浏览器中输入：“http://localhost/stiterm/”以查看“index.html”文件，如图 4-23 所示。

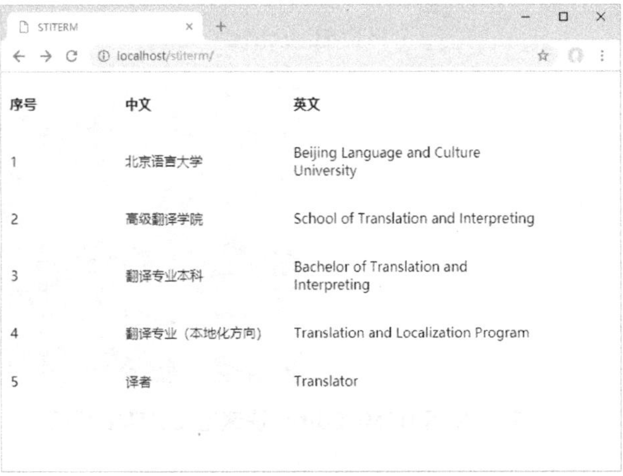

序号	中文	英文
1	北京语言大学	Beijing Language and Culture University
2	高级翻译学院	School of Translation and Interpreting
3	翻译专业本科	Bachelor of Translation and Interpreting
4	翻译专业（本地化方向）	Translation and Localization Program
5	译者	Translator

图 4-23　在浏览器中查看表格

“Excel 表格”→“HTML 代码”→“HTML 网页表格”：通过这个流程我们将“离线”的 Excel 表格转换成了“在线”的网页表格。仔细观看这段代码，会发现它的框架结构如代码 4-3 所示。

```
1.  <table width="89%">
2.    <tbody>
3.      <tr>
4.        <td width="21%">
5.          <p><strong> 序号 </strong></p>
6.        </td>
7.        <td width="31%">
8.          <p><strong> 中文 </strong></p>
9.        </td>
10.       <td width="46%">
11.         <p><strong> 英文 </strong></p>
12.       </td>
13.     </tr>
14.   </tbody>
15. </table>
```

代码 4-3 用于呈现表格的 HTML 代码

下面我们逐行解析一下代码 4-3 中的代码。

```
1.  <table width="89%">
15. </table>
```

代码 4-4 <table> 元素

在 HTML 语言中，“<table>”和“</table>”标签用于定义表格，但仅用这两个标签无法获得那种有实线框的表格，可以认为“<table>”和“</table>”标签在浏览器中能被解析成一个方框，这个方框的边框宽度（Border Width）是“0”，所以就像图 4-23 中的术语表，我们是看不见边框的。“边框宽度”作为 HTML 表格的属性之一，属性名是“border”，属性值是用像素值（Pixel Value，“Pixel”一词中“pix”为“picture”一词的缩写，“el”为“element”一词的缩写）表示，“1”代表“1 像素宽”，如代码 4-5 所示。

```
1.  <table width="89%" border="1">
15. </table>
```

代码 4-5 设置表格的边框宽度

运行后，会看到“加粗”的边框，同时也会看到整个表格的宽度小于浏览器的宽度，而且无论怎么调整浏览器的宽度，整个表格的宽度都会随之变化，这是因为“表格宽度”

也是 HTML 表格的属性，属性名是“width”，属性值用百分比表示。如图 4-24 所示。

序号	中文	英文
1	北京语言大学	Beijing Language and Culture University
2	高级翻译学院	School of Translation and Interpreting
3	翻译专业本科	Bachelor of Translation and Interpreting
4	翻译专业（本地化方向）	Translation and Localization Program
5	译者	Translator

图 4-24　在浏览器中呈现添加边框的表格

当使用“<table>”和“</table>”标签定义完一个表格后，就需要考虑向表格中添加数据。在 HTML 语言中，“<table> 元素”内一般可以包含三个子元素：“<thead> 元素”“<tbody> 元素”和“<tfoot> 元素”，均是以“t”开头，代表“table”，“t”后面的内容不同，用于区分一个数据表的表头、主体和脚注。我们在本节中使用的代码段，仅包含“<tbody> 元素”，如代码 4-6 所示。

```
2.    <tbody>
14.   </tbody>
```

代码 4-6　<tbody> 元素

大家也会注意到，第 2 行的“<tbody>”标签和第 14 行的“</tbody>”标签均没有顶格，而是缩进了几个空格，但这两个标签是上下对齐的。这种方式既是为了代码的美观，凸显代码的层次感，也是为了方便代码编写者更好地识别元素的开始标签和结束标签，以及不同元素之间的关系。

在写代码时，可以使用键盘上的“Tab”键（也叫“制表键”，英文是“Tabulator”或“Tabular Key”）来完成缩进，也可以使用“Space”键（空格键）。

在 Notepad++ 中，用鼠标点击一个元素的开始标签后，相应的结束标签也会一同高亮显示，方便代码编写者阅读代码。

在“<tbody> 元素”内，我们可以看到两个重要的 HTML 表格元素：“<tr> 元素”和“<td> 元素”。“<tr>”意为“Table Row”，所以“<tr>”和“</tr>”标签用于定义表格的一行，一行可以包括多个数据，每个数据都置于由“<td>”和“</td>”标签构成的“<td> 元素”中，所有的“<td> 元素”均包含在“<tr> 元素”中。因此代码 4-3 的第 3 行至 13 行定义了类似图 4-25 所示的一行数据。

序号	中文	英文

图 4-25　使用 <tr> 元素定义表格行

所以，如果我们想以此类推，继续定义第 2 行、第 3 行、第 4 行……数据，就可以顺着第一个“<tr> 元素”，继续使用“<tr>”和“</tr>”标签定义新的行，在“<tr> 元素”使用“<td>”和“</td>”标签定义新的数据。

一般来说，为了保证表格正常显示，定义每一个“<tr> 元素”中“<td> 元素”的数量应该是一致的。

如代码 4-3 的第 5、8、11 行所示，每个“<td> 元素”中包含的内容都会显示在浏览器中，“<p> 元素”定义一个段落、“<strong> 元素”用于加粗文字。

以上就是使用 HTML 展示表格数据的方法，这种方法并不需要使用任何数据库，所有的数据全部都写入到了“<td> 元素”中，浏览器将其中的内容显示出来供用户查看。接下来我们介绍如何使用 PHP、MySQL 和 HTML 将数据库中的数据显示在浏览器中。

4.2.2　使用 PHP、MySQL 和 HTML 展示数据

本节内容分为四个主要的流程：连接、查询、获取和展示。

1）连接：启动 Apache 和 MySQL 后使用 PHP 连接服务器；

2）查询：构造 SQL 查询语句，用于查询数据库中的指定数据；

3）获取：使用 PHP 执行 SQL 查询语句后获取并显示数据；

4）展示：结合 HTML 将数据以表格的形式展示在浏览器中。

连接

我们在 4.1 节中已经将双语术语数据存储到了数据库中，为了进入数据库中取数据，我们需要拿着账号和密码前往正确的服务器地址打开相应的数据库。以下为详细步骤。

→第一步：

启动 XAMPP 中的 Apache 和 MySQL，确保两个组件正常运行。

→第二步：

前往“htdocs”文件夹（路径为：“C:\xampp\htdocs”）中的“stiterm”的文件夹，使用 Notepad++ 创建一个名为“index.php”的空白 PHP 文件，在其中输入代码 4-7。

```
1.  <!DOCTYPE html>
2.  <html>
3.  <head>
4.  <meta http-equiv="Content-Type" content="text/html; charset=utf-8" />
5.  <title>STITERM</title>
6.  </head>
7.  <body>
8.  <?php
9.     $dbhost = "localhost";  //数据库所在主机地址
10.    $dbuser = "root";      //登录服务器所用的服务器用户名
11.    $dbpass = ""; //登录服务器所用的用户名密码
12.    $conn = mysqli_connect($dbhost, $dbuser, $dbpass);
13.
14.    if(! $conn )
15.    {
16.      die("无法连接服务器，错误代码为：" . mysqli_connect_error());
17.    }
18.      else
19.    {
20.      echo "服务器连接成功！";
21.    }
22.
23.    mysqli_close($conn);
24. ?>
25. </body>
26. </html>
```

代码 4-7　连接服务器

在浏览器中运行该文件，效果如图 4-26 所示。

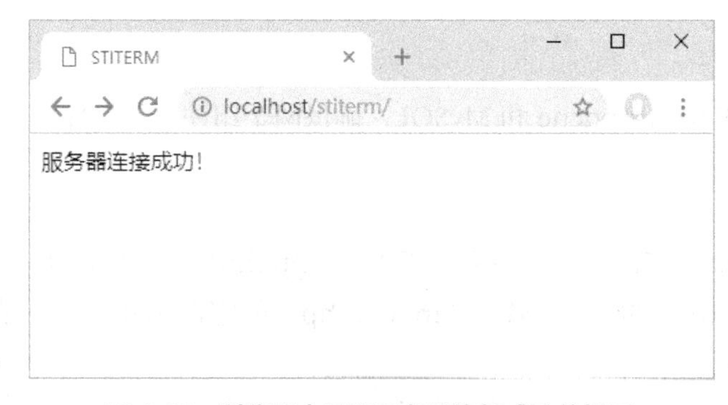

图 4-26　浏览器中呈现服务器连接成功的提示

与之前所学代码不一样的地方是，我们在“<body>元素”中插入了一些新的 PHP 代码。这段 PHP 代码的功能是：检查是否能够成功连接至服务器。如果连接不成功，提示“无法连接服务器”并显示报错代码；如果连接成功，则在浏览器中显示“服务器连接成功”。

在第 9-11 行，我们定义了三个“变量”（Variable）：$dbhost、$dbuser 和 $dbpass。初学编程时，我们对变量缺乏直观的理解，不清楚变量究竟为何物。其实有很多方法可以形象解释何为变量，比如把“变量”分解成“变”和“量”。

“量”这个词在古汉语中指代测量东西多少的器物[1]，比如斗、升等。计算机中有很多数据，数据需要使用容器来存放，比如硬盘、U 盘等。在写代码时，我们不可能把所有要用的数据都放到一个完整的实体容器中存储，所以可以在内存中选择一个区域来存放临时的数据，并给这个区域取一个名字。这个存储数据区域就是一个“容器”，叫“变量”，区域的名字叫“变量名”。在 PHP 中，变量名由“$”符号（Dollar Sign）和变量名称（Variable Name）组成，一般来说，变量名称由代码编写者自己决定。

当我们确定好变量名后，就可以向其中存放数据，方式是在变量名后加一个等号，在等号后面填入数据。这个数据即变量的值（Variable Value），如代码 4-8 所示。

```
9.    $dbhost = "localhost";  // 数据库所在主机地址
```

代码 4-8 定义存储数据库主机地址的变量名

在第 9 行中，我们把服务器的主机名“localhost”赋予变量“$dbhost”，在后续的代码中如果我们想获取主机名，不需要再输入“localhost”这个名字，而是用变量取而代之。如果因为某些原因修改了主机名，我们并不需要去修改变量“$dbhost”，而是给这个变量赋予新的值，后续的代码由于引用的是变量，而不是变量的值，所以不必改动，这就是“变”量的作用。

我们创建的三个变量分别用于存储“地址”“用户名”和“密码”，有了这三个数据就可以通过第 12 行的代码找到并连接至服务器。

在 9-11 行中，除了给变量赋值外，我们还要注意两点：

1）“$dbhost = "localhost"”是一个完整的 PHP 语句，语句写完后必须要在后面加一个半角分号（Semicolon）。

2）在代码后面有以“//”开始的文本叫作“代码注释”（Comment），代码注释连同“//”一起都是编程过程中的标记，并不会随代码运行。“好记性不如烂笔头”，好的代码注释可以提醒作者代码的作用，所以大家在写代码时要养成写代码注释的习惯。

接下来看第 12 行，如代码 4-9 所示。

1　http://www.zdic.net/z/26/js/91CF.htm

```
12.     $conn = mysqli_connect($dbhost, $dbuser, $dbpass);
```

代码 4-9 使用 $conn 变量存储“服务器连接状态”相关的数据

在这行代码中，“$conn”是一个我们自定义的变量，之所以取名为“conn”，是因为这个变量中存储的是与“服务器连接状态”相关的数据。

在等号后面我们可以看到“mysqli_connect($dbhost, $dbuser, $dbpass)”，在英文中我们称这整个部分为“Function”，译为“函数”；称括号内的为“Parameter”，译为“参数”。

“Function”一词在中文中最常见的意思是“功能”，下面以毛笔举一例，以解释何为“函数”。

毛笔的功能有写字、画画等，写是个动词（Verb），英文是“write”，画也是个动词，英文是“draw”。如果我们要用毛笔来写一个黑色的“译”字，那么我们需要用毛笔蘸一下黑色的墨水，然后在白色的宣纸上写下一个“译”字，这个过程可以这样来描述，然后把这段描述交给一位书法家：

write（“黑色的墨水”“白色的宣纸”“译”）

即，通过上面的一个“写”的动作，请书法家用黑色的墨水、白色的宣纸，写出一个“译”字。如果我们想写出红色的“翻”字、蓝色的“高”字，就进行相应的替换。所以上方括号的第一部分是墨水的颜色（Color），第二部分是纸的材质（Paper），第三部分是要写的字（Character），表示如下：

write(Color, Paper, Character)

我们可以称上面这个表达式为一个“函数”，它其中“包含”了三个类型的“数据”。很多人在一开始见到“函数”这个词时，不清楚“函”为何意，实际上它是个通假字，通“含”。我国清代的数学家李善兰在翻译《代数学》一书时，将“function”翻译成了“函数”。中国古代“函”字与“含”字通用，都有着“包含”的意思，李善兰给出的定义是：“凡式中含天，为天之函数。”中国古代用天、地、人、物 4 个字来表示 4 个不同的未知数或变量。这个定义的含义是：“凡是公式中含有变量 X，则该式子叫作 X 的函数。”所以“函数”是指公式里含有变量的意思[1]。

等书法家完成上面这个动作，写完了字后，我们就把作品装裱起来，放到一个条框（Frame）里，这个条框可以看作一个容器，取名为“$frame”，表示如下：

$frame = write(Color, Paper, Character)

前面我们介绍了“$frame”是个变量，它的变量值由“Color”“Paper”“Character”的值来决定。之所以括号内的三个词称为“Parameter”，是因为这个词的拉丁语词根

---

1 王国政，吴晓明 . 2018. 经济数学基础 . 成都：西南财经大学出版社 .

为“pará”和“métron”[1]，分别意为“beside”和“measure”，所以可以理解为要想知道“$frame”这个容器里装什么东西，需要先去测量“Color”“Paper”“Character”里都装了什么东西。我们在中文中将“Parameter”译为“参数”，跟“参”这个字有关，它有“检验，用其他有关材料来研究，考证某事物”[2]之意，比如“参考”“参照”均用的此意。

“Color”“Paper”“Character”称为参数，它们的值（如“黑色的墨水”“白色的宣纸”），也叫参数，但英文是“Argument”，在中文中为了区分，我们可以称“Color”“Paper”“Character”为“形式参数”（Formal Parameter），简称为“形参”；将它们的值称为“实际参数”（Actual Argument），简称为“实参”。

关于“函数”接下来还有一个重要的问题：怎么也想象不出来“write（“黑色的墨水”“白色的宣纸”“译”）”是怎么写出一个黑色的“译”字的。实际上，当我们去创造一个可以用毛笔自动写字的功能时，可不是写一行代码就能解决问题的，有时需要写几十行、几百行、几千行才能将想要的功能实现。但一旦我们实现了这个功能，就可以将所有相关的代码放到一个特定的位置保存起来，要使用的时候就去给它“打电话”（Call）或者“祈求”（Invoke）它出现，这个叫函数的“调用”（Call a function 或 Invoke a function）。在调用函数时我们需要知道函数的名字、函数需要什么样的参数以及函数执行后的结果。比如第 12 行代码，如代码 4-10 所示。

```
12.   $conn = mysqli_connect($dbhost, $dbuser, $dbpass)。
```

代码 4-10 mysqli_connect 函数

在这段代码中，“mysqli_connect”是函数名，括号内是三个参数，它的作用是根据服务器的地址、用户名和密码来连接服务器，并将服务器连接状态放到“$conn”这个变量中。我们在提及某个函数时一般会用“函数名”+ 半角圆括号（Parentheses）的形式来表示，如：mysqli_connect()。

我们之所以不知道 mysqli_connect() 是怎么执行的，是因为它是 PHP 语言的内置函数，其执行过程已经隐藏在了 PHP 的某一个部分，我们只需要通过函数名调用它即可，不必在意其执行过程。像这样的内置函数在 PHP 语言中就有千余个，每个函数都有其特色的功能，对于译者而言，真正有用处的也许不到 10%，但这 10% 就足以帮助译者解决许多翻译过程中的问题，提高翻译的效率。

学习函数并了解函数的价值后，我们就会发现编程语言的魅力，因为我们可以根据用自己写的代码来操控自然语言和机器语言。

接下来是第 14-21 行，如代码 4-11 所示。

---

1 https://en.wiktionary.org/wiki/parameter

2 http://www.zdic.net/z/16/js/53C2.htm

```
14.   if(! $conn )
15.   {
16.     die(" 无法连接服务器，错误代码为：  " . mysqli_connect_error ());
17.   }
18.     else
19.   {
20.     echo " 服务器连接成功！ ";
21.   }
```

代码 4-11 使用 if…else 语句判断数据库是否成功连接

在这段代码中我们看到另一个重要的编程知识点：条件语句（Conditional Statement）。

“if…else 语句”是条件语句的一种，其核心部分之一是“条件”，在代码 4-11 中，所谓的“条件”即：! $conn

在前面的内容中，我们说 $conn 存储的是服务器的连接状态，即：连接成功和连接不成功。不过，在计算机中，连接成功可以用“Success”“Successful”“OK”等词来形容，连接不成功可以用“Not successfull”“Failed”等词来形容，这样比较麻烦。所以对于这类“非黑即白”“非真即假”“非对即错”的结果，我们用一种叫“布尔类型”（Boolean）的数据类型来描述。

布尔类型数据只有两个值：True 和 False。之所以这种类型叫“布尔”，是因为“布尔代数”的发明人叫乔治·布尔（George Boole），是一位英国数学家。

所以 $conn 中存储的服务器连接状态就是 True 或者 False。如果服务器连接成功，则 $conn 的值为 True，如果服务器连接不成功，则 $conn 的值为 False。

当我们在此处撰写“if…else 语句”的条件时，我们有多种撰写的方式，比如若想先判断“服务器成功连接”，则可以这样写：

```
1.    if($conn == True)
```

代码 4-12 使用“== True”判断服务器是否成功连接

或

```
2.    if($conn !== False)
```

代码 4-13 使用“!== False”判断服务器是否成功连接

或

```
3.    if($conn)
```

代码 4-14 不使用符号判断服务器是否成功连接

若想判断“服务器连接失败”，可以这样写：

```
4.     if($conn == False)
```

代码 4-15 使用“== False”判断服务器是否连接失败

或

```
5.     if($conn !== True)
```

代码 4-16 使用“!== True”判断服务器是否连接失败

或

```
6.     if(!$conn)
```

代码 4-17 使用“!”判断服务器是否连接失败

在上面的六行代码中，我们用了 PHP 比较运算符中的两种：“==”和“!”。

“==”是两个等于号，英文是“Equal”，与一个等于号“=”最大的不同是，在 PHP 语言中“=”用于赋值，比如以下代码用于给变量“$translator”赋值：

```
1.     $translator = "Saint Jerome";
```

代码 4-18 使用“=”给变量赋值

而下面的代码是判断“$translator”的值是否是“Saint Jerome”：

```
2.     if($translator == "Saint Jerome")
```

代码 4-19 使用“==”判断变量的值

“!”是半角的惊叹号（Exclamation Mark），但在这里并没有任何“惊叹”的感觉，它代表“Not”，是一个否定符（Negative Sign）。

所以，“==”是“等于”的意思，当把“!”和“==”放在一起时可以理解为“不等于”。在 PHP 语言中，还有“===”符号，是“全等”的意思。简单来说，大家可以这样理解：在 Excel 表格的单元格中填入“1”时，这个“1”既可以是纯文本，也可以是数字，也就是说同样显示出来是“1”，但类型（Type）不一定是一样的。当我们在 PHP 中比较两个变量时，有时可以先看它们的类型是否一致，再看变量值是否一致。

“!==”符号和“!=”符号二者都可以用于判断两个变量是否“等于”，当两个变量的值不同或者类型不同时，那么它们就是“不全等”，判断两个变量是否全等用“!==”符号；当两个变量的类型经过处理，转换成同一类型后，如果值不同，那么它们就是“不等”，判断两个类型在转换类型后的值是否相等使用“!=”符号。

但“$conn !== False”这种表示不全等的方式还是过于麻烦，所以可以直接在变量名前加一个否定符，如“!$conn”。这两种表达式的功能是一样的。

在 PHP 语言中，大家初学时常常把“=” “==”“===”“!=”“!==”混淆，因为在大部分人的印象中，“=”才是“等于”，“≠”才是“不等于”， “全等”这种说法也不怎么常见。为此，我们将 PHP 中常用的比较运算符及其读法和用途列举如下，供大家参考，如表 4-3 所示。

表 4-3 PHP 中常用的比较运算符及其读法和用途

比较运算符	读法	用途
$a == $b	等于（Equal）	用于判断变量的类型转换后 $a 等于 $b
$a === $b	全等（Identical）	用于判断 $a 和 $b 的类型和变量值均相同
$a != $b	不等（Not equal）	用于判断 $a 和 $b 的变量类型统一后值不同
$a !== $b	不全等（Not identical）	用于判断 $a 和 $b 不全等，在判断时，变量值不同时不全等；变量值相同但类型不同时也不全等。
$a < $b	小于（Less than）	用于判断 $a 的值小于 $b
$a <= $b	小于等于（Less than or equal to）	用于判断 $a 小于或等于 $b
$a > $b	大于（Greater than）	用于判断 $a 的值大于 $b
$a >= $b	大于等于（Greater than or equal to）	用于判断 $a 的值大于或等于 $b

“if…else 语句”的另一核心部分是“判断并执行”：

如果（条件达成）

则执行

{操作一}

否则执行

{操作二}

我们将要执行的操作放到花括号（Curly Brackets）中，如代码 4-7 的 15-17 行和 19-21 行。

在第 16 行中，我们使用了两个 PHP 内置函数：die() 和 mysqli_connect_error ()。

die() 函数的作用是将参数显示出来并停止执行后面的代码。大家可以设想一下第 16 行代码的逻辑：当条件语句判断服务器没有连接成功（即：!$conn，Not True，没有连接成功），则要把没有连接成功的事实告诉代码编写者，并且停止执行后面的代码。

die() 函数的参数，即括号里的内容，应该是一段文本，我们一般称这种文本为字符串，字符串一般都用半角的双引号（Double Quotation Marks 或 Double Quotes）

包括起来，也可以用半角的单引号（Single Quotation Marks 或 Single Quote）。

mysqli_connect_error () 函数的作用是给出服务器连接的错误。比如，我们如果将第 9 行的“$dbhost = "localhost" ;”改为“$dbhost = "localhosts" ;”，这样一来服务器地址就错了，服务器肯定无法连接成功，执行“index.php”后会发现，错误描述为“php_network_getaddresses: getaddrinfo failed: No such host is known.”，即服务器地址不正确，效果如图 4-27 所示。

图 4-27　服务器连接失败提示

由于 mysqli_connect_error () 函数给出的错误描述也是个字符串，所以在第 16 行代码中，我们在 “" 无法连接服务器，错误代码为： " ”和“ mysqli_connect_error ()”之间用了半角的句号（Period）或点（Dot），但是这里的句号并非表示句子的结束，而是表示“连接”（Concatenation），所以我们称之为“连接运算符”（Concatenation Operator）。这个运算符实际上起了“加法”的作用，通过它我们可以把两个字符串加起来。

接下来是第 18 行的“else”。“if…else 语句”有两个代码块组成，每个代码块由花括号包括起来，代码块之间用“else”隔开，程序会执行哪个代码块由“条件”决定。在代码 4-7 中，如果服务器连接不成功就执行第一块代码，如果服务器连接成功就执行“else”后的第二块代码。然而，大家可以想一下，我们平时上网的时候是否在每个网页中都见过“服务器连接成功！”这样的提示？

其实，代码 4-7 中的第二块代码是多余的，我们只希望在服务器连接不成功的时候得到报错提醒，服务器连接成功的话就继续执行后面的代码。这也许回答了大家在学习前面内容时的一个疑惑：为什么第一个代码块不用于显示“服务器连接成功！”，而是用于显示服务器连接不成功的原因。

因此，我们可以将代码 4-7 修改为代码 4-20：

```
1.  <!DOCTYPE html>
2.  <html>
3.  <head>
4.  <meta http-equiv="Content-Type" content="text/html; charset=utf-8" />
5.  <title>STITERM</title>
```

```
6.  </head>
7.  <body>
8.  <?php
9.      $dbhost = "localhosts";  //数据库所在主机地址
10.     $dbuser = "root";        //登录服务器所用的用户名
11.     $dbpass = ""; //登录服务器所用的用户名密码
12.     $conn = mysqli_connect($dbhost, $dbuser, $dbpass);
13.
14.     if(!$conn )
15.     {
16.       die("无法连接服务器，错误代码为：" . mysqli_connect_error());
17.     }
18. //      else
19. //    {
20. //      echo "服务器连接成功！";
21. //    }
22.
23.     mysqli_close($conn);
24. ?>
25. </body>
26. </html>
```

代码 4-20　简化代码用于判断服务器是否成功连接

在代码 4-20 中我们并没有将第 18-21 行删掉，而是在所有代码前方用“//”将其注释掉，不会再运行了。这样一来这些代码依然在我们的文件中，以后还可以用。

最后是第 23 行的“mysqli_close($conn);”，这一行中使用了 PHP 的另一个内置函数 mysqli_close()，从函数名和参数就可以看出，它的作用是：关闭服务器连接。

查询

当通过上面两步成功连接服务器后，我们就要开始查询数据库中的数据了。我们需要向“index.php”中添加数据库查询和数据显示代码，如代码 4-21 所示。

```
1.  <!DOCTYPE html>
2.  <html>
3.  <head>
4.  <meta http-equiv="Content-Type" content="text/html; charset=utf-8" />
5.  <title>STITERM</title>
6.  </head>
```

```
7.  <body>
8.  <?php
9.     $dbhost = "localhost";  //数据库所在主机地址
10.    $dbuser = "root";       //登录服务器所用的用户名
11.    $dbpass = ""; //登录服务器所用的用户名密码
12.    $conn = mysqli_connect($dbhost, $dbuser, $dbpass);
13.
14.    if(!$conn )
15.    {
16.      die("无法连接服务器，错误代码为： " . mysqli_connect_error());
17.    }
18. //     else
19. //   {
20. //     echo "服务器连接成功！ ";
21. //   }
22.
23.     mysqli_select_db( $conn,"stiterm" );
24.     $sql = "SELECT ID, zh_CN, en_US FROM termdata";
25.
26.     mysqli_close($conn);
27. ?>
28. </body>
29. </html>
```

代码 4-21 添加代码用于定义 SQL 查询语句

在第 23 行代码中，我们使用 mysqli_select_db() 函数首先选择我们要查询的数据库，这个函数有两个参数："$conn" 和 ""stiterm""，分别是存储服务器连接状态的变量和要查询的数据库名，两个参数都是必填的。

在第 24 行代码中，我们构造了一个 SQL 查询语句，这个语句叫"SELECT 语句"，用于从数据表中选取数据，常见用法为：

SELECT 字段名称 FROM 数据表名称

比如在第 24 行代码中，"字段名称"就是"ID""zh_CN"和"en_US"，三个字段间用逗号隔开；"数据表名称"就是"termdata"，在 SELECT 语句中字段名称和数据表名称均不用加引号。

由于在 termdata 数据表中一共就有三个字段，所以可以将 SELECT 语句简化为：

SELECT * FROM 数据表名称

如代码 4-22 所示。

```
24.     $sql = "SELECT * FROM termdata";
```

代码 4-22　将 SELECT 语句赋予变量“$sql”

通过这行代码，我们将 SELECT 语句赋予变量“$sql”，尚未执行。为了直观了解这个 SELECT 语句的作用，我们可以在 phpMyAdmin 中进行测试。前往 phpMyAdmin 页面，从左侧列表点击“stiterm”数据库，然后点击顶部菜单栏上的“SQL”，如图 4-28 所示。

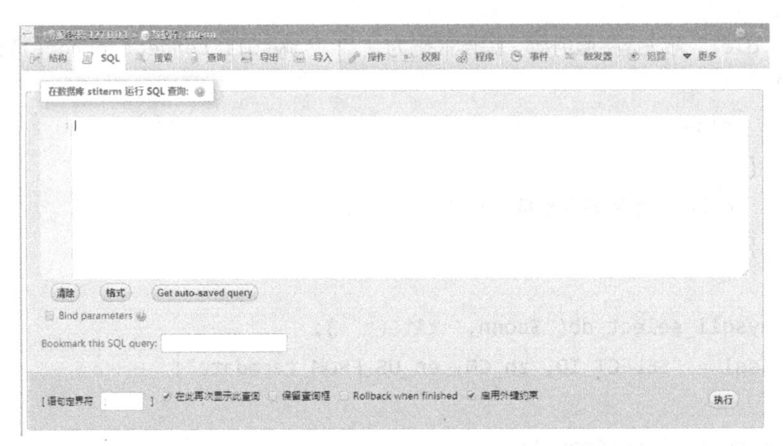

图 4-28　在 phpMyAdmin 中运行 SQL 查询

在这个页面中输入：SELECT ID, zh_CN, en_US FROM termdata

输入完成后点击右下角的“执行”按钮，可以看到该语句运行效果，如图 4-29 所示。

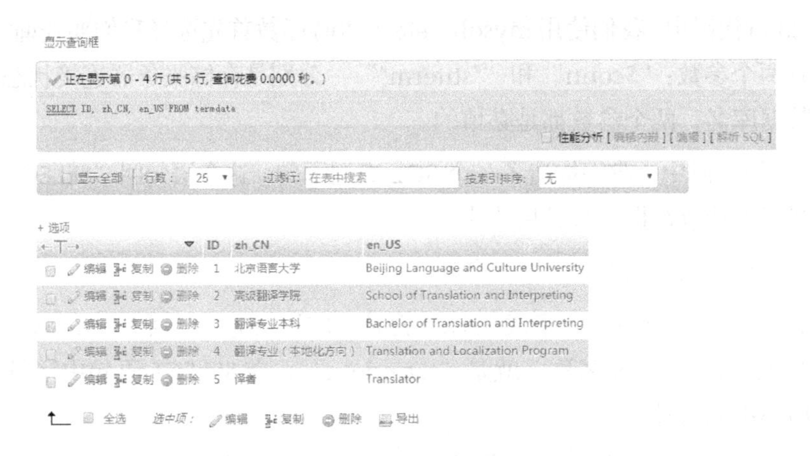

图 4-29　在 phpMyAdmin 中查看 SQL 语句运行效果

如果这个查询结果与预期一致，就表明测试成功，代码正确，可以开始继续撰写使用 PHP 代码运行该查询语句的代码，如代码 4-23 所示。

```
1.  <!DOCTYPE html>
2.  <html>
3.  <head>
4.  <meta http-equiv="Content-Type" content="text/html; charset=utf-8" />
5.  <title>STITERM</title>
6.  </head>
7.  <body>
8.  <?php
9.      $dbhost = "localhost";  // 数据库所在主机地址
10.     $dbuser = "root";        // 登录服务器所用的用户名
11.     $dbpass = ""; // 登录服务器所用的用户名密码
12.     $conn = mysqli_connect($dbhost, $dbuser, $dbpass);
13.
14.     if(!$conn )
15.     {
16.       die(" 无法连接服务器，错误代码为：  " . mysqli_connect_error());
17.     }
18. //       else
19. //     {
20. //       echo " 服务器连接成功！ ";
21. //     }
22.
23.      mysqli_select_db( $conn,"stiterm" );
24.      $sql = "SELECT ID, zh_CN, en_US FROM termdata";
25.      mysqli_query($conn,"set names 'utf8'");
26.      $getterm = mysqli_query($conn,$sql);
27.
28.      mysqli_close($conn);
29. ?>
30. </body>
31. </html>
```

代码 4-23 添加代码用于执行 SQL 查询语句

在第 25 行和 26 行中我们使用了同一个函数：mysqli_query()，但两行代码的作用并不相同。前者用于设置浏览器中呈现数据的字符集，将字符集设置为“utf8”可以防止出现乱码；后者用于执行第 24 行的 SELECT 语句，并将 SELECT 语句运行结果（即从 termdata 数据表中获取的数据）赋予变量 $getterm。

在 PHP 语言中，为了帮助程序开发人员更直观看到变量中存储的数据，除 echo 外，var_dump()、print_r() 等函数也可以将变量的详细信息输出到浏览器中供参考，本书以使用 print_r() 函数为主。

以使用 print_r() 函数查看变量 $getterm 的详细信息为例，使用代码 4-24。

```
26. $getterm = mysqli_query($conn,$sql);
27. print_r($getterm);
```

代码 4-24 使用 print_r() 函数查看变量 $getterm

在浏览器中运行这段代码后，效果如图 4-30 所示。

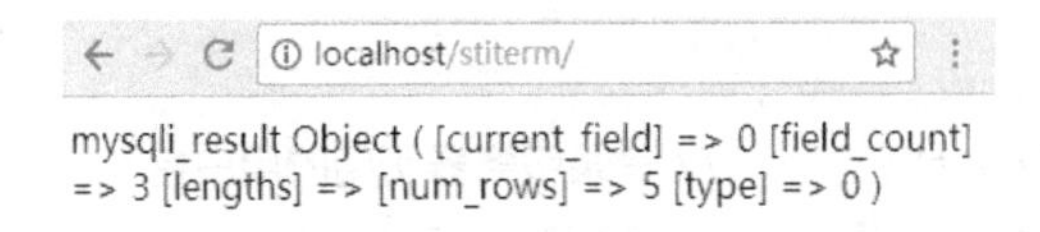

图 4-30 print_r() 函数使用效果

图中所示的结果似乎与我们想象的不一样，既然 SELECT 语句运行的结果已经放到了变量 $getterm 中，但浏览器中却没有任何数据。其实，大家可以把 $getterm 想象成一个快递包裹，mysqli_query() 函数是一个打包员，他根据 SELECT 语句获取到数据库中的数据后将数据置于包裹内，并将包裹信息贴在包裹外头。当我们使用 print_r() 函数时，查看到的是包裹的基本信息，如图 4-30 所示，信息名用中括号显示，详细信息显示在"=>"符号后，其中"[field_count]=>3"表示数据表 termdata 中有 3 个字段（Field），"[lengths]=>[num_rows]=>5"表示数据表 termdata 中 5 行（Row）数据。看到这些信息就表明术语数据成功从数据表中获得。

展示

术语数据获取成功后，我们就可以撰写新的代码将其展示在浏览器中，如代码 4-25 所示。

```
1.  <!DOCTYPE html>
2.  <html>
3.  <head>
4.  <meta http-equiv="Content-Type" content="text/html; charset=utf-8" />
5.  <title>STITERM</title>
6.  </head>
7.  <body>
8.  <?php
9.      $dbhost = "localhost";   // 数据库所在主机地址
10.     $dbuser = "root";        // 登录服务器所用的用户名
11.     $dbpass = ""; // 登录服务器所用的用户名密码
12.     $conn = mysqli_connect($dbhost, $dbuser, $dbpass);
13.
14.     if(!$conn )
```

```
15.     {
16.       die(" 无法连接服务器，错误代码为：  " . mysqli_connect_error());
17.     }
18. //      else
19. //    {
20. //      echo " 服务器连接成功！ ";
21. //    }
22.
23.      mysqli_select_db( $conn,"stiterm" );
24.      $sql = "SELECT ID, zh_CN, en_US FROM termdata";
25.      mysqli_query($conn,"set names 'utf8'");
26.      $getterm = mysqli_query($conn,$sql);
27.      // print_r($getterm);
28.      if(! $getterm )
29.          {
30.              echo " 无法获取术语数据，请检查问题 ";
31.          }
32.      else
33.          {
34.              while ($row = mysqli_fetch_array($getterm, MYSQLI_ASSOC))
35.
36.              {
37.                  echo " 序号 :{$row["ID"]}"."<br>";
38.                  echo " 中文 :{$row["zh_CN"]}"."<br>";
39.                  echo " 英文 :{$row["en_US"]}"."<br>";
40.              }
41.
42.          }
43.
44.      mysqli_close($conn);
45. ?>
46. </body>
47. </html>
```

代码 4-25 添加代码用于获取术语数据并将数据呈现在浏览器中

在这段代码中我们使用了一个 if…else 语句，其条件为“! $getterm”，用于判断术语数据是否成功获取，如果没有获取成功则运行第一个代码中的内容，提醒译者“无法获取术语数据，请检查问题”；如果获取成功，则循环每一行数据，并将数据显示在浏览器中。

这里所谓的“循环”是指第34-40行代码，我们用了一个“while循环语句”（while loop），其基本用法为：

while (条件为真) {

要执行的代码；

}

与if…else语句类似，while语句同样有一个“条件”，若想理解第34行代码中的while语句的条件，还需要了解“数组”（Array）。在PHP语言中，数组可以在一个变量名中存储一个或多个值。比如，假设一个猫咪娱乐小组由三只猫咪组成：naonao、catti、titi，那么我们可以用三个变量来描述这个猫咪娱乐小组，如代码4-26所示。

```
1. $cat1 = "naonao";
2. $cat2 = "catti";
3. $cat3 = "titi";
```

代码4-26 定义三个新变量

但这样一来，我们创建了三个变量名来存储猫咪的名字，非常繁琐，所以我们可以用array()这个函数来创建数组，用一个变量名即可，如代码4-27所示。

```
1. $cat = array("naonao","catti","titi");
```

代码4-27 定义索引数组 $cat

这种数组叫作索引数组（Indexed Array），索引从0开始，也就是说：数组中的第0个元素是“naonao”，第1个元素是“catti”，第2个元素是“titi”。初学数组时会觉得很奇怪，为什么第一个元素的索引是0而不是1，详细解释起来会有些复杂，大家可以将其看成是一种约定俗成的传统。

现在我们再创建一个新的索引数组，用来描述猫咪的主人们，如代码4-28所示。

```
1. $servant = array("luning","baibai","liangshuang");
```

代码4-28 定义索引数组 $servant

但是这样的两个数组反映不了猫咪和主人的关系，所以可以创建下面这种“关联数组”（Association Array），如代码4-29所示。

```
1. $servant_cat  =  array("luning"=>"naonao","baibai"=>"catti","liangshuang"=>
   "titi");
```

代码4-29 定义关联数组 $servant_cat

既然是一个关联数组，我们知道“主人”的名字后，就能知道“猫咪”的名字，因为“关联数组”把两者关联了起来。这里的“主人”叫作“键”（Key），“猫咪”叫作“键值”（Value），键和键值之间用分隔符“=>”隔开。如果我们想知道“baibai”的猫咪叫什么名字，就可以使用代码 4-30 所示的方法。

```
1. $catofbaibai = $servant_cat["baibai"];
```

代码 4-30 查看关联数组键的值

我们将键用双引号或单引号包住，放在半角方括号（Square Brackets）中，然后将方括号放在数组名后，就能获得对应的键值。

现在我们知道“关联数组”的概念了，再来看一下第 34 行代码中 while 语句中的条件：

```
1. $row = mysqli_fetch_array($getterm, MYSQLI_ASSOC)
```

代码 4-31 mysqli_fetch_array() 函数

mysqli_fetch_array() 函数中第一个参数是 $getterm，这个变量对应的是 $sql 查询语句获取到的所有数据，也就是数据表 termdata 中“ID”“zh_CN”和“en_US”三个字段中的数据。就如同在 phpMyAdmin 中测试 SQL 查询语句时获得的数据一样，我们可以把 $getterm 中数据也想象成是一行一行的，mysqli_fetch_array() 函数获取到这些一行一行的数据后，会将每一行都变成关联数组。

mysqli_fetch_array() 函数中第二个参数应填写数组的类型（Array Type），当类型为“MYSQLI_ASSOC”时，函数获得数组是关联数组；当类型为“MYSQLI_NUM”时，函数获得数组是索引数组。通常来说，通过关联数组的键来获取键值更直观一些，比如在代码 4-32 中我们更喜欢使用“$servant_cat["baibai"]”这种方式基于键（主人名）来获取键值（猫咪名）；而不是用“$servant_cat[1]”这种方式，如代码 4-32 所示。

```
1. <?php
2. $servant_cat = array("luning"=>"naonao","baibai"=>"catti","liangshuang"=>
   "titi"); //$servant_cat 为关联数组
3. $cat = array("naonao","catti","titi"); // $cat 为索引数组
4.
5. echo $servant_cat["baibai"];
6. echo $cat[1];
7. ?>
```

代码 4-32 获取键值

在代码 4-31 中，我们将 mysqli_fetch_array() 函数运行后获取到的关联数组赋予变量“$row”，这就是 while 循环语句的“条件”。如果变量 $row 成功获取到了关联数组数据，那么“条件为真”，while 语句就会对关联数组的每一行执行同一个命令，直到所有行都被处理完，这就叫“循环”（Loop）。这里的“命令”就是代码 4-33 中的第 36-40 行代码。

```
36.            {
37.                echo "序号:{$row["ID"]}"."<br>";
38.                echo "中文:{$row["zh_CN"]}"."<br>";
39.                echo "英文:{$row["en_US"]}"."<br>";
40.            }
```

代码 4-33　用于循环反复执行的代码

对于关联数组的每一个“行”的数据，我们要想知道“值”，就得知道“键”。在 termdata 数据表中，中文数据都存储在“zh_CN”字段下，所以“zh_CN”就是“键”，我们用中括号包住 zh_CN，变成 $row["zh_CN"] 之后就可以定位一行数据中的中文数据了。

在代码 4-33 中，我们分别用 $row["ID"]、$row["zh_CN"] 和 $row["en_US"] 来定位每一行数据中的序号、中文和英文数据。我们还在每一个变量两边加了花括号，其作用是将变量与字符串隔开，否则“$”符号及后面的内容都会被当成字符串，无法读取其中的数据。

“.”是连接符，可以连接字符串，“<br>”是一个 HTML 标签，它的功能是插入一个空行（Line Break）。若不用这个标签，我们显示在浏览器中的文本都会挤在一起。

接下来我们在浏览器中运行“index.php”，效果如图 4-31 所示。

图 4-31　在浏览器中查看术语表

但这并非理想的术语表呈现效果，仍需使用 HTML 代码中“<table> 元素”将数据以表格的形式呈现，代码修改如代码 4-34 所示。

```
1.  <!DOCTYPE html>
2.  <html>
3.  <head>
4.  <meta http-equiv="Content-Type" content="text/html; charset=utf-8" />
```

```
5.  <title>STITERM</title>
6.  </head>
7.  <body>
8.
9.  <table width="89%" border="1">
10.   <tbody>
11.     <tr>
12.       <td width="21%">
13.         <p><strong> 序号 </strong></p>
14.       </td>
15.       <td width="31%">
16.         <p><strong> 中文 </strong></p>
17.       </td>
18.       <td width="46%">
19.         <p><strong> 英文 </strong></p>
20.       </td>
21.     </tr>
22. <?php
23.    $dbhost = "localhost";  // 数据库所在主机地址
24.    $dbuser = "root";       // 登录服务器所用的用户名
25.    $dbpass = ""; // 登录服务器所用的用户名密码
26.    $conn = mysqli_connect($dbhost, $dbuser, $dbpass);
27.
28.    if(!$conn )
29.    {
30.      die(" 无法连接服务器，错误代码为： " . mysqli_connect_error());
31.    }
32. //      else
33. //    {
34. //      echo " 服务器连接成功！ ";
35. //    }
36.
37.     mysqli_select_db( $conn,"stiterm" );
38.     $sql = "SELECT ID, zh_CN, en_US FROM termdata";
39.     mysqli_query($conn,"set names 'utf8'");
40.     $getterm = mysqli_query($conn,$sql);
41.
42.     if(! $getterm )
43.         {
44.             echo " 无法获取术语数据，请检查问题 ";
```

```
45.             }
46.         else
47.             {
48.                 while ($row = mysqli_fetch_array($getterm, MYSQLI_ASSOC))
49.
50.                 {
51.                     echo "<tr>
52.                             <td width='21%'>
53.                             <p>{$row["ID"]}</p>
54.                             </td>
55.                             <td width='31%'>
56.                             <p>{$row["zh_CN"]}</p>
57.                             </td>
58.                             <td width='46%'>
59.                             <p>{$row["en_US"]}</p>
60.                             </td>
61.                         </tr>";
62.                 }
63.
64.             }
65.
66.         mysqli_close($conn);
67. ?>
68.     </tbody>
69. </table>
70. </body>
71. </html>
```

代码 4-34 添加代码用于以表格形式呈现术语表

刷新浏览器，看到如图 4-32 所示的术语表。

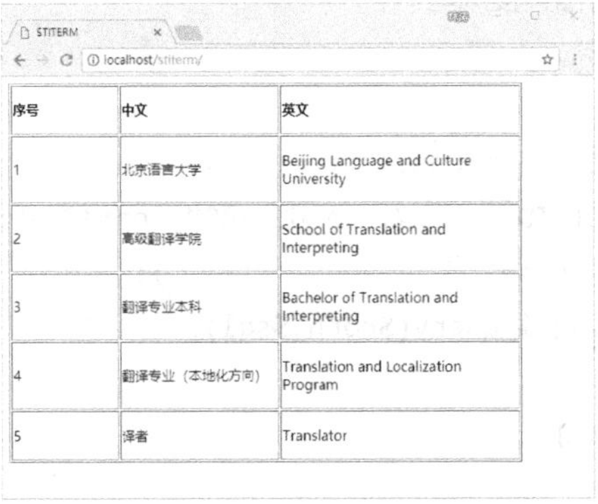

序号	中文	英文
1	北京语言大学	Beijing Language and Culture University
2	高级翻译学院	School of Translation and Interpreting
3	翻译专业本科	Bachelor of Translation and Interpreting
4	翻译专业（本地化方向）	Translation and Localization Program
5	译者	Translator

图 4-32 在浏览器中查看术语表

4.3 如何查询术语库数据

正如我们使用百度或谷歌查询互联网信息一样，如果要查询术语库中的双语数据，我们一般需要两个页面：搜索页面和搜索结果呈现页面。在搜索页面中输入检索词后，在搜索结果呈现页面查看包含检索词的双语数据。

4.3.1 使用 HTML 创建搜索框

创建搜索框的基本思路是使用 HTML 语言创建一个表单（Form），这个表单包括两个基本组件：填写检索词的输入框和提交检索词至搜索结果呈现页面的提交按钮。以下为详细步骤。

→第一步：

启动 XAMPP 中的 Apache 和 MySQL，确保两个组件正常运行。

→第二步：

前往“htdocs”文件夹（路径为：“C:\xampp\htdocs”）中的“stiterm”的文件夹，使用 Notepad++ 创建一个名为“search.php”的空白 PHP 文件，在其中输入代码 4-35 中的代码。

```
1.  <!DOCTYPE html>
2.  <html>
3.  <head>
4.  <meta http-equiv="Content-Type" content="text/html; charset=utf-8" />
5.  <title>STITERM</title>
6.  </head>
7.  <body>
8.  <form action="result.php" method="POST">
9.      <table>
10.         <tr>
11.             <td>
12.                  <input type="text" name="query" placeholder=" 请输入检索词
" >
13.             </td>
14.             <td>
15.                 <button type="submit"> 搜索 </button>
16.             </td>
17.         </tr>
18.     </table>
```

```
19. </form>
20. </body>
21. </html>
```

代码 4-35 添加代码用于创建搜索框

在第 8 行和第 19 行，我们分别使用 <form> 和 </form> 标签定义一个表单元素，在第 8 行可以看到这个表单元素的属性有两个：

“action="result.php"”：action 属性决定表单中填写的数据会发送哪个页面。

“method="POST"”：method 属性决定表单中填写的数据以怎样的方式发送数据，其属性值有两种：POST 和 GET。举一例说明其异同：

在使用谷歌翻译时，我们一般会去访问这个网址：https://translate.google.cn，如图 4-33 所示。

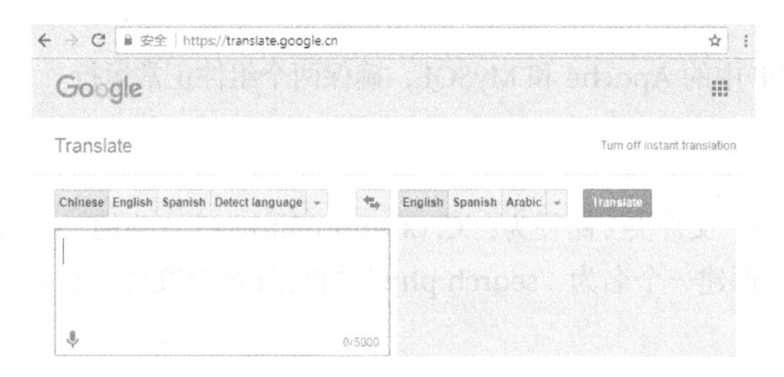

图 4-33　谷歌机器翻译

当我们输入一段待译的文本，点击“Translate”后再看一下网址的变化，如图 4-34 所示。

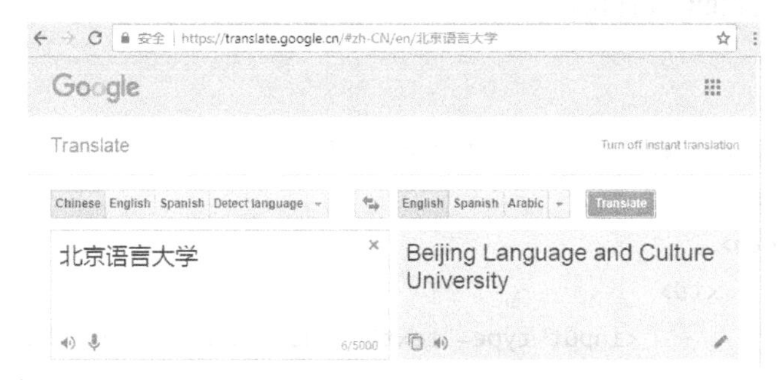

图 4-34　在谷歌机器翻译中翻译文本

从上图可以看出，网址变成：https://translate.google.cn/#zh-CN/en/ 北京语言大学

如果单独把这个网址发给其他人，他们打开后看到的就是谷歌中“北京语言大学”的英文机器翻译结果，因为网址中新增的部分标识了机器翻译的源语言（zh_CN）、目标语言（en）和待翻译的文本（北京语言大学）。

我们在图 4-33 和图 4-34 中看到的输入框实际上就是表单的一个输入框组件，“Translate”就是一个按钮组件，数据提交的方式是“GET”，因为一旦我们提交了数据，特定格式的数据就会出现在网址中。而与这种方式相对的是“POST”，在使用这种方法提交数据时，数据是不会显示在网址中的。

在第 9-18 行，我们使用 <table> 元素构建一个两列的表格，表格的第一列呈现的内容是第 12 行的“<input> 元素”，表格的第二个呈现的内容是第 15 行的“<button> 元素”。

“<input> 元素”由一个自闭合标签（Self-closing Tag）组成：“<input>”，自闭合标签并非成对出现，所以这里并没有开始标签和结束标签。从名称就能看出，“<input> 元素”的作用是“输入”，我们其中看到三个属性，分别是：

“type="text"”：type 属性的值为 text 时，输入框的作用就是输入纯文本。

“name="query"”：name 属性的作用是给我们在输入框中的任何文本赋予一个变量名。

“placeholder=" 请输入检索词 "”：placeholder 属性的作用是在输入框中没有输入任何文本前显示一段文本以提醒译者。我们在这里就是提醒译者“请输入检索词”。

“<button> 元素”定义一个按钮，从第 15 行可以看出，这个按钮上显示的文字应该是“搜索”，其属性“type”的值为“submit”，意味着这个按钮的功能是：提交当前表单中输入框中的数据。

因此，整个表单的作用是：当译者在输入框中输入一段文本后，点击按钮即可将这段文本以“query”的名字发送到与“search.php”文件处于同一文件目录的“result.php”文件中，数据发送的方式是“POST”。

→第三步：

在浏览器中运行“search.php”文件，效果如图 4-35 所示。

图 4-35　在浏览器中呈现搜索框

这个时候如果随便输入一个内容并点击“搜索”按钮，会看到如图 4-36 所示的结果。

图 4-36　浏览器提示无法成功获取搜索结果页面

因为我们还没有创建“result.php”这个文件，自然无法获得任何结果。所以接下来我们要使用 HTML 和 PHP 来呈现搜索结果。

4.3.2　使用 PHP 和 HTML 呈现搜索结果

我们在 4.2 节中创建的“index.php”文件可以用于展示数据库中所有的双语数据，我们如果想搜索术语库获得相应的搜索结果，最终呈现的数据形式也应该与“index.php”相似，所以我们可以复用“index.php”的所有代码，将文件重命名为“result.php”。

在新创建的“result.php”文件中我们只需要新增一行代码和修改一行代码，如代码 4-36 和代码 4-37 所示。

```
37. mysqli_select_db( $conn,"stiterm" );
38. $sql = "SELECT ID, zh_CN, en_US FROM termdata";
39. mysqli_query($conn,"set names 'utf8'");
40. $getterm = mysqli_query($conn,$sql);
```

代码 4-36　用于执行 SQL 查询语句的代码

```
37. mysqli_select_db( $conn,"stiterm" );
38. $query =$_POST["query"];
39. $sql = "SELECT ID, zh_CN, en_US FROM termdata WHERE zh_CN LIKE '%$query%' OR en_
    US LIKE '%$query%'";
40. mysqli_query($conn,"set names 'utf8'");
41. $getterm = mysqli_query($conn,$sql);
```

代码 4-37　为 SQL 查询语句添加 WHERE 条件

从两段代码的比较可以看出，我们在代码 4-37 中新增第 38 行代码，并在第 39 行的 SQL 语句中新增“WHERE zh_CN LIKE '%$query%' OR en_US LIKE '%$query%'”。

在第 38 行中，“$_POST”是 PHP 语言中的超全局变量（Superglobal），这种类型的变量有多个，“$_POST”的作用是收集来自属性为“method="POST"”的表单中的数据。由于我们在“search.php”文件中使用“<input> 元素”的“name”属性赋予搜索词“query”这个变量名，所以“$_POST”就通过“$_POST["query"]”这种方式获得这个“query”的值，即搜索词，然后将其赋予一个 PHP 变量“$query”。这样一来我们就实现了 HTML 语言和 PHP 语言之间数据的传递。

在第 39 行中，我们使用了 SQL 语言中的 WHERE 子句，其中包含“LIKE”和“OR”两个操作符。整个语句的作用是：从“termdata”数据表中选择“zh_CN”和“en_US”两个字段中的数据，看哪些中文与“$query”相似或哪些英文与“$query”相似。

当我们使用第 41 行中的 mysqli_query() 函数执行这个 SQL 语句后我们就能筛选出所有包含搜索词的数据。

下面再次在浏览器中运行“search.php”文件，并在其中分别输入搜索词“翻译”和“Interpreting”，搜索结果如图 4-37 和图 4-38 所示。

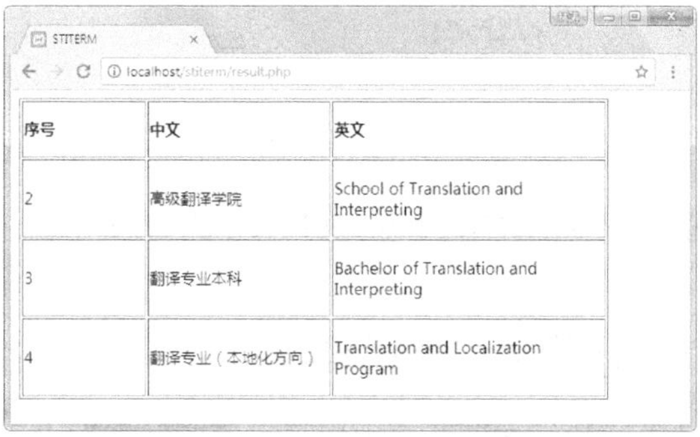
STITERM
localhost/stiterm/result.php
序号
中文
英文
2
高级翻译学院
School of Translation and Interpreting
3
翻译专业本科
Bachelor of Translation and Interpreting
4
翻译专业（本地化方向）
Translation and Localization Program

图 4-37　查询“翻译”获得的查询结果

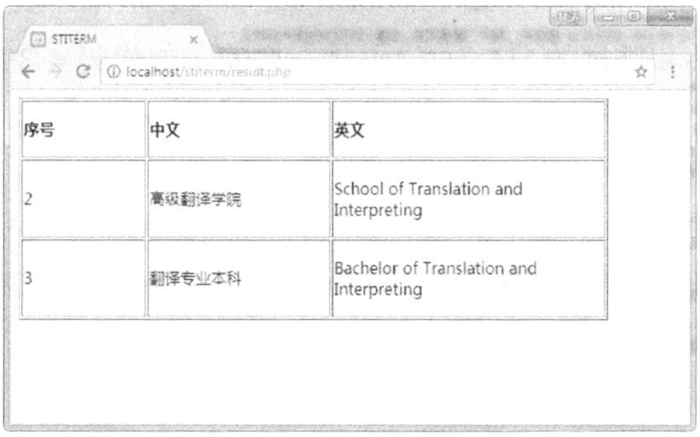
STITERM
localhost/stiterm/result.php
序号
中文
英文
2
高级翻译学院
School of Translation and Interpreting
3
翻译专业本科
Bachelor of Translation and Interpreting

图 4-38　查询“Interpreting”获得查询结果

如果大家希望搜索结果能够高亮显示，而不是像上图那样“什么也看不出来”，那么可以在 while 语句中添加两行代码，如代码 4-38 所示。

```
49. while ($row = mysqli_fetch_array($getterm, MYSQLI_ASSOC))
50.
51.             {
52.                             $row['zh_CN']=preg_replace("/$query/
    i", "<font color=red><b>$query</b></font>",$row['zh_CN']);
53.                             $row['en_US']=preg_replace("/$query/
    i", "<font color=red><b>$query</b></font>",$row['en_US']);
54.                 echo "<tr>
55.                         <td width='21%'>
56.                         <p>{$row["ID"]}</p>
57.                         </td>
58.                         <td width='31%'>
59.                         <p>{$row["zh_CN"]}</p>
60.                         </td>
61.                         <td width='46%'>
62.                         <p>{$row["en_US"]}</p>
63.                         </td>
64.                       </tr>";
65.             }
```

代码 4-38　用于高亮显示查询结果的“result.php”代码

我们会在后面的章节中详细介绍 preg_replace() 函数的用途。

4.3.3　使用 include() 函数引用代码段

在本章中，我们已学习如何在浏览器中展示术语库并查询术语库中的数据，核心代码有三个：index.php、search.php、result.php。

如果仔细观察这三个文件的代码，会发现它们有几点共同之处：

1）每个文件开头和结尾的 HTML 代码是一样的，如代码 4-39 和代码 4-40 所示。

```
1. <!DOCTYPE html>
2. <html>
3. <head>
4. <meta http-equiv="Content-Type" content="text/html; charset=utf-8" />
5. <title>STITERM</title>
6. </head>
7. <body>
```

代码 4-39　三个文件共有的开头部分代码

```
1. </body>
2. </html>
```

代码 4-40 三个文件共有的结尾部分代码

2）连接服务器时所用的代码是一致的，如代码 4-41 所示：

```
1. <?php
2.     $dbhost = "localhost";  // 数据库所在主机地址
3.     $dbuser = "root";       // 登录服务器所用的用户名
4.     $dbpass = ""; // 登录服务器所用的用户名密码
5.     $conn = mysqli_connect($dbhost, $dbuser, $dbpass);
6. 
7.     if(!$conn )
8.     {
9.       die(" 无法连接服务器，错误代码为：  " . mysqli_connect_error());
10.    }
11. //      else
12. //    {
13. //      echo " 服务器连接成功！ ";
14. //    }
15. ?>
```

代码 4-41 三个文件共有的连接服务器代码

设想这样一种情况：我们在开发过程中突然修改了服务器的地址、用户名和密码，就需要前往相应的代码进行修改。如果每一个文件都有连接服务器的信息，我们就需要逐个打开文件进行修改，既浪费时间，又容易修改错误。因此，我们可采取以下方式避免这种问题出现：

→第一步：

在 stiterm 文件夹下新建一个空白的文件夹“shared”，并用 Notepad++ 在其中创建三个空白的 PHP 文件，并分别键入以下代码段，如代码 4-42、代码 4-43 和代码 4-44 所示。

```
1. <!DOCTYPE html>
2. <html>
3. <head>
4. <meta http-equiv="Content-Type" content="text/html; charset=utf-8" />
5. <title>STITERM</title>
6. </head>
7. <body>
```

代码 4-42 用于代码共享的“head.php”代码

```
1.  </body>
2.  </html>
```

代码 4-43 用于代码共享的“foot.php”代码

```
1.  <?php
2.      $dbhost = "localhost";  // 数据库所在主机地址
3.      $dbuser = "root";       // 登录服务器所用的用户名
4.      $dbpass = ""; // 登录服务器所用的用户名密码
5.      $conn = mysqli_connect($dbhost, $dbuser, $dbpass);
6.  
7.      if(!$conn )
8.      {
9.        die(" 无法连接服务器，错误代码为： " . mysqli_connect_error());
10.     }
11. //     else
12. //    {
13. //       echo " 服务器连接成功！ ";
14. //    }
15. ?>
```

代码 4-44 用于代码共享的“conn.php”代码

→第二步：

使用 include() 函数分别对 index.php、search.php 和 result.php 文件进行简化，以 search.php 和 result.php 为例，修改后如代码 4-45 和代码 4-46 所示。

```
1.  <?php include "shared/head.php"; ?>
2.  
3.  <form action="result.php" method="POST">
4.      <table>
5.          <tr>
6.              <td>
7.                  <input type="text" name="query" placeholder=" 请输入检索词 " >
8.              </td>
9.              <td>
10.                 <button type="submit"> 搜索 </button>
11.             </td>
12.         </tr>
13.     </table>
14. </form>
15. 
16. <?php include "shared/foot.php" ?>
```

代码 4-45 简化后的“search.php”代码

```
1.  <?php include "shared/head.php"; ?>
2.
3.  <table width="89%" border="1">
4.    <tbody>
5.      <tr>
6.        <td width="21%">
7.          <p><strong> 序号 </strong></p>
8.        </td>
9.        <td width="31%">
10.         <p><strong> 中文 </strong></p>
11.       </td>
12.       <td width="46%">
13.         <p><strong> 英文 </strong></p>
14.       </td>
15.     </tr>
16.
17. <?php include "shared/conn.php"; ?>
18.
19. <?php
20.     mysqli_select_db( $conn,"stiterm" );
21.     $query =$_POST["query"];
22.       $sql = "SELECT ID, zh_CN, en_US FROM termdata WHERE zh_
    CN LIKE '%$query%' or en_US LIKE '%$query%'";
23.     mysqli_query($conn,"set names 'utf8'");
24.     $getterm = mysqli_query($conn,$sql);
25.
26.     if(! $getterm )
27.         {
28.             echo " 无法获取术语数据，请检查问题 ";
29.         }
30.     else
31.         {
32.             while ($row = mysqli_fetch_array($getterm, MYSQLI_ASSOC))
33.
34.             {
35.                                $row['zh_CN']=preg_replace("/$query/
    i", "<font color=red><b>$query</b></font>",$row['zh_CN']);
36.                                $row['en_US']=preg_replace("/$query/
    i", "<font color=red><b>$query</b></font>",$row['en_US']);
37.                 echo "<tr>
```

```
38.                          <td width='21%'>
39.                          <p>{$row["ID"]}</p>
40.                          </td>
41.                          <td width='31%'>
42.                          <p>{$row["zh_CN"]}</p>
43.                          </td>
44.                          <td width='46%'>
45.                          <p>{$row["en_US"]}</p>
46.                          </td>
47.                        </tr>";
48.              }
49.
50.          }
51.
52.     mysqli_close($conn);
53. ?>
54.   </tbody>
55. </table>
56. <?php include "shared/foot.php"; ?>
```

代码 4-46　简化后的“result.php”代码

从以上两段代码中可以看到，当我们在 shared 文件夹中创建可复用的代码段后，我们在代码编写过程中可以使用 include() 函数包括代码段对应的文件地址，并在两边用“<?php”和“?>”标签对包括。简化后的代码相对更加简洁，修改这些可复用的代码段的内容后，所有使用 include() 函数引用这些代码段的文件都可保持不变，不必再单独打开进行修改。

小结

本章从数据准备、数据展示和数据查询三个方面重点介绍了一个简易在线双语术语库的开发过程，大家可以使用已有的双语术语作为数据来源，尝试开发自己的双语术语库。

第五章

如何开发简易在线术语管理工具

本章导言

在上一章中我们学习了如何开发简易的在线双语术语库，但这个术语库仅能用于查询，无法实现新增术语、编辑术语、删除术语等操作。在这一章中，我们将学习如何开发有数据增删改查（CRUD, Create, Read, Update, and Delete）和登录退出功能的简易在线术语管理工具。

“CRUD”是数据库的四种基本操作的缩写，“C”对应“Create data”（创建数据），“R”对应“Read data”或“Retrieve data”（读取数据），“U”对应“Update data”（更新数据）或“Modify data”（更改数据），“D”对应“Delete data”或“Destroy data”（删除数据）。在中文中我们常用“增删改查”来指代这一系列操作。在本章中，“增”将对应如何创建数据库、数据表和向数据表中添加术语数据；“删”将对应如何从数据表中删除术语数据；“改”将对应如何编辑已有的数据；“查”将对应如何检索术语表中的术语。

登录退出功能的目的是给在线术语库设置访问权限，仅拥有账号的译者才能使用术语库。

5.1 数据库的自动创建

在上一章，我们使用 phpMyAdmin 创建简单的数据库和数据表，用于存储双语术语数据。但我们所使用的方法是纯手动的，通过点击一系列按钮并填写相应属性来实现数据库和数据表的创建。在编程过程中，我们还可以采用更简单的方法来实现数据库的自动创建。

5.1.1 使用 SQL 语句创建数据库和数据表

在 4.1.1 节学习如何创建数据库时，我们曾通过“预览 SQL 语句”功能见到如图 5-1 所示的 SQL 语句。

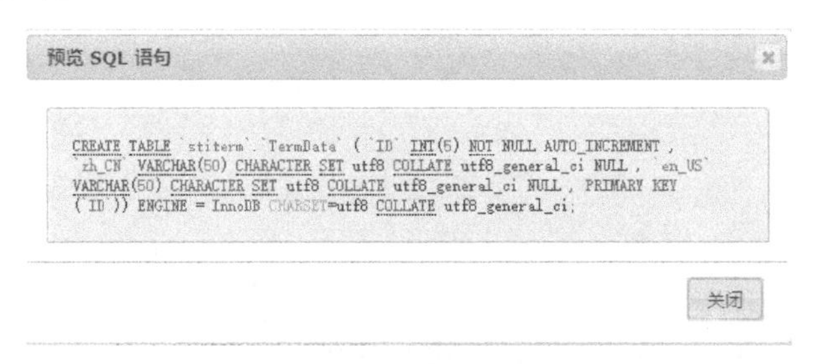

图 5-1　预览用于创建数据库的 SQL 语句

调整格式后，如代码 5-1 所示。

```
1.  CREATE TABLE `stiterm`.`TermData`
2.  (
3.    `ID` INT(5) NOT NULL AUTO_INCREMENT ,
4.    `zh_CN` VARCHAR(50) CHARACTER SET utf8 COLLATE utf8_general_ci NULL ,
5.    `en_US` VARCHAR(50) CHARACTER SET utf8 COLLATE utf8_general_ci NULL ,
6.    PRIMARY KEY (`ID`)
7.  )
8.  ENGINE = InnoDB
9.  CHARSET=utf8
10. COLLATE utf8_general_ci;
```

代码 5-1 用于创建数据库的 SQL 语句

在出现这些 SQL 语句前我们要手动设定的数据库名、数据表名、字符集及排序规则、数据表的字段及属性等信息，而上述代码可以帮助我们省去一些麻烦，以 SQL 语句操控数据库和数据表更为便捷高效。下面我们详细介绍如何在 phpMyAdmin 中使用 SQL 语句创建数据库和数据表。

→第一步：

在浏览器中打开 phpMyAdmin 页面，点击顶部菜单中的“SQL”按钮，如图 5-2 所示。

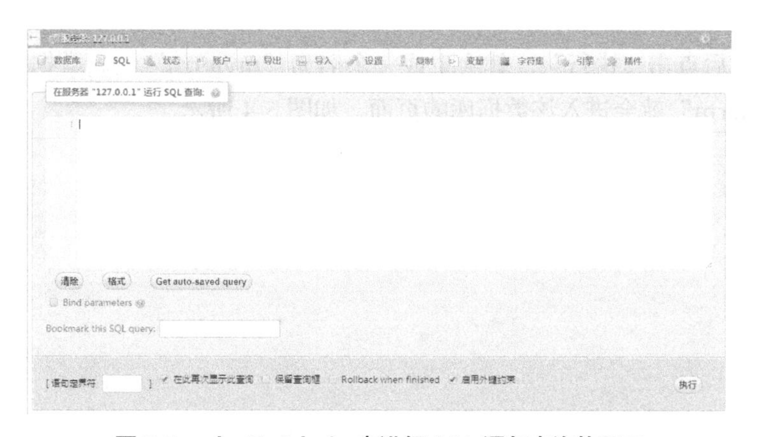

图 5-2 phpMyAdmin 中进行 SQL 语句查询的页面

我们计划创建一个新的术语库（myterm），但这个术语库与上一章创建的数据库定义一致，也含有“序号”“中文”和“英文”三个字段，分别用“ID”“zh_CN”和“en_US”表示。

为创建该术语库，我们需要在上图的输入框中输入代码 5-2 中的 SQL 语句。

```
1.  CREATE DATABASE myterm
2.  DEFAULT CHARACTER SET utf8
3.  DEFAULT COLLATE utf8_general_ci;
```

代码 5-2 创建新数据库 myterm 的 SQL 语句

如图 5-3 所示。

图 5-3 运行创建数据库 myterm 的 SQL 语句

我们在此处使用的是 SQL CREATE DATABASE 语句，使用时将数据名、默认字符集（DEFAULT CHARACTER SET）和默认排序规则（DEFAULT COLLATE）添加在语句后即可。

输入完成后点击“执行”，就会生成一个名为“myterm”的新数据库。在左侧列表点击“myterm”就会进入该数据库的页面，如图 5-4 所示。

图 5-4 在 phpMyAdmin 中查看新建数据库 myterm

在这个页面中点击顶部菜单栏上的“SQL”按钮，输入代码 5-3 中的 SQL 语句。

```
1.  CREATE TABLE `TermData`
2.  (
3.      `ID` INT(5) NOT NULL AUTO_INCREMENT ,
4.      `zh_CN` VARCHAR(50) CHARACTER SET utf8 COLLATE utf8_general_ci NULL ,
```

```
5.      `en_US` VARCHAR(50) CHARACTER SET utf8 COLLATE utf8_general_ci NULL ,
6.      PRIMARY KEY (`ID`)
7.  )
8.  ENGINE = InnoDB
9.  CHARSET=utf8
10. COLLATE utf8_general_ci;
```

代码 5-3　为数据库添加新数据表 TermData

在这段代码中我们使用 SQL CREATE TABLE 语句来创建数据表，在构建该语句时，须注意：

1）我们在数据表名“TermData”和三个字段名“ID”“zh_CN”和“en_US”外加了一对“``”反引号（Backtick），虽然这不是必需的，我们完全可以不必加，但是在很多网上的代码中大家都会看到这个符号。需要尤其注意的是，这个符号不是单引号，如果使用单引号则会报错。虽然数据表名中字母 T 和 D 均为大写，但数据表创建完成后会自动变为小写。

2）在数据表名后我们在圆括号中创建了三个字段，每个字段后有字段的属性；字段之间用逗号隔开；最后一行约定主键；最后一行后不加标点符号。

3）圆括号后设置术语表的数据查询引擎、字符集和排序规则，仅在最后加分号，分号可加也可不加；设置字符集时“CHARSET”“CHARACTER SET”“DEFAULT CHARACTER SET”都可以，且不区分大小写。

执行这段代码后，我们就可以看到 myterm 数据库中生成了一个名为 termdata 的数据表，如图 5-5 所示。

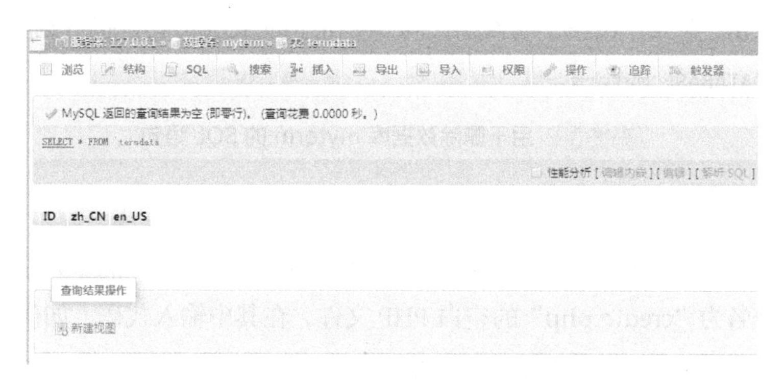

图 5-5　在 phpMyAdmin 中查看新建术语表 termdata

相对来说，这种创建数据库和数据表的方法要更快捷，不需要连续点击一系列的按钮。

5.1.2 使用 PHP 语言创建数据库和数据表

除了可以在 phpMyAdmin 中执行 SQL 语句创建数据库和数据表外，我们还可以将 SQL 语句嵌入到 PHP 语言中执行，详细步骤如下。

→第一步：

由于本节与上一节要实现的目的一样，所以我们先将上一节创建的数据库删除，方法是：在 phpMyAdmin 中点击左侧列表中的“myterm”，然后点击顶部菜单栏中的“操作”按钮，如图 5-6 所示。

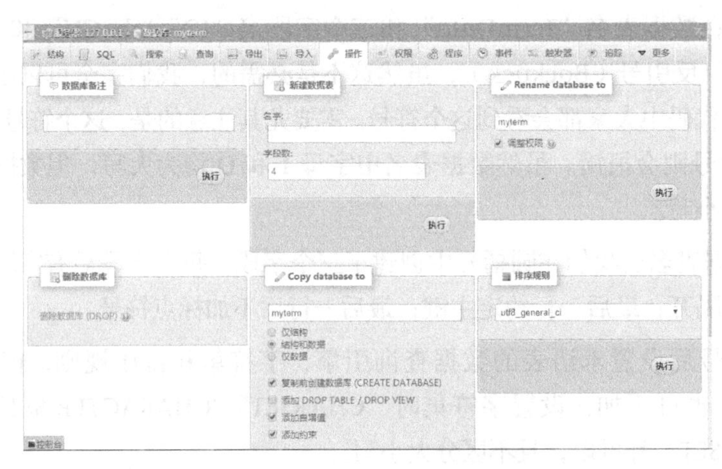

图 5-6　phpMyAdmin 中删除数据库页面

点击左下角的“删除数据库（DROP）”即可删除数据库。

也可以点击“SQL”按钮，输入如代码 5-4 所示的 SQL 语句，也可删除数据库：

```
1.  DROP DATABASE myterm
```

代码 5-4　用于删除数据库 myterm 的 SQL 语句

→第二步：

在 XAMPP 的“htdocs”文件夹中创建一个名为“myterm”的空白文件夹，并在其中创建一个名为“create.php”的空白 PHP 文件，在其中输入代码，如代码 5-5 所示。

注：创建“myterm”文件夹的同时，将前文所用的“shared”文件夹及其中的三个文件也一同拷贝至“myterm”文件夹中。

```
1.  <?php include "shared/conn.php"; ?>
2.  <?php
3.  $database = "
4.  CREATE DATABASE myterm
```

```
5.  DEFAULT CHARACTER SET utf8
6.  DEFAULT COLLATE utf8_general_ci;
7.  ";
8.  if(!mysqli_query($conn,$database))
9.      {
10.         echo "数据库创建失败，请检查原因。".mysqli_error($conn). "<br>";
11.     }
12.     else
13.     {
14.         echo "数据库创建成功！" . "<br>";
15.     }
16. mysqli_select_db($conn,"myterm");
17. $table = "
18. CREATE TABLE `TermData`
19. (
20.     `ID` INT(5) NOT NULL AUTO_INCREMENT ,
21.     `zh_CN` VARCHAR(50) CHARACTER SET utf8 COLLATE utf8_general_ci NULL ,
22.     `en_US` VARCHAR(50) CHARACTER SET utf8 COLLATE utf8_general_ci NULL ,
23.     PRIMARY KEY (`ID`)
24. )
25. ENGINE = InnoDB
26. CHARSET=utf8
27. COLLATE utf8_general_ci;
28. ";
29. if(!mysqli_query($conn,$table))
30.     {
31.         echo "数据表创建失败，请检查原因。".mysqli_error($conn). "<br>";
32.     }
33.     else
34.     {
35.         echo "数据表创建成功！" . "<br>";
36.     }
37. ?>
```

代码 5-5 用于创建数据库和数据表的 PHP 代码

在这段代码中，我们分别在第 3-7 行和第 17-28 行使用创建数据库和数据表的 SQL 语句，并将两个语句分别赋予变量 $database 和变量 $table。

在第 8-15 行和第 29-36 行，我们使用 mysqli_query() 函数运行两个 SQL 语句，并使用 if…else 语句判断 mysqli_query() 函数是否运行成功。

在浏览器中运行“create.php”后，浏览器中会提示数据库和数据表创建成功，如图 5-7 所示。

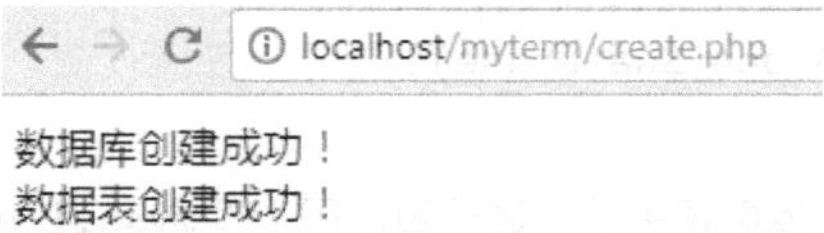

localhost/myterm/create.php

数据库创建成功！
数据表创建成功！

图 5-7　在浏览器中呈现数据库和数据表成功创建的提示

如果刷新页面，再次运行“create.php”文件，会看到如图 5-8 所示的提示。

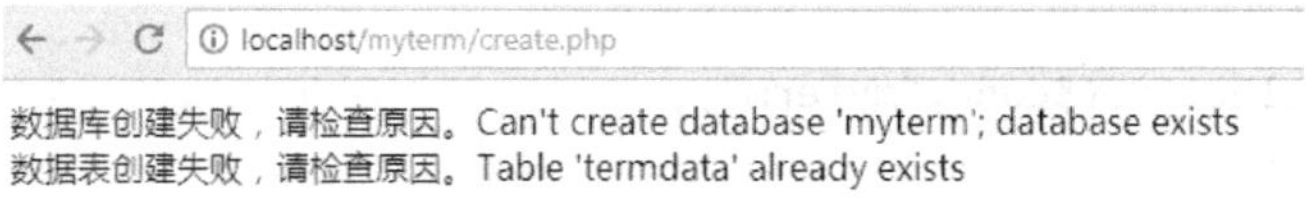

localhost/myterm/create.php

数据库创建失败，请检查原因。Can't create database 'myterm'; database exists
数据表创建失败，请检查原因。Table 'termdata' already exists

图 5-8　数据库和数据表无法重新创建的提示

这就表明数据库和数据表均已创建成功，无法重复创建。前往 phpMyAdmin 中可以查看新建的数据库和数据表。

“create.php”文件可以作为一个模板，在后续的代码编写过程中还可以继续使用，用以快速创建数据库和数据表。

5.2 术语数据的批量导入

数据库和数据表创建完成后，我们就可以向其中导入术语数据。在第四章中我们是手动录入的术语，但如果术语数据量庞大，手动录入就极为耗时费力，所以最好的方式就是批量导入。在本节中我们主要介绍两种批量导入术语数据的方法，一种方式较为直观，不需要写一行代码，另一种方式则完全通过代码来完成。

5.2.1 使用 Navicat for MySQL 导入 Excel 术语数据

“Navicat for MySQL”[1]是一款收费的图形化数据库管理工具，界面如图 5-9 所示。

1　https://www.navicat.com.cn/

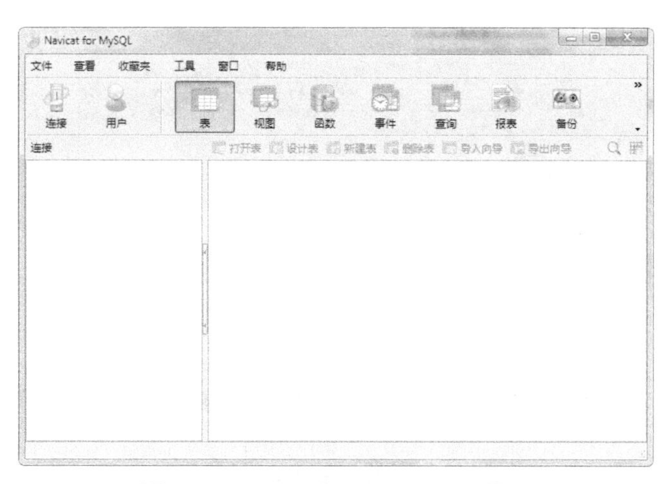

图 5-9 Navicat for MySQL 工具界面

注：该软件不是本书的重点讲解工具，因此省去下载安装过程，感兴趣的读者可以自行了解相关信息。

安装完成后，点击左上角的“连接”按钮，看到如图 5-10 所示的界面。

图 5-10 在 Navicat for SQL 中添加数据库连接信息

由于我们使用的 XAMPP 默认的主机名、端口、用户名和密码均与“Navicat for SQL”一致，所以在上面的界面中设置一个自定义的连接名后，点击“确定”按钮，即可通过“Navicat for SQL”访问 XAMPP 中的 MySQL 数据库，如图 5-11 所示。

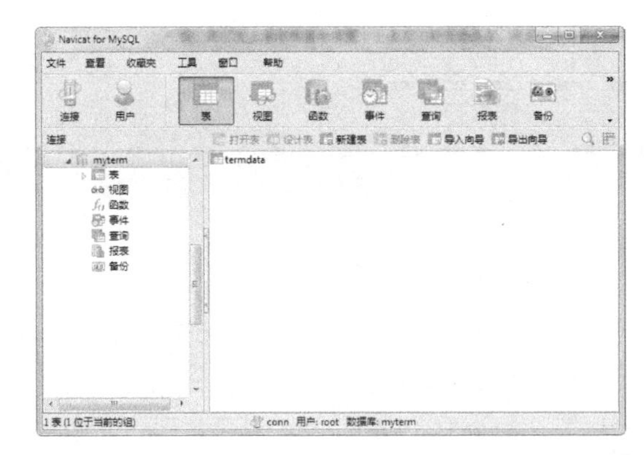

图 5-11　在 Navicat for SQL 中成功连接并查看数据库

此时我们可以准备好一个存有术语数据的 Excel 文件，如图 5-12 所示。

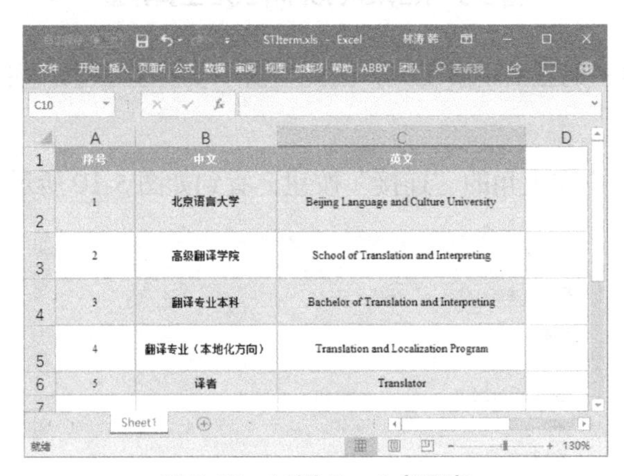

序号	中文	英文
1	北京语言大学	Beijing Language and Culture University
2	高级翻译学院	School of Translation and Interpreting
3	翻译专业本科	Bachelor of Translation and Interpreting
4	翻译专业（本地化方向）	Translation and Localization Program
5	译者	Translator

图 5-12　示例 Excel 术语表

回到“Navicat for MySQL”工具中，选中要导入术语数据的数据表“termdata”，点击上方的“导入向导”按钮，在弹出的“导入向导”对话框中选择“Excel 文件(.xls)”，如图 5-13 所示。

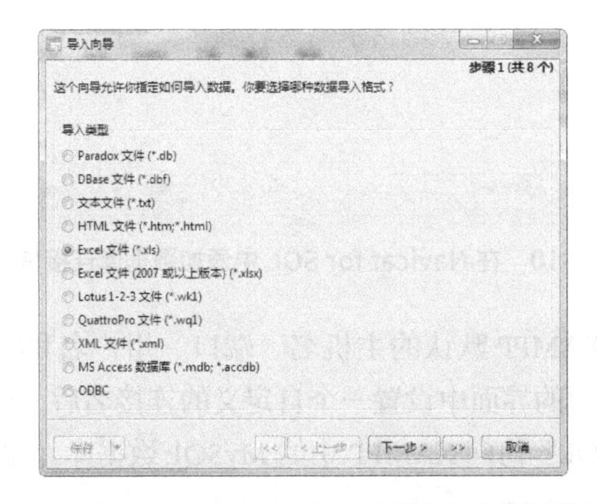

图 5-13　在 Navicat for MySQL 中设置导入数据的格式

点击“下一步”按钮，选择刚刚创建的 Excel 文件作为数据源，并勾选包含术语数据的工作表名称“Sheet1”，如图 5-14 所示。

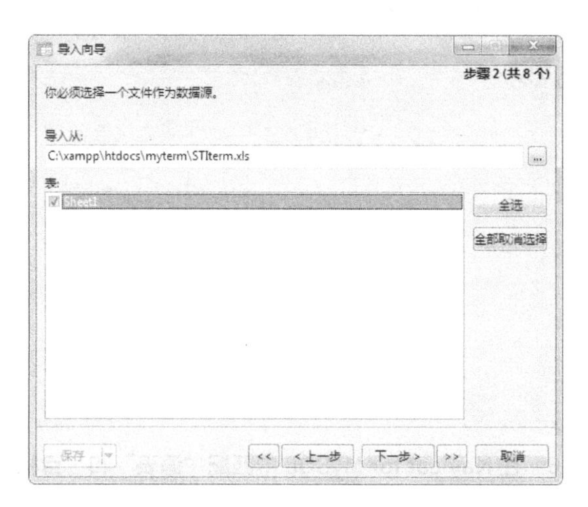

图 5-14　在 Navicat for MySQL 中设置数据源

点击“下一步”按钮，将“第一个数据行”的值设置为“2”，如图 5-15 所示，因为我们的 Excel 表格中第一行为字段名，并不需要导入，术语数据从第二行开始。

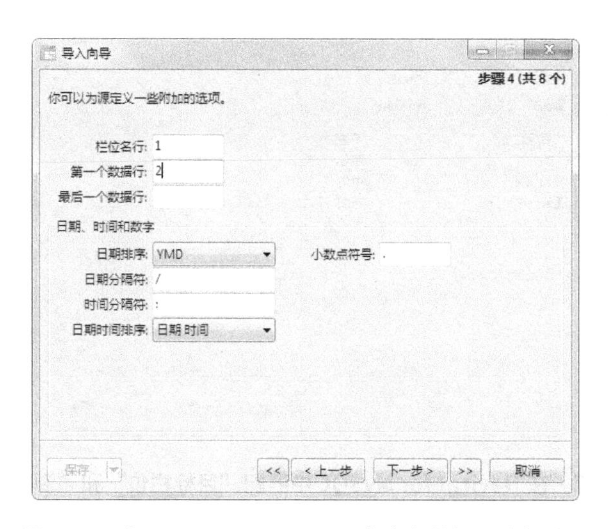

图 5-15　在 Navicat for MySQL 中定义数据源附加选项

点击“下一步”按钮，匹配“源表”和“目标表”，源表是指包含术语数据的 Excel 工作表，目标表即要导入数据的数据表，如图 5-16 所示。

图 5-16 在 Navicat for MySQL 中匹配“源表”和“目标表”

点击“下一步”按钮，匹配“目标栏位”和“源栏位”，在“源栏位”一列手动选择对应的字段名。这一步非常关键，决定了源表的那一栏数据会导入到目标表的哪一个字段中，如图 5-17 所示。

图 5-17 在 Navicat for MySQL 中匹配“目标栏位”和“源栏位”

点击“下一步”按钮，设置导入模式，由于我们是第一次导入数据，所以选择第一种模式“添加记录到目标表”，如图 5-18 所示。

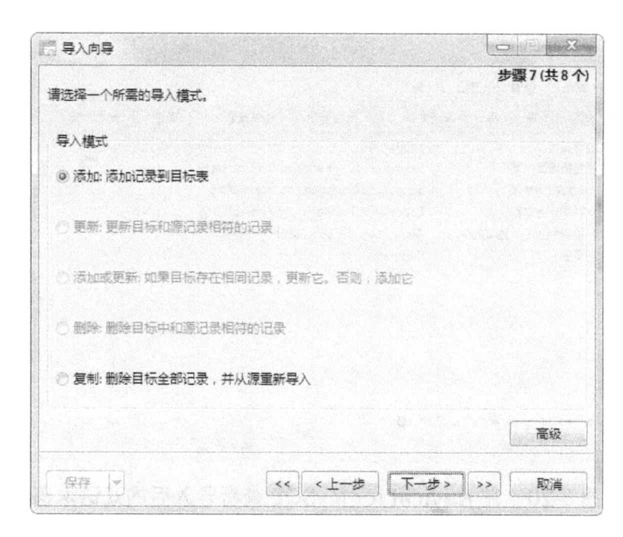

图 5-18　在 Navicat for MySQL 中设置导入模式

点击“下一步”按钮，并在新窗口点击“开始”按钮，完成数据导入，如图 5-19 所示。

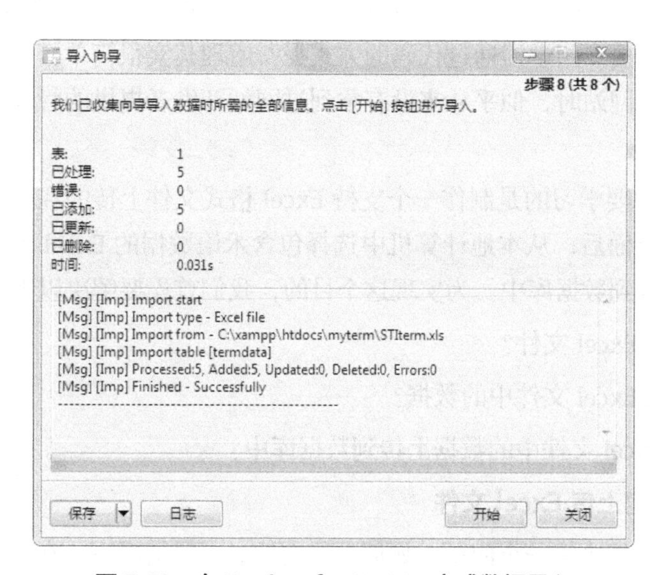

图 5-19　在 Navicat for MySQL 完成数据导入

通过以上步骤，我们就可以实现将 Excel 表格中的术语数据批量导入到数据库中，并且可以在“Navicat for MySQL”中查看并编辑数据（如图 5-20 所示）。熟悉了该工具的操作后，也可以同时使用“Navicat for MySQL”和“phpMyAdmin”管理数据库和数据表。

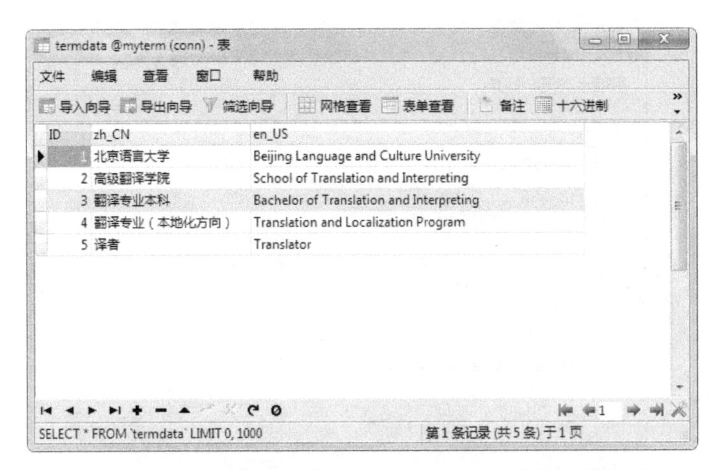

图 5-20 在 Navicat for MySQL 查看导入后的双语术语

5.2.2 使用 PHPExcel 导入 Excel 术语数据

也许大家看完上一节的内容后会觉得：既然不用写代码也可以把数据批量上传到数据库中，为何还要专门学习通过代码的方式呢？道理其实很简单，大家平时在使用具有上传数据功能的网站时，似乎从来没有拿到过网站开发者提供的管理员用户名和密码吧？

我们在本节中要学习的是制作一个支持 Excel 格式文件上传的在线术语库，即在浏览器中打开上传页面后，从本地计算机中选择包含术语数据的 Excel 表格，然后将表格中的数据批量导入到数据库中。为实现这个目的，我们首先要解决以下几个问题：

1）如何上传 Excel 文件？

2）如何读取 Excel 文件中的数据？

3）如何将 Excel 文件中的数据上传到数据库中？

5.2.2.1 如何上传 Excel 文件

我们接下来先解决第一个问题，如何上传文件。一般情况下，在上传文件时我们会考虑通过 HTML 表单的形式来实现。我们可以在“myterm”文件夹下新建一个空白的“upload.php”文件，并在其中输入以下代码，如代码 5-6 所示。

```
1.  <?php include "shared/head.php"; ?>
2.  <form action="upload_file.php" method="POST" enctype="multipart/form-
data">
3.      <table>
4.          <tr>
5.              <td>
```

```
6.                  <input type="file" name="file">
7.              </td>
8.              <td>
9.                  <input type="submit" name="submit" value=" 上传 ">
10.             </td>
11.         </tr>
12.     </table>
13. </form>
14. <?php include "shared/foot.php"; ?>
```

代码 5-6 添加代码用于实现文件上传功能

在这段代码中，“action = "upload_file.php"”的作用是：点击“上传”按钮后，前往“upload_file.php”这个页面去执行后续的操作。

“method = "POST"”的作用是：表单以“post”的方式提交。

“enctype="multipart/form-data"”是使用表单上传文件时必须使用的属性，用于将表单数据以二进制的形式上传，方便服务器读取表单提交的文件。在本书中我们不对该知识点进行详细讲解，在使用过程中保证其正确填写即可。

当“<input> 元素”的 type 属性值为“file”时，我们看到的就是一个“选择文件”的按钮；当 type 属性值为“submit”时，我们看到的就是一个具有提交功能的按钮，按钮上的值由 value 属性值确定。需要特别注意的是，第一个“<input> 元素”的 name 属性值为“file”，这个将会是我们上传文件后用于指代该文件的变量名。

在浏览器中执行这个文件后，效果如图 5-21 所示。

图 5-21 在浏览器中呈现选择文件和上传文件按钮

点击“选择文件”后会弹出添加文件的窗口，选择一个文件后，效果如图 5-22 所示。

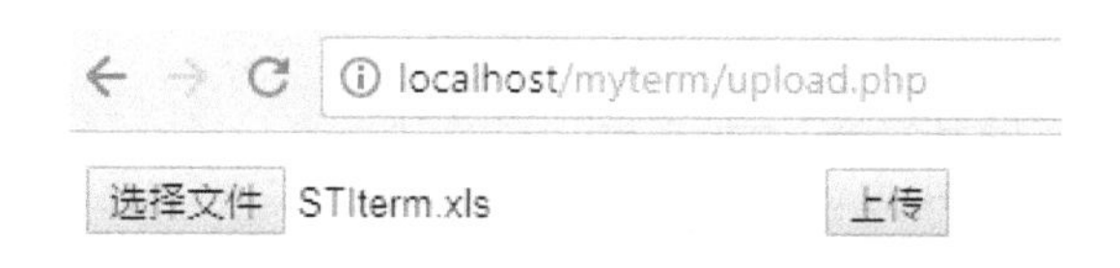

图 5-22 在浏览器中成功选择待上传文件

若希望点击“上传”按钮后，文件能够上传至服务器，还需要完善“upload_file.php”文件。在“myterm”文件夹下新建空白“upload_file.php”文件，并输入以下代码，如代码 5-7 所示。

```
1.  <?php
2.  if ($_FILES["file"]["error"] > 0)
3.    {
4.    echo " 文件上传错误代码：".$_FILES["file"]["error"]."<br>";
5.    }
6.  else
7.    {
8.    echo " 上传文件为：".$_FILES["file"]["name"]."<br>";
9.    echo " 文件类型：".$_FILES["file"]["type"]."<br>";
10.   echo " 文件大小：".($_FILES["file"]["size"] / 1024)." KB<br>";
11.   echo " 文件临时存储在：".$_FILES["file"]["tmp_name"];
12.   }
13. ?>
```

代码 5-7 添加代码用于获取待上传文件的基本信息

和“$_POST”一样，“$_FILES”是 PHP 语言中的又一个超全局变量（Superglobal），用于将待上传的文件传到服务器中，我们可以这样使用该变量：

$_FILES["file"] 存储了我们上传后的那个文件，其中的“file”就是我们前文提醒大家特别注意的一个变量名。由于 $_FILES["file"] 指代了我们上传的文件，那么：

想查看这个文件的名字，可以使用：$_FILES["file"]["name"]；

想查看这个文件的类型，可以使用：$_FILES["file"]["type"]；

想查看这个文件的大小，可以使用：$_FILES["file"]["size"]；

想查看这个文件在服务器中临时存储的位置，可以使用：$_FILES["file"]["tmp_name"]；

想知道这个文件是否上传错误，可以使用：$_FILES["file"]["error"]。

现在，我们在浏览器中运行“upload.php”文件，并选中存有术语数据的“STIterm.xls”文件，点击“上传”，查看该文件的相关信息，如图 5-23 所示。

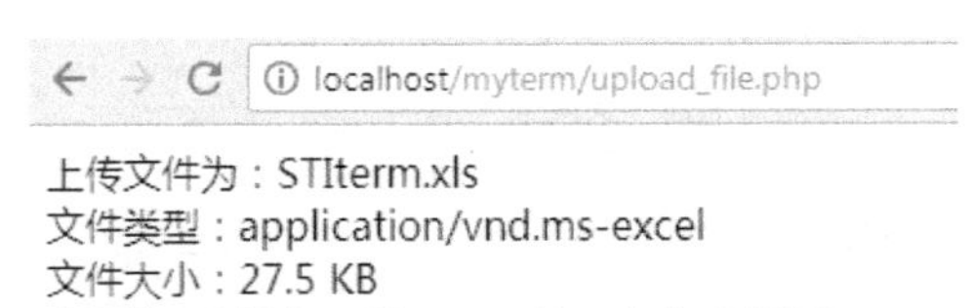

图 5-23　在浏览器中呈现已上传文件的基本信息

通过上图可知，Excel 文件已经成功上传，并临时存储到了一个位置，但该文件并没有存储到“myterm”文件夹中，因此，我们还需要完善代码 5-7，如代码 5-8 所示。

```
1. <?php
2. if ($_FILES["file"]["error"] > 0)
3.   {
4.   echo " 文件上传错误代码: ".$_FILES["file"]["error"]."<br>";
5.   }
6. else
7.   {
8.   if (file_exists("upload/".$_FILES["file"]["name"]))
9.       {
10.      echo $_FILES["file"]["name"] . " 已经存在。";
11.      }
12.     else
13.      {
14.        move_uploaded_file($_FILES["file"]["tmp_name"], "upload/" . $_
FILES["file"]["name"]);
15.      echo " 文件已上传至以下文件夹: "."upload/".$_FILES["file"]["name"];
16.      }
17.   }
18. ?>
```

代码 5-8　添加代码用于指定已上传文件的指定位置

为了正常运行这段代码，我们还需要在“myterm”文件夹下新建一个空白的文件夹“upload”，用于存储上传后的文件，如图 5-24 所示。

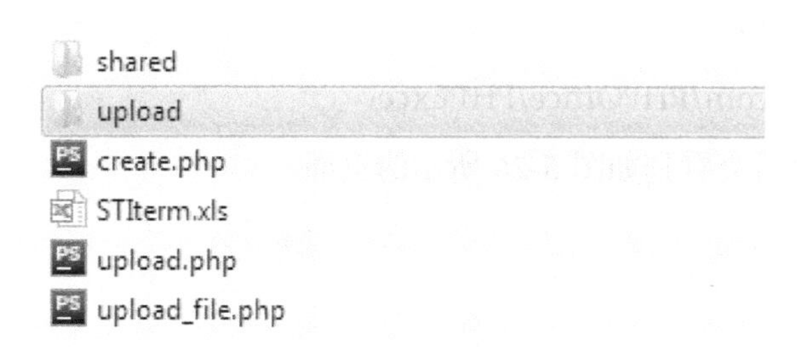

图 5-24　创建用于存储已上传文件的文件夹

现在我们在浏览器中重新运行“upload.php”文件，选择要上传的“STIterm.xls”文件，点击“上传”，效果如图 5-25 所示。

localhost/myterm/upload_file.php

文件已上传至以下文件夹：upload/STIterm.xls

图 5-25　在浏览器中呈现已上传文件成功存储的提示

如果去查看“upload”文件夹，会发现里面多了一个名为“STIterm.xls”的文件。

这个功能是由代码 5-8 的第 8-16 行实现的，当第 2 行代码判断文件上传没有错误后，便会开始执行第 8 行的 if 语句，其条件是 file_exists() 函数的执行结果，从函数名即可看出，它的功能是判断文件是否存在，其参数是用连接符拼接起来的一个字符串，左侧是文件夹名，右侧是文件名，所以第 8 行的功能是判断 upload 文件夹中是否包含我们要上传的文件，如果存在则执行第 10 行代码，提醒该文件已经存在；如果不存在则开始执行第 14 行代码。

move_uploaded_file() 函数的功能从其函数名也能看出：将上传的文件移动到新位置。它的参数有两个：准备移动的文件地址和要存储文件的新地址。所以在第 14 行中，第一个参数是文件的临时存储地址，第二个参数正是刚才 if 语句的条件。

这个函数执行的逻辑是：当我们通过 upload.php 上传了一个文件后，这个文件会存入到一个临时的地址，我们通过文件名判断目标文件夹没有该文件后，再将其从临时位置移动到目标位置。

一旦文件移动成功，就执行第 15 行代码，提示用户文件移动到了哪里，即图 5-25 所示的结果。

5.2.2.2　如何读取 Excel 文件中的数据

当我们得到 Excel 文件后，就要从中读取数据了。PHP 语言并没有内置可以直接从 Excel 文件中读取数据的函数，因此我们需要借助外力，引入一个第三方工具：PHPExcel，地址如下：

https://github.com/PHPOffice/PHPExcel

打开这个网页后会看到如图 5-26 所示的页面。

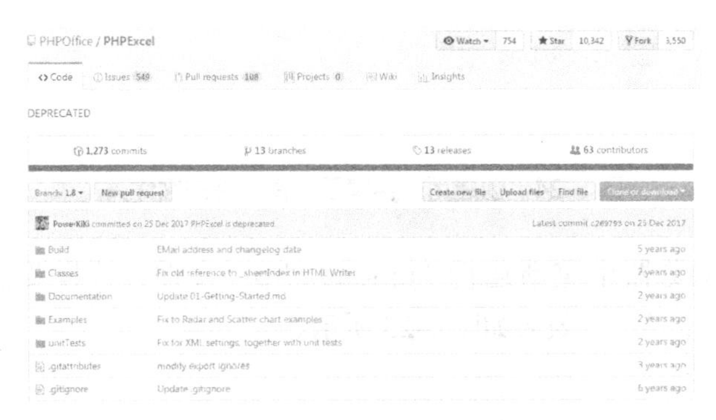

图 5-26　PHPExcel 下载界面

“Github”是全球著名的代码托管网站，程序员们会将自己写的代码上传到该网站中供其他人使用，其他人也可以继续帮助其完善代码。有些 IT 公司在招募程序员时会看其在 Github 网站上传的代码质量以了解其技术水平。

我们所使用的这个工具并非 PHP 语言的创始人开发的，而是由精通 PHP 的第三方技术人员开发并免费提供给用户使用。

在使用时，我们可以点击右上角的绿色按钮“Clone or download”将该工具以压缩包的方式存储到“myterm”文件夹中，使用解压缩文件将其打开，如图 5-27 所示。

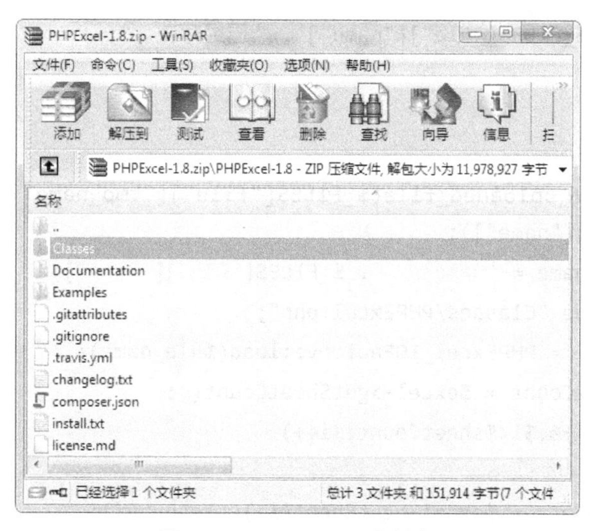

图 5-27 PHPExcel 安装包

这其中仅“Classes”文件是我们需要的，可将其解压到“myterm”文件夹中，如图 5-28 所示。

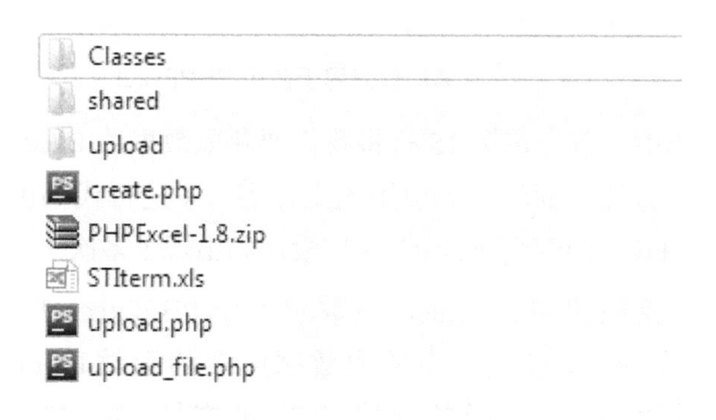

图 5-28 安装 PHPExcel 核心代码

PHPExcel 这就算安装完成了，下面我们继续完成“upload_file.php”文件中的代码，如代码 5-9 所示。

```
1.  <?php
2.  if ($_FILES["file"]["error"] > 0)
3.    {
4.    echo "文件上传错误代码: ".$_FILES["file"]["error"]."<br>";
5.    }
6.  else
7.    {
8.    if (file_exists("upload/".$_FILES["file"]["name"]))
9.        {
10.       echo $_FILES["file"]["name"] . "已经存在。";
11.       }
12.     else
13.       {
14.         move_uploaded_file($_FILES["file"]["tmp_name"], "upload/" . $_
FILES["file"]["name"]);
15.       $file_name = "upload/" . $_FILES["file"]["name"];
16.       include "Classes/PHPExcel.php";
17.       $excel = PHPExcel_IOFactory::load($file_name);
18.       $sheetCount = $excel->getSheetCount();
19.       for($i=0;$i<$sheetCount;$i++)
20.         {
21.           $data = $excel->getSheet($i)->toArray();
22.           print_r($data);
23.         }
24.       }
25.   }
26. ?>
```

代码 5-9　添加代码用于使用 PHPExcel

在这段新的代码中，首先在第 15 行将我们要获取数据的 Excel 文件的文件名赋予变量 $file_name，以方便后面的代码引用该文件名。（这行代码也可以写在最前面，因为“"upload/" . $_FILES["file"]["name"]”这段代码出现了多次）。

在第 16 行中，我们使用 include() 函数引入了 PHPExcel 工具中的一个文件，这个文件中包含我们从 Excel 文件中读取数据所需的函数 load()。在第 17 行中我们用 PHPExcel 工具中的 load() 函数读取了 Excel 文件，load() 前面的“PHPExcel_IOFactory::”表示该函数属于“PHPExcel_IOFactory”[1]，“::”是范围解析操作符（Scope

---

1　这里的“PHPExcel_IOFactory”是一个类名（Classname），类中的函数一般称为方法（Method），后面的 load() 和 getSheetCount() 都是“方法”，但在本文正文中先称为“函数”。

Resolution Operator）。这里的两个知识点不属于编程入门学习的范畴，所以我们在本书中不作详细解释。

简单来说，第 17 行代码的作用是把要读取数据的 Excel 文件赋予变量 $excel，然后在第 18 行代码中，我们用了 PHPExcel 工具的 getSheetCount() 函数来统计 Excel 表格中有多少个工作表（Sheet）。

在第 19-23 行中，我们使用了一个 for 循环语句（for loop），同样是循环语句，它与 while 循环语句的结构相似，但在条件部分有很大不同。仔细看其条件部分：

```
$i=0;$i<$sheetCount;$i++
```

这个条件由三个部分组成，共同决定了主体代码要执行几次，所以可以用“计数器”（Counter）来形容 for 循环语句的条件部分。

“$i=0”是计数器的起始值，我们平时计数都是从 0 开始的，所以先设置一个变量 $i，给它赋值为“0”。很多初学者经常会问，为什么要用“i”，而不用其他字母。实际上这是一种编程习惯，网上也有很多人解释其渊源，众说纷纭，大家不想用“i”也可以，换成其他字母也不会影响这段代码。

“$i<$sheetCount”是计数器的一个测量公式，其中“$sheetCount”是这个计数器的目标值。

“$i++”是一种特殊的加法，可称为“自增”，“++”称为“增量运算符”（Increment Operator）。其功能是：当“$i=0”时，“$i++”相当于“$i=$i+1”，“$i”在 0 的基础上加 1，所以新的“$i”的值就变成了 1。每执行一次“$i++”，“$i”都会自增 1。

我们可以举个形象的例子：如果小黑上课迟到，老师罚小黑去操场跑 50 圈，让同桌小白去监督小黑，那么“$i=0”就是小黑还没有去操场之前跑的圈数，50 圈就是小黑要跑的圈数，“$sheetCount”就可以表示这里的“50 圈”，“$i<$sheetCount”就是小白评价小黑是否跑完的标准。小黑每跑一圈，“$i=0”就会通过“$i++”自增 1，当跑到第 49 圈时，“$i=49”，小白判断了一下发现“$i”还是小于 50，于是执行“$i++”，让小黑再跑一圈，“$i”的值变成 50。小黑跑完第 50 圈后，“$i<$sheetCount”已经不成立了，这时候停止跑步。

在代码 5-9 的第 18-23 行中，我们先在第 18 行中计算了 Excel 表格有多少个工作表，然后把工作表的数量赋予变量 $sheetCount，在 for 循环中程序会先去读取 Excel 表格中第一个工作表中的数据，直到把所有工作表中的数据读取完。

在第 21-22 行代码中，我们先用“$excel->getSheet($i)”通过 getSheet() 函数读取第一个 Excel 工作表中的数据，然后使用 toArray() 函数将工作表中的数据转换成数组，并将这个数组放到变量 $data 中去。

在第 22 行代码中，我们使用 print_r() 函数将变量 $data 中的数组显示在浏览器中。print_r() 函数并不是我们最终实现目标功能要用的函数，而只是用于检测是否成功从 Excel 表格中提取数据。

接下来，我们将 upload 文件夹中刚刚上传的文件删掉（否则接下来的操作会提示文件已存在无法继续上传），然后在浏览器中重新运行“upload.php”文件，选择要提取数据的 Excel 文件“STIterm.xls”，检查是否成功从中读取数据，效果如图 5-29 所示。

localhost/myterm/upload_file.php

Array ([0] => Array ([0] => 序号 [1] => 中文 [2] => 英文) [1] => Array ([0] => 1 [1] => 北京语言大学 [2] => Beijing Language and Culture University) [2] => Array ([0] => 2 [1] => 高级翻译学院 [2] => School of Translation and Interpreting) [3] => Array ([0] => 3 [1] => 翻译专业本科 [2] => Bachelor of Translation and Interpreting) [4] => Array ([0] => 4 [1] => 翻译专业（本地化方向） [2] => Translation and Localization Program) [5] => Array ([0] => 5 [1] => 译者 [2] => Translator))

图 5-29　在浏览器呈现成功读取的 Excel 文件数据

上图展示的数据还比较混乱，我们稍微调整一下[1]，如代码 5-10 所示。

```
1. [0] => Array (
2.      [0] => 序号
3.      [1] => 中文
4.      [2] => 英文
5.      )
6. [1] => Array (
7.      [0] => 1
8.      [1] => 北京语言大学
9.      [2] => Beijing Language and Culture University
10.     )
11. [2] => Array (
12.     [0] => 2
13.     [1] => 高级翻译学院
14.     [2] => School of Translation and Interpreting
15.     )
16. [3] => Array (
17.     [0] => 3
18.     [1] => 翻译专业本科
19.     [2] => Bachelor of Translation and Interpreting
20.     )
21. [4] => Array (
22.     [0] => 4
23.     [1] => 翻译专业（本地化方向）
```

1　对数组进行格式化可以使用以下工具：http://phillihp.com/toolz/php-array-beautifier/

```
24.     [2] => Translation and Localization Program
25.     )
26. [5] => Array (
27.     [0] => 5
28.     [1] => 译者
29.     [2] => Translator
30.     )
```

代码 5-10　调整后的已上传 Excel 文件数据

这段代码清晰展示了我们从 Excel 文件中提取出来的数据：一共提取了六组数据，所有数据全部存储在变量 $data 中，第一组数据的标号是 0，其中包含三个数据，分别对应术语表的三个字段名，第一个字段名的标号是 0。

从数组中选择特定数据的方式是：变量名 + 标号，如：

要想定位“高级翻译学院”，可使用代码：$data[2][1]，如图 5-30 所示。

```
11. [2] => Array (
12.     [0] => 2
13.     [1] => 高级翻译学院
14.     [2] => School of Translation and Interpreting
```

图 5-30　使用数组获取指定的术语数据

如果定位所有的中文，可使用代码：

$data[1][1]

$data[2][1]

$data[3][1]

$data[4][1]

$data[5][1]

但这样一来，如果术语数据量很大的话，逐个使用类似上面的这种代码就会过于繁琐，所以我们仍然可以使用 for 循环语句，如代码 5-11 所示。

```
19.     for($i=0;$i<$sheetCount;$i++)
20.       {
21.         $data = $excel->getSheet($i)->toArray();
22.         for($j=1;$j<count($data);$j++)
23.           {
24.               echo $data[$j][1]."<br>";
25.           }
26.       }
```

代码 5-11　使用 for 循环语句获取数组中的术语数据

我们基于代码 5-9 添加了四行新的代码，如代码 5-11 的第 22-25 行代码所示，这段代码执行后的效果如图 5-31 所示。

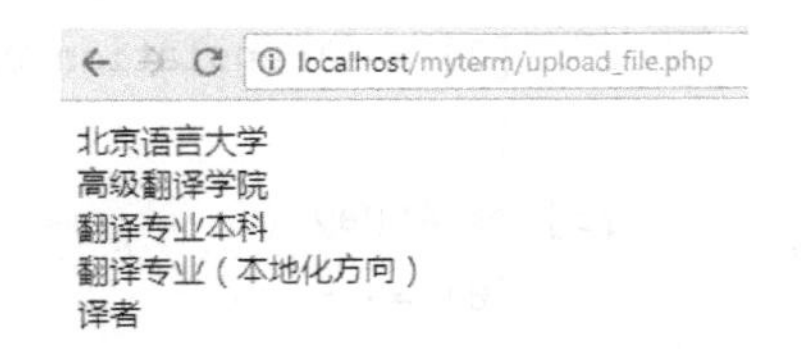

图 5-31　在浏览器中呈现术语数据

这段代码的重点有两部分：$j=1 和 count($data)。count() 函数的作用是统计数组中包含多少组数据，在我们所用的示例中一共有 6 组数据。所以在这个 for 循环语句的条件部分，计数器的起始值是 1，我们使用变量 $j 来存储这个起始值，同变量 $i 一样，“j” 也是我们自定义的，字母本身没有特殊的含义。当 for 循环开始执行，$j 的值是 1，此时 1 小于数组中数据的组数（6），所以这个时候使用 echo 函数在浏览器中显示 $data[1][1] 的值并回车，即显示 “北京语言大学” 并回车，“$j++” 使得 $j 自增 1 变成 2，于是循环继续执行，逐个显示所有中文术语。当最后一个术语显示完，$j 的值变为 6，循环无法继续执行，于是不会再去显示 $data[6][1] 的值，这个值本身也不存在。

如果我们想在浏览器中显示术语表的序号和英文文本，也可采用上面的方法，在循环内继续使用 echo 函数，如代码 5-12 所示，代码运行后效果如图 5-32 所示。

```
19. for($i=0;$i<$sheetCount;$i++)
20.         {
21.           $data = $excel->getSheet($i)->toArray();
22.           for($j=1;$j<count($data);$j++)
23.             {
24.                 echo $data[$j][0]."<br>"; // 显示术语序号
25.                 echo $data[$j][1]."<br>"; // 显示术语中文
26.                 echo $data[$j][2]."<br>"; // 显示术语英文
27.             }
28.         }
```

代码 5-12　使用嵌套的 for 循环语句获取数组中的术语数据

localhost/myterm/upload_file.php
1
北京语言大学
Beijing Language and Culture University
2
高级翻译学院
School of Translation and Interpreting
3
翻译专业本科
Bachelor of Translation and Interpreting
4
翻译专业（本地化方向）
Translation and Localization Program
5
译者
Translator

图 5-32　在浏览器中呈现双语术语数据

5.2.2.3 如何将 Excel 文件中的数据上传到数据库中

当我们成功从 Excel 文件中获取数据后，我们就可以考虑将这些数据上传到我们已经创建好的数据库中，如代码 5-13 所示。

```
19.  for($i=0;$i<$sheetCount;$i++)
20. {
21.   $data = $excel->getSheet($i)->toArray();
22.   for($j=1;$j<count($data);$j++)
23.     {
24.         $ID = $data[$j][0];
25.         $zh_CN = $data[$j][1];
26.         $en_US = $data[$j][2];
27.         include "shared/conn.php";
28.         mysqli_select_db($conn,"myterm");
29.         mysqli_query($conn,"set names 'utf8'");
30.         $sql = "INSERT INTO termdata(ID,zh_CN,en_US) VALUES('$ID','$zh_CN','$en_US')";
31.         if(!mysqli_query($conn,$sql) )
32.             {
33.                 echo " 无法插入术语数据 ".mysqli_error($conn)."<br>";
34.             }
35.             else
36.             {
37.                 echo " 第 ".$ID." 条术语插入成功 "."<br>";
38.             }
39.         mysqli_close($conn);
40.     }
41. }
```

代码 5-13 将 Excel 文件中的双语术语数据插入到数据库中

在这段代码中，我们首先创建了三个变量 $ID、$zh_CN 和 $en_US，分别用于存储术语数据的序号、中文和英文，然后连接服务器、选择数据库并执行一条 SQL 插入语句。

这里所用的 SQL 插入语句格式为：

INSERT INTO 数据表名 (字段名) VALUES (变量名)

当要将多个变量名分别插入多个数据表字段时，务必要注意字段的顺序和变量名的顺序。一般来说，字段名以半角逗号隔开，放在数据表名后的圆括号内；变量名以双引号或单引号包括，相互之间用半角逗号隔开，一同放入 VALUES 后的圆括号内。

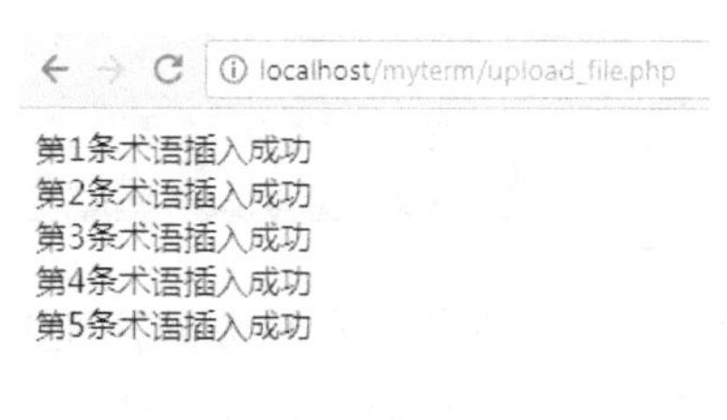

图 5-33 在浏览器中呈现术语插入成功的提示

执行这段代码后，效果如图 5-33 所示。

执行此段代码前，须清空 upload 文件中的“STIterm.xls”文件和 termdata 数据表中通过 Navicat for MySQL 批量上传的数据，在 Navicat for MySQL 中清空数据表的方式是：在数据表上单击右键，选择“清空表”，如图 5-34 所示。

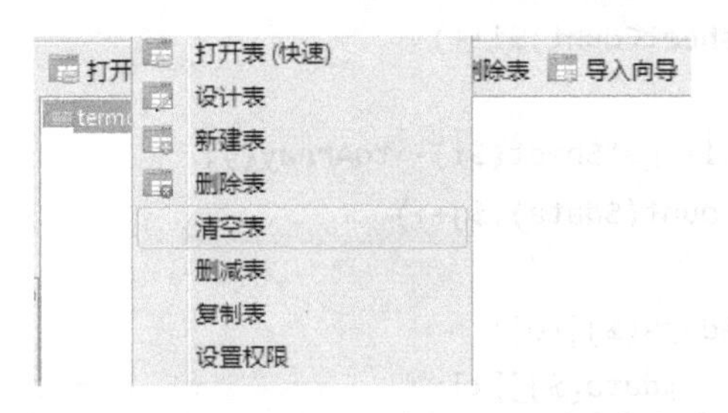

图 5-34　在 Navicat for MySQL 中清空数据表

在 phpMyAdmin 中清空数据表的方式是：在数据表查看页面点击顶部菜单栏中的“操作”按钮，其操作页面下方点击“清空数据表”，如图 5-35 所示。

图 5-35　在 phpMyAdmin 中清空数据表

至此，我们实现了向数据库中批量导入术语数据，在接下来的内容中，我们将以这批术语数据为基础，为在线术语管理工具开发面向译者的数据增删改查功能以及工具登录退出功能。

 5.3 如何新增术语

译者在使用在线数据管理工具时若希望新增一条新的术语，可以考虑打开一个新增单条术语的页面，在其中填写术语的中英文文本，然后将数据提交至数据库中。这种功能一般通过表单来完成。

5.3.1 创建新增术语页面

我们首先在“myterm”文件夹中创建一个空白的“insert.php”页面，在其中制作一个表单，如代码 5-14 所示。

```
1.  <?php include "shared/head.php"; ?>
2.  <form action="add.php" method="POST" >
3.      <table>
4.          <tr>
5.              <td>
6.                  中文：<input type="text" name="zh_CN" >
7.              </td>
8.              <td>
9.                  英文：<input type="text" name="en_US" >
10.             </td>
11.             <td>
12.                 <button type="submit" >提交</button>
13.             </td>
14.         </tr>
15.     </table>
16. </form>
17. <?php include "shared/foot.php"; ?>
```

代码 5-14 用于新增术语的表单代码

我们前面已学习过“<input>元素”的作用，在第 6 行和第 9 行代码中，我们通过“<input>元素”创建了两个文本输入框，我们输入的文本内容都会通过 name 属性的值来传递。insert.php 文件在浏览器中运行的效果如图 5-36 所示。

图 5-36 在浏览器中呈现用于新增术语的表单

5.3.2 开发术语插入功能

当我们点击提交后，根据“<form>元素”的 action 属性值，表单中的数据会发送到 add.php 文件中，该文件的功能是获取 insert.php 传来的文本，并将其插入到数据库中，如代码 5-15 所示。

```
1.  <?php
2.  $zh_CN = $_POST["zh_CN"];
3.  $en_US = $_POST["en_US"];
4.
5.  include "shared/conn.php";
6.
7.  $sql_en = "INSERT INTO termdata(en_US) VALUES('$en_US') ";
8.  $sql_zh = "INSERT INTO termdata(zh_CN) VALUES('$zh_CN') ";
9.
10. mysqli_select_db( $conn,"myterm" );
11. mysqli_query($conn,"set names 'utf8'");
12. $insert_en = mysqli_query( $conn, $sql_en );
13. $insert_zh = mysqli_query( $conn, $sql_zh );
14.
15. if(!$insert_zh )
16.     {
17.         echo "无法插入中文数据：".mysqli_error($conn);
18.     }
19.     else
20.     {
21.         echo "中文数据插入成功！"."<br>";
22.     }
23. if(!$insert_en )
24.     {
25.         echo "无法插入英文数据："．mysqli_error($conn);
26.     }
27.     else
28.     {
29.         echo "英文数据插入成功！"."<br>";
30.     }
31. mysqli_close($conn);
32. ?>
```

代码 5-15 将新增术语添加至数据库中（错误代码）

这段代码本身是错误的。在解释错误的原因前，我们先来看一下其运行效果：我们在 insert.php 页面中输入“口译”和“Interpreting”，然后提交该数据至数据库，页面效果如图 5-37 所示。

图 5-37 在浏览器中呈现术语成功添加的提示

从这个页面的提示来看，术语似乎已经添加成功了，但我们再前往 phpMyAdmin 中，查看数据表中新增的术语数据，如图 5-38 所示。

+ 选项

←T→	ID	zh_CN	en_US
编辑 复制 删除	1	北京语言大学	Beijing Language and Culture University
编辑 复制 删除	2	高级翻译学院	School of Translation and Interpreting
编辑 复制 删除	3	翻译专业本科	Bachelor of Translation and Interpreting
编辑 复制 删除	4	翻译专业（本地化方向）	Translation and Localization Program
编辑 复制 删除	5	译者	Translator
编辑 复制 删除	6	NULL	Interpreting
编辑 复制 删除	7	口译	NULL

图 5-38　phpMyAdmin 中新增的术语数据显示在不同的行中

我们从上图可以看出，“口译”和“Interpreting”分开插入到了数据表中。而其根本原因在于我们在代码 5-15 中错误使用了 SQL 插入语句，正确的代码如代码 5-16 所示。

```
1.  <?php
2.  $zh_CN = $_POST["zh_CN"];
3.  $en_US = $_POST["en_US"];
4.
5.  include "shared/conn.php";
6.
7.  $sql = "INSERT INTO termdata(zh_CN,en_US) VALUES('$zh_CN','$en_US')";
8.
9.  mysqli_select_db( $conn,"myterm" );
10. mysqli_query($conn,"set names 'utf8'");
11. $insert = mysqli_query($conn,$sql);
12.
13. if(!$insert)
14.     {
15.         echo " 无法插入术语数据： ".mysqli_error($conn);
16.     }
17.     else
18.     {
19.         echo " 术语数据插入成功！ "."<br>";
20.     }
21. mysqli_close($conn);
22. ?>
```

代码 5-16　将新增术语添加至数据库中（正确代码）

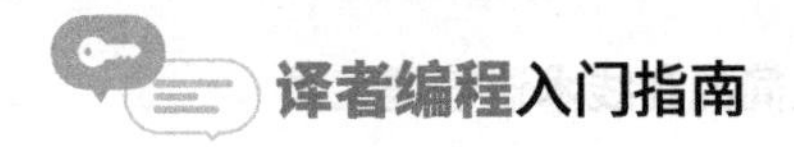

在 insert.php 中重新提交“口译”和“Interpreting”，页面效果如图 5-39 所示。

图 5-39　在浏览器中再次呈现术语成功添加的提示

数据表中新增的术语数据如图 5-40 所示。

+ 选项

←T→	ID	zh_CN	en_US
编辑 复制 删除	1	北京语言大学	Beijing Language and Culture University
编辑 复制 删除	2	高级翻译学院	School of Translation and Interpreting
编辑 复制 删除	3	翻译专业本科	Bachelor of Translation and Interpreting
编辑 复制 删除	4	翻译专业（本地化方向）	Translation and Localization Program
编辑 复制 删除	5	译者	Translator
编辑 复制 删除	6	NULL	Interpreting
编辑 复制 删除	7	口译	NULL
编辑 复制 删除	8	口译	Interpreting

图 5-40　phpMyAdmin 中呈现正确的新增术语数据

对比代码 5-15 和代码 5-16 中的 SQL 插入语句，会发现在错误的代码中我们写了两条插入语句，所以在执行时这两条代码是分开执行的，数据自然也会分开插入到数据库中。而在正确的代码中，我们把要插入的数据放到了一条插入语句中，因此它们会插入到一条数据记录（Record）中。

5.4 如何显示术语

当我们通过 insert.php 和 add.php 页面将术语添加到数据表后，我们希望将全部术语显示出来。在 4.2.2 节中，我们学习了如何展示数据，我们可以沿用之前的代码，开发一个术语显示页面 display.php，如代码 5-17 所示。

```
1.  <?php include "shared/head.php"; ?>
2.  <table width="89%" border="1">
3.    <tbody>
4.      <tr>
5.        <td width="21%">
6.          <p><strong> 序号 </strong></p>
7.        </td>
```

```
8.         <td width="31%">
9.           <p><strong> 中文 </strong></p>
10.        </td>
11.        <td width="46%">
12.          <p><strong> 英文 </strong></p>
13.        </td>
14.      </tr>
15. <?php include "shared/conn.php"; ?>
16. <?php
17.     mysqli_select_db( $conn,"myterm" );
18.     $sql = "SELECT ID, zh_CN, en_US FROM termdata";
19.     mysqli_query($conn,"set names 'utf8'");
20.     $getterm = mysqli_query($conn,$sql);
21.     if(! $getterm )
22.         {
23.             echo " 无法获取术语数据，请检查问题 ";
24.         }
25.     else
26.         {
27.             while ($row = mysqli_fetch_array($getterm, MYSQLI_ASSOC))
28.             {
29.                 echo "<tr>
30.                         <td width='21%'>
31.                         <p>{$row["ID"]}</p>
32.                         </td>
33.                         <td width='31%'>
34.                         <p>{$row["zh_CN"]}</p>
35.                         </td>
36.                         <td width='46%'>
37.                         <p>{$row["en_US"]}</p>
38.                         </td>
39.                       </tr>";
40.             }
41.         }
42.     mysqli_close($conn);
43. ?>
44.   </tbody>
45. </table>
46. <?php include "shared/foot.php"; ?>
```

代码 5-17　用于显示术语数据的“display.php”代码

该代码运行后效果如图 5-41 所示。

localhost/myterm/display.php

序号	中文	英文
1	北京语言大学	Beijing Language and Culture University
2	高级翻译学院	School of Translation and Interpreting
3	翻译专业本科	Bachelor of Translation and Interpreting
4	翻译专业（本地化方向）	Translation and Localization Program
5	译者	Translator
6		Interpreting
7	口译	
8	口译	Interpreting

图 5-41　在浏览器中运行“display.php”显示数据库中的双语术语

在图 5-41 中，我们看到第 6 条和第 7 条数据是我们在前几步操作中误添加的，所以需要将其删除，我们将在下一节中学习如何开发术语删除页面。

5.5 如何删除术语

若要实现术语删除功能，我们需要先理清逻辑：

1）一般而言，我们需要先在 display.php 页面中每条术语后添加一个删除按钮；

2）点击该按钮后，程序需要根据术语的序号来判断我们要删除的是哪条术语；

3）确定好要删除的术语后执行删除操作；

4）删除操作完成后再次呈现全部术语。

5.5.1 为术语表添加删除按钮

这里的删除按钮可以是一张图片，也可以是“删除”二字，但关键是要为其添加超链接，使其可以点击。我们对代码 5-17 的表格部分进行相应修改，如代码 5-18 和代码 5-19 所示。

```
2.  <table width="90%" border="1">
3.    <tbody>
4.      <tr>
5.        <td width="10%">
6.          <p><strong> 序号 </strong></p>
7.        </td>
8.        <td width="35%">
9.          <p><strong> 中文 </strong></p>
```

```
10.         </td>
11.         <td width="35%">
12.           <p><strong> 英文 </strong></p>
13.         </td>
14.         <td width="10%">
15.           <p><strong> 删除 </strong></p>
16.         </td>
17.       </tr>
```

代码 5-18　为双语术语表格添加"删除"标识

在这段代码中，我们首先通过第 14-16 行创建了一个新字段，在其中显示"删除"二字，然后通过 width 属性设置整个表格的宽度和表格内单元格的宽度。

```
32. echo "<tr>
33.           <td width='10%'>
34.           <p>{$row["ID"]}</p>
35.           </td>
36.           <td width='35%'>
37.           <p>{$row["zh_CN"]}</p>
38.           </td>
39.           <td width='35%'>
40.           <p>{$row["en_US"]}</p>
41.           </td>
42.           <td width='10%'>
43.           <p><a href=''> 删除 </a></p>
44.           </td>
45.         </tr>";
```

代码 5-19　为双语术语表格添加删除按钮

在这段代码中，我们在第 42-44 行相应创建了一个单元格，在其中显示"删除"二字，并使用 <a href=''></a> 标签将其包括，使之成为一个超链接，效果如图 5-42 所示。

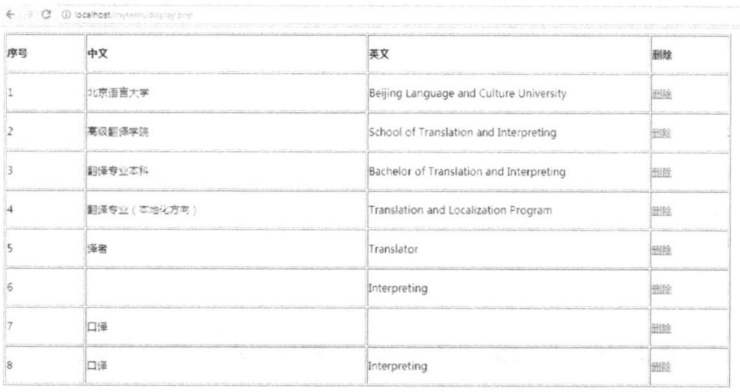

localhost/myterm/display.php

序号	中文	英文	删除
1	北京语言大学	Beijing Language and Culture University	删除
2	高级翻译学院	School of Translation and Interpreting	删除
3	翻译专业本科	Bachelor of Translation and Interpreting	删除
4	翻译专业（本地化方向）	Translation and Localization Program	删除
5	译者	Translator	删除
6		Interpreting	删除
7	口译		删除
8	口译	Interpreting	删除

图 5-42　在浏览器中呈现含有删除按钮的双语术语表

5.5.2 定位术语序号并删除术语

在上一节中我们将每条术语后的“删除”二字转换成了超链接，使其可以点击，但没有在 href 属性中填写网址。我们在 href 属性中填写如下内容，如代码 5-20 所示。

```
42. <td width='10%'>
43. <p><a href='delete.php?tid={$row['ID']}'> 删除 </a></p>
44. </td>
```

代码 5-20 为删除按钮添加超链接

这段代码是实现删除功能的关键。以删除第 6 条术语为例，当我们在浏览器中显示术语表时，之所以数字“6”会显示在浏览器中，是因为它是 termdata 数据表中第 6 条数据记录中 ID 字段的值，我们在 PHP 代码中将 ID 字段的值赋予“$row['ID']”。为了更直观展示这段代码的作用，我们在浏览器中查看 display.php 页面的源代码，并重点查看第 6 条术语的源代码，如图 5-43 所示。

```
view-source:localhost/myterm/display.php
89          </tr><tr>
90            <td width='10%'>
91            <p>6</p>
92            </td>
93            <td width='35%'>
94            <p></p>
95            </td>
96            <td width='35%'>
97            <p>Interpreting</p>
98            </td>
99            <td width='10%'>
100           <p><a href='delete.php?tid=6'>删除</a></p>
101           </td>
102         </tr><tr>
```

图 5-43　在浏览器中查看“display.php”页面的源代码

从图中可以看出，第 91 行和第 100 行均有一个“6”。回到 display.php 页面，点击第 6 条术语后的“删除”，会看到如图 5-44 所示的网页。

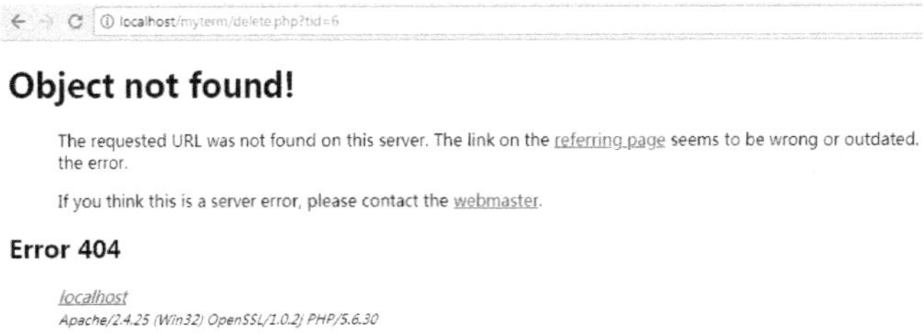

localhost/myterm/delete.php?tid=6

Object not found!

The requested URL was not found on this server. The link on the referring page seems to be wrong or outdated. the error.

If you think this is a server error, please contact the webmaster.

Error 404

localhost
Apache/2.4.25 (Win32) OpenSSL/1.0.2j PHP/5.6.30

图 5-44　在浏览器显示无法找到指定术语页面的提示

虽然我们看到网页无法打开的提示，但仔细观察地址栏中的网址，发现其内容为：

http://localhost/myterm/delete.php?tid=6

在delete.php的后面多出了“?tid=6”。“tid”是我们自定义的一个名字，意为“Term ID”，我们称这里的“tid”为网址的参数，“=”后面的是参数的值，参数前面的“?”是网址与参数分隔符。下面我们在“myterm”文件夹内创建一个delete.php文件，并在其中输入以下代码，如代码5-21所示。

```
1.  <?php
2.  include "shared/conn.php";
3.  mysqli_select_db($conn,"myterm");
4.  mysqli_query($conn,"set names 'utf8'");
5.
6.  $tid=$_GET["tid"];
7.  $sql_delete="DELETE FROM termdata WHERE ID ={$tid}";
8.
9.  if(mysqli_query($conn,$sql_delete))
10. {
11.     echo "<script>alert('删除成功！ ')</script>";
12. }
13. else
14. {
15.     echo "<script>alert('删除失败！ ')</script>";
16. }
17.
18. echo "<script>location='display.php'</script>";
19. ?>
```

代码5-21 添加代码用于提示术语表是否成功删除

在第6行代码中，我们使用了一个新的超全局变量“$_GET”，通过“$_GET["tid"]”我们可以获取“http://localhost/myterm/delete.php?tid=6”网址中参数tid的值，通过“$tid=$_GET["tid"];”我们将其值赋予变量$tid。

获得这个值后，我们就在第7行代码中构造了一个SQL删除语句，其语句格式为：

DELETE FROM 数据表名 WHERE 字段名 = 字段值

所以该SQL删除语句的作用就是从termdata数据表中删除ID字段值为$tid的数据记录。

在第9-16行代码中，我们使用if…else语句判断SQL删除语句是否执行成功，如果删除成功就弹出一个“删除成功！”的消息框，否则弹出“删除失败！”的消息框。

在第 11 和 15 行中，我们使用的“<script>alert('****')</script>”既不是 HTML 代码，也不是 PHP 代码，而是 JavaScript 语言代码。

使用 JavaScript 语言编写的代码也可以在 HTML 网页和 PHP 网页中执行，但需要放在 <script></script> 标签中。第 11 和 15 行中 JavaScript 代码的作用是弹出消息框，第 18 行中其作用是：执行完前序代码后，跳转至特定的网址。

由于 JavaScript 不是本书重点讲解的编程语言，所以不再详细介绍其背景和语法知识。

在了解完这段代码的作用后，我们尝试在浏览器中执行术语“删除”操作，将第 6 条术语删除，如图 5-45 所示。

localhost/myterm/delete.php?tid=6

localhost 显示
删除成功！
确定

序号	中文		删除
1	北京语言大学	...ity	删除
2	高级翻译学院	School of Translation and Interpreting	删除
3	翻译专业本科	Bachelor of Translation and Interpreting	删除
4	翻译专业（本地化方向）	Translation and Localization Program	删除
5	译者	Translator	删除
6		Interpreting	删除
7	口译		删除
8	口译	Interpreting	删除

图 5-45　在浏览器中成功显示术语成功删除的提示

在浏览器上方弹出的消息框中我们看到“删除成功！”的提示，此时浏览器地址栏显示的是“http://localhost/myterm/delete.php?tid=6”。点击“确定”后，页面跳转回 display.php，如图 5-46 所示。

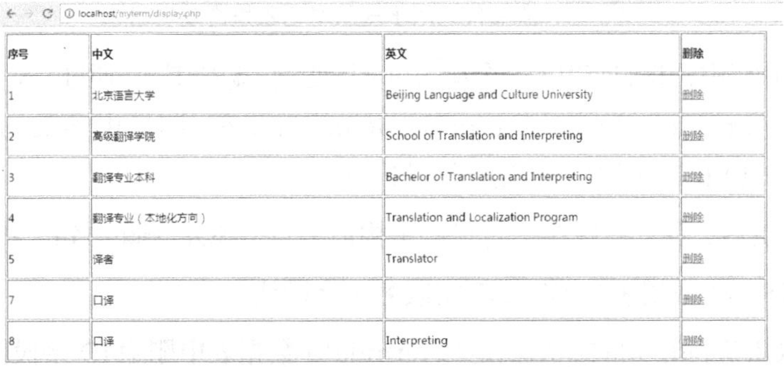

localhost/myterm/display.php

序号	中文	英文	删除
1	北京语言大学	Beijing Language and Culture University	删除
2	高级翻译学院	School of Translation and Interpreting	删除
3	翻译专业本科	Bachelor of Translation and Interpreting	删除
4	翻译专业（本地化方向）	Translation and Localization Program	删除
5	译者	Translator	删除
7	口译		删除
8	口译	Interpreting	删除

图 5-46　术语成功删除后浏览器跳转回“display.php”页面

从上图可以看到，第 6 条已经成功删除。

5.6 如何编辑术语

在完成术语删除功能后，我们再结合前几节所学的知识点实现术语的编辑。编辑术语的逻辑是：

1）我们需要首先在术语表的显示页面 display 中添加编辑按钮；

2）点击编辑按钮后在页面中查看要编辑的术语并对其进行修改；

3）修改完成后提交修改结果至数据库覆盖已有的数据；

4）回到术语表显示页面查看编辑结果。

5.6.1 添加编辑按钮并编辑术语

给术语表添加编辑按钮的方式同添加删除按钮的方式，如代码 5-22 和代码 5-23 所示。

```
2.  <table width="100%" border="1">
3.    <tbody>
4.      <tr>
5.        <td width="10%">
6.          <p><strong> 序号 </strong></p>
7.        </td>
8.        <td width="35%">
9.          <p><strong> 中文 </strong></p>
10.       </td>
11.       <td width="35%">
12.         <p><strong> 英文 </strong></p>
13.       </td>
14.       <td width="10%">
15.         <p><strong> 删除 </strong></p>
16.       </td>
17.       <td width="10%">
18.         <p><strong> 编辑 </strong></p>
19.       </td>
20.     </tr>
```

代码 5-22 为双语术语表格添加“编辑”标识

```
35. echo "<tr>
36.         <td width='10%'>
37.         <p>{$row["ID"]}</p>
38.         </td>
```

```
39.         <td width='35%'>
40.         <p>{$row["zh_CN"]}</p>
41.         </td>
42.         <td width='35%'>
43.         <p>{$row["en_US"]}</p>
44.         </td>
45.         <td width='10%'>
46.         <p><a href='delete.php?tid={$row['ID']}'>删除</a></p>
47.         </td>
48.         <td width='10%'>
49.         <p><a href='edit.php?tid={$row['ID']}'>编辑</a></p>
50.         </td>
51.     </tr>";
```

代码 5-23 为双语术语表格添加编辑按钮

在代码 5-23 的第 49 行，我们在“编辑”二字上也添加了一个超链接，只是它链接到了 edit.php 页面。如果我们想在 edit.php 页面编辑指定的术语，我们需要将其展示在页面中，并且允许编辑。我们采取的策略是：在该页面中呈现一个类似 5.3.1 节中开发的新增术语表单，并将待编辑的术语显示在该表单中供修改，如代码 5-24 所示。

```
1.  <?php include "shared/head.php"; ?>
2.  <?php
3.  include "shared/conn.php";
4.  mysqli_select_db($conn,"myterm");
5.  mysqli_query($conn, "set names 'utf8'");
6.  $tid=$_GET["tid"];
7.  $sql = "SELECT zh_CN,en_US FROM termdata WHERE ID={$tid}";
8.  $result = mysqli_query($conn,$sql);
9.  $row = mysqli_fetch_array($result, MYSQLI_ASSOC);
10. ?>
11. <form action="update.php" method="POST" >
12.     <table>
13.         <tr>
14.             <td>
15.                             中 文：<input type="text" name="zh_
    CN" value="<?php echo $row['zh_CN'];?>" >
16.             </td>
17.             <td>
18.                             英 文：<input type="text" name="en_
    US" value="<?php echo $row['en_US'];?>">
```

```
19.             </td>
20.             <td>
21.
                 <input type="hidden" name="ID" value="<?php echo $tid; ?>" >
22.                 <button type="submit" >提交</button>
23.             </td>
24.         </tr>
25.     </table>
26. </form>
27. <?php include "shared/foot.php"; ?>
```

代码 5-24 添加代码将待编辑的术语显示在表单中

除第 21 行外，在这段代码中我们并没有使用到任何新的代码，均是前序章节学过的内容。

第 3-5 行代码用于连接服务器和数据库，第 6 行代码用于获取网址中 tid 参数的值，即术语序号，以确定要编辑哪条术语。

第 7-9 行代码用于根据获取的术语序号来获取其对应的中文文本和英文文本。

在第 15 行和第 18 行中，我们为“<input> 元素”添加了 value 属性，其属性值分别是“$row['zh_CN']”和“$row['en_US']”。

在第 21 行代码中，“<input> 元素”的 type 属性值为“hidden”，value 属性值为正在编辑的术语的序号。这一行代码在执行后并不会在浏览器中有任何显示，但查看网页源代码时会看到这一行代码，其功能是：当我们编辑完术语，提交表单后，术语序号会通过 name 的属性值“ID”传递到下一个网页中。

第 11 行代码中表单属性 action 的值为“update.php”，其功能是当表单提交后，将数据发送到 update.php 页面以提交数据至服务器。

现在我们尝试编辑 display.php 页面中第 8 条术语的内容，点击后面的“编辑”后效果如图 5-47 所示。

图 5-47 在浏览器中呈现待编辑的双语术语

我们在这个页面的表单内看到了要编辑的术语，并且可以对术语内容进行编辑。

5.6.2 编辑术语后更新术语表

与新增术语和删除术语不同的是，更新术语是通过用新数据覆盖旧数据实现的，如代码 5-25 所示。

```
1.  <?php
2.  $zh_CN = $_POST["zh_CN"];
3.  $en_US = $_POST["en_US"];
4.  $tid = $_POST["ID"];
5.  include "shared/conn.php";
6.  $sql = "UPDATE termdata SET zh_CN='{$zh_CN}',en_US='{$en_
US}' WHERE ID='{$tid}'";
7.  mysqli_select_db( $conn,"myterm" );
8.  mysqli_query($conn,"set names 'utf8'");
9.  $update = mysqli_query($conn,$sql);
10. if($update)
11.     {
12.         echo "<script>alert(' 术语更新成功！ ')</script>";
13.     }
14.     else
15.     {
16.         echo "<script>alert(' 术语更新失败 ')</script>";
17.     }
18. echo "<script>location='display.php'</script>";
19. mysqli_close($conn);
20. ?>
```

代码 5-25 添加代码用于更新术语

在第 2-4 行代码中，我们使用超全局变量 $_POST 获取编辑后的术语中文文本、英文文本和序号，并分别赋予变量 $zh_CN、$en_US 和 $ID。

在第 6 行代码中，我们使用 SQL 更新语句，其语句格式为：

UPDATE 待更新术语表 SET 字段名 = 新字段值 WHERE 字段名 = 字段值

这个语句的功能是在待更新术语表中以 WHERE 后的字段名及字段值为条件，更新其对应的字段，SET 后是新字段值，多个字段之间用逗号隔开。

执行这个语句后，如果数据表更新成功则会弹出“术语更新成功！”的消息框，否则提示“术语更新失败！”我们尝试编辑第 8 条术语，将“Interpreting”修改为“Interpretation”，如图 5-48 所示。

图 5-48 在表单中编辑术语

点击提交后弹出“术语更新成功！”消息框，如图 5-49 所示。

图 5-49　在浏览器中呈现术语更新成功的提示

点击“确定”后，页面跳转到 display.php 页面，我们看到已经修改完成的第 8 条术语，如图 5-50。

序号	中文	英文	删除	编辑
1	北京语言大学	Beijing Language and Culture University	删除	编辑
2	高级翻译学院	School of Translation and Interpreting	删除	编辑
3	翻译专业本科	Bachelor of Translation and Interpreting	删除	编辑
4	翻译专业（本地化方向）	Translation and Localization Program	删除	编辑
5	译者	Translator	删除	编辑
7	口译		删除	编辑
8	口译	Interpretation	删除	编辑

图 5-50　在浏览器中呈现更新后的双语术语表

最后，我们可以基于前面章节学习过的术语查询页面开发知识，在 myterm 文件夹下添加一个“index.php”页面，在其中添加术语查询功能，如代码 5-26 所示。

```
1.  <?php include "shared/head.php"; ?>
2.  <form action="result.php" method="POST">
3.      <table>
4.          <tr>
5.              <td>
6.                  <input type="text" name="query" placeholder=" 请输入检索词 " />
7.              </td>
8.              <td>
9.                  <button type="submit"> 搜索 </button>
10.             </td>
11.         </tr>
12.     </table>
13. </form>
14. <?php include "shared/foot.php" ?>
```

代码 5-26　为新术语表添加术语查询功能

同时，我们对 result.php 页面进行相应修改，令其可以高亮显示搜索结果，并添加一个简易的顶部搜索框，如代码 5-27 所示。

```
1.  <?php include "shared/head.php"; ?>
2.  <form action="" method="POST">
3.      <table>
4.          <tr>
5.              <td>
6.                  <input type="text" name="query" placeholder=" 请输入检索词 " />
7.              </td>
8.              <td>
9.                  <button type="submit"> 搜索 </button>
10.             </td>
11.         </tr>
12.     </table>
13. </form>
14. <table width="100%" border="1">
15.   <tbody>
16.     <tr>
17.       <td width="10%">
18.         <p><strong> 序号 </strong></p>
19.       </td>
20.       <td width="35%">
21.         <p><strong> 中文 </strong></p>
22.       </td>
23.       <td width="35%">
24.         <p><strong> 英文 </strong></p>
25.       </td>
26.       <td width="10%">
27.         <p><strong> 删除 </strong></p>
28.       </td>
29.       <td width="10%">
30.         <p><strong> 编辑 </strong></p>
31.       </td>
32.     </tr>
33. <?php include "shared/conn.php"; ?>
34. <?php
35.     mysqli_select_db( $conn,"myterm" );
36.     $query =$_POST["query"];
37.       $sql  = "SELECT ID, zh_CN, en_US FROM termdata WHERE zh_
    CN LIKE '%$query%' or en_US LIKE '%$query%'";
38.     mysqli_query($conn,"set names 'utf8'");
```

```
39.     $getterm = mysqli_query($conn,$sql);
40.
41.     if(! $getterm )
42.         {
43.             echo " 无法获取术语数据，请检查问题 ";
44.         }
45.     else
46.         {
47.             while ($row = mysqli_fetch_array($getterm, MYSQLI_ASSOC))
48.
49.             {
50.                             $row['zh_CN']=preg_replace("/$query/
   i", "<font color=red><b>$query</b></font>",$row['zh_CN']);
51.                             $row['en_US']=preg_replace("/$query/
  i", "<font color=red><b>$query</b></font>",$row['en_US']);
52.                 echo "<tr>
53.                         <td width='10%'>
54.                         <p>{$row["ID"]}</p>
55.                         </td>
56.                         <td width='35%'>
57.                         <p>{$row["zh_CN"]}</p>
58.                         </td>
59.                         <td width='25%'>
60.                         <p>{$row["en_US"]}</p>
61.                         </td>
62.                         <td width='10%'>
63.                           <p><a href='delete.php?tid={$row['ID']}'> 删除 </
  a></p>
64.                         </td>
65.                         <td width='10%'>
66.                         <p><a href='edit.php?tid={$row['ID']}'> 编辑 </a></p>
67.                         </td>
68.                       </tr>";
69.             }
70.         }
71.     mysqli_close($conn);
72. ?>
73.   </tbody>
74. </table>
75. <?php include "shared/foot.php"; ?>
```

代码 5-27 添加代码用于高亮显示术语搜索结果

5.7 登录退出功能

经过前几节的学习，一个具有增删改查功能的简易术语管理工具已经基本成型了，在本节中我们再为其添加一个简易的登录退出功能。

5.7.1 登录功能

在我们平时使用的网站中，登录功能一般出现在登录页面中，登录页面是用来填写用户名和密码的页面，一旦译者输入用户名和密码后，程序就需要去后台的用户数据库中比对，看这个译者的账号密码是否与数据库中已有的数据匹配，匹配上了就跳转到指定页面，匹配不上就提醒译者账号密码输入错误。

供译者填写用户名和密码的应是一个表单，我们在 myterm 文件夹下创建一个空白的 login.php 文件，并在其中输入以下代码，如代码 5-28 所示。

```
1.  <?php include "shared/head.php" ?>
2.  <form action="" method ="POST" >
3.      <table>
4.          <tr>
5.              <td>
6.                  用户名：<input type = "text" name = "username">
7.              </td>
8.              <td>
9.                  密码：<input type = "password" name = "password">
10.             </td>
11.             <td>
12.                 <input type = "submit" name = "login" value = " 登录 ">
13.             </td>
14.         </tr>
15.     </table>
16. </form>
17. <?php include "shared/foot.php" ?>
```

代码 5-28 创建用于用户登录的表单

在浏览器中运行这段代码，并输入任意内容，效果如图 5-51 所示。

图 5-51 在浏览器中呈现用户登录界面

之所以在“密码”栏看到的密码被隐藏，是因为在第代码 5-28 的第 9 行代码中，我们将“<input> 元素”的 type 属性值设为了“password”。

接下来我们继续完善 login.php 文件的代码使之具备登录功能，如代码 5-29 所示。

```
1.  <?php include "shared/head.php" ?>
2.  <?php
3.  if (isset($_POST["login"]))
4.  {
5.      include "shared/conn.php";
6.      mysqli_select_db($conn,"myterm");
7.      mysqli_query($conn, "set names 'utf8'");
8.      $username = $_POST["username"];
9.      $password = $_POST["password"];
10.     $user_sql ="SELECT * FROM user WHERE username = '{$username}' AND passwo
rd = '{$password}'";
11.     $user_result = mysqli_query($conn,$user_sql);
12.     if(mysqli_num_rows($user_result) == 1)
13.     {
14.         session_start();
15.         $_SESSION["username"] = $username;
16.         header("Location:index.php");
17.     }
18.     else
19.     {
20.         echo "<script>alert('账户或密码无效！')</script>";
21.     }
22. }
23. ?>
24. <form action="" method ="POST" >
25.     <table>
26.         <tr>
27.             <td>
28.                 用户名：<input type = "text" name = "username">
29.             </td>
30.             <td>
31.                 密码：<input type = "password" name = "password">
32.             </td>
33.             <td>
34.                 <input type = "submit" name = "login" value = "登录">
35.             </td>
```

```
36.         </tr>
37.     </table>
38. </form>
39. <?php include "shared/foot.php" ?>
```

代码 5-29 添加代码完善用户登录功能

由于这段代码中“<form> 元素”的 action 属性值为空，所以当我们点击登录按钮后，页面不会跳转，而是继续停留在当前的 login.php 页面，去执行上方的 PHP 代码。

整段 PHP 代码是一个 if 语句，条件是“isset($_POST["login"])”，isset() 函数如其函数名所示，其功能是判断其参数是否被设置，在这个例子中就是判断超全局变量 $_POST[“login”] 是否被设置。在代码 5-29 的第 34 行，我们为登录按钮设置一个属性 name，其值为“login”，如果我们点击登录按钮，那么 $_POST[“login”] 的值就会变成“登录”，“isset($_POST["login"])”执行后的结果就是 TRUE。简而言之，这个条件的作用是：判断译者是否已点击登录按钮。

如果译者点击了登录按钮，那么就会执行后面的 PHP 代码，否则就不进行任何操作，因为这个 if 语句后并没有 else 语句。

在 if 语句的主代码中，我们首先连接服务器和数据库，并借助超全局变量“$_POST["username"]”和“$_POST["password"]”获得译者输入的用户名和密码，分别赋予变量 $username 和 $password。随后执行一个 SQL SELECT 语句判断该用户名和密码是否与数据库已经存在的用户名和密码相匹配。不过我们尚未在数据库中创建用户表，所以可以前往 phpMyAdmin 的 myterm 数据库中，点击顶部菜单栏的 SQL 按钮，输入数据表创建代码，如图 5-52 所示。

图 5-52 在 phpMyAdmin 中创建用户信息数据表

SQL 代码如代码 5-30 所示。

```
1.  CREATE TABLE `user`
2.  (
3.      `UID` INT(5) NOT NULL AUTO_INCREMENT ,
4.      `username` VARCHAR(50) CHARACTER SET utf8 COLLATE utf8_general_ci NULL ,
```

```
5.      `password` VARCHAR(50) CHARACTER SET utf8 COLLATE utf8_general_
    ci NULL ,
6.      PRIMARY KEY (`UID`)
7.  )
8.  ENGINE = InnoDB
9.  CHARSET=utf8
10. COLLATE utf8_general_ci;
```

代码 5-30 用于创建用户信息数据表的 SQL 语句

数据表创建完成后我们在 phpMyAdmin 中继续点击 user 数据表页面，点击顶部菜单栏中的 SQL 按钮输入以下 SQL 代码添加两个新用户，如代码 5-31 所示。

```
1. INSERT INTO user (`UID`, `username`, `password`) VALUES ('1', 'admin', 'admin');
2. INSERT INTO user (`UID`, `username`, `password`) VALUES ('2', 'guest', 'guest');
```

代码 5-31 用于添加新用户信息的 SQL 语句

用户信息创建完成后效果如图 5-53 所示。

图 5-53 在 phpMyAdmin 中呈现已经创建完成的用户信息

在代码 5-29 的第 11 行，我们使用 mysqli_query() 函数执行了用户名密码查询语句，并将查询结果放到变量 $user_result 中。

在代码 5-29 的第 12 行，我们在 if 语句的条件中使用 mysqli_num_rows() 函数计算变量 $user_result 中的数据量，如果译者输入的用户名和密码正确，那么 mysqli_num_rows() 函数执行后的结果就是 1，表明译者登录成功，可以执行后面的语句，否则提醒译者“用户名或密码无效！”。

如果译者登录成功，就会执行代码 5-29 的第 14-16 行代码。这里要引入一个新的超全局变量：$_SESSION。“Session”这个词在牛津词典中有这样一种解释[1]：“A period devoted to a particular activity.”简单理解就是，“Session”代表的是一个持续的时间段。

在 PHP 语言中，“Session”可理解为一段持续特定时长的“会话”。当用户输入正确的用户名和密码时，就代表用户开始与提供服务的程序进行一次“会话”，在会话

1 https://en.oxforddictionaries.com/definition/session

过程中，程序一直都能识别用户的身份，直到用户点击“退出”按钮，离开这段“会话”。“$_SESSION”变量在用户成功登录后用于承载这段“会话”的所有基本信息。

在代码5-29的第14-16行代码，一旦用户账号验证成功（mysqli_num_rows($user_result) == 1），程序就会通过“session_start()”函数启动一个新会话，并将译者输入的用户名赋予“$_SESSION["username"]”。在第16行，login.php页面会通过header()函数跳转到“Location:”后的网页中，即index.php。用户名也会随着会话传到index.php页面。

5.7.2 退出功能

在浏览器中运行login.php页面，输入正确的用户名和密码后，页面就会跳转到index.php，开始检索术语。如果译者不想再使用术语库就需要点击“退出”按钮。

我们可以在index.php页面单独添加一个退出按钮，但其他所有页面都需要退出按钮，如果一个个去单独添加就会很浪费时间，所以我们可以将退出按钮加入到shared文件夹中的head.php文件中，如代码5-32所示。

```
1.  <!DOCTYPE html>
2.  <html>
3.  <head>
4.  <meta http-equiv="Content-Type" content="text/html; charset=utf-8" />
5.  <title>MyTerm</title>
6.  </head>
7.  <body>
8.  <table width="100%" border="1">
9.    <tbody>
10.     <tr>
11.       <td width="10%">
12.       <a href="index.php">检索术语</a>
13.       </td>
14.       <td width="10%">
15.       <a href="display.php">查看术语</a>
16.       </td>
17.       <td width="10%">
18.       <a href="insert.php">添加术语</a>
19.       </td>
20.       <td width="10%">
21.       <?php echo "欢迎 ".$_SESSION["username"];?>
22.       </td>
23.       <td width="10%">
```

```
24.         <a href="logout.php">退出</a>
25.         </td>
26.       </tr>
27.   </tbody>
```

代码 5-32 添加“退出”按钮

我们在这段代码中使用“<table>元素”制作了一个简单的导航栏（Navigation Bar），在其中添加了四个有超链接的文本，分别对应检索术语页面、查看术语页面、添加术语页面和退出按钮，并且添加了用户欢迎词。如图 5-54 所示。

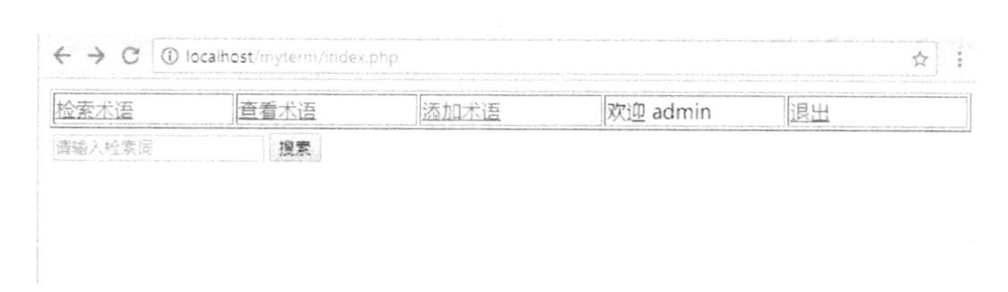

图 5-54 在浏览器中查看包含已登录用户信息的页面

当点击“退出”按钮时，页面会跳转至 logout.php 页面，如代码 5-33 所示。

```
1.  <?php
2.  session_start();
3.  if(session_destroy())
4.  {
5.      header("Location: login.php");
6.  }
7.  ?>
```

代码 5-33 添加代码实现用户退出功能

在这个页面中使用 session_destroy() 函数来结束会话，通过 if 语句判断会话是否结束，如果结束就跳转到登录页。当我们通过登录页面输入正确的用户名和密码进入 index.php 页面后，点击“退出”即可结束会话回到登录页。

5.7.3 页面权限

通过前面的几步我们基本实现了术语管理工具的登录功能和退出功能，但在工具使用过程中会发现，即便没有登录用户名和密码，所有页面都可以正常访问。根本原因在于我们虽然开发了登录退出功能，但没有给所有页面设置访问权限，我们需要在每个页面最上方“加一把锁”，有正确用户名和密码才可以访问。

我们首先在 myterm 文件夹下创建一个空白的 lock.php 页面，如代码 5-34 所示。

```
1.  <?php
2.  include("shared/conn.php");
3.  mysqli_select_db( $conn,"myterm" );
4.  mysqli_query($conn,"set names 'utf8'");
5.
6.  session_start();
7.  $user_check=$_SESSION["username"];
8.  $user_check_sql="SELECT * FROM user WHERE username='{$user_check}'";
9.  $user_check_result=mysqli_query($conn,$user_check_sql);
10. $row=mysqli_fetch_array($user_check_result,MYSQLI_ASSOC);
11. $login_session=$row["username"];
12.
13. if(!isset($login_session))
14. {
15.     header("Location: login.php");
16. }
17. ?>
```

代码 5-34　添加代码用于实现页面权限认证

在这段代码中，我们首先连接服务器和数据库，并启动会话，将从 login.php 页面获取的“$_SESSION["username"]”值赋予变量 $user_check，即将用户名赋予 $user_check，前往用户表查看该用户是否存在，如果不存在则执行第 13-16 行代码，跳转回登录页，如果存在则允许后面的代码执行。

接下来我们将代码 5-35 分别插入到前文已经创建的几个页面代码的最上方：

```
1.  <?php include "lock.php"; ?>
```

代码 5-35　用于在其他页面引入页面权限认证功能的代码

需要引入页面权限认证功能的页面及其对应的主要功能参见表 5-1。

表 5-1　需要引入页面权限认证功能的页面及功能

页面	功能
index.php	首页，检索页面
result.php	检索结果显示页面
display.php	术语显示页面
insert.php	新增术语页面
add.php	用于插入新术语
delete.php	用于删除术语
edit.php	术语编辑页面
update.php	用于更新术语

全部添加完成后，一个具有增删改查和登录退出功能的简易在线术语管理工具就开发完成了。如果大家想为该工具添加更多的功能、为各个页面添加美观的设计元素，仍需要深入学习更多的编程知识，本案例仅用于编程入门学习阶段。

本章在第四章的基础上深入介绍数据库的增删改操作，并介绍了简易的术语库登录退出功能开发方法。增删改操作是一个可真正用于笔译实践的双语术语库的重要操作，否则译者就无法新增新术语、无法编辑和删除错误的术语，而登录退出功能则有助于在一定程度上保证团队内部术语数据的安全，希望大家可以重点学习本章内容。

第六章

如何开发简易在线翻译记忆库

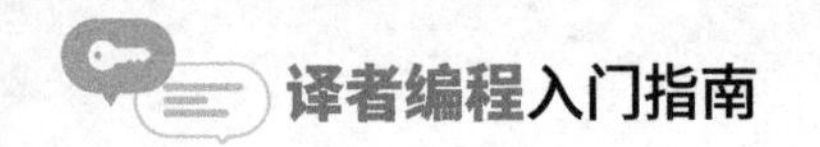

本章导言

除术语库外，对译者的翻译实践有极大辅助作用的还有一种名为“翻译记忆”（TM, Translation Memory）的双语数据。当译者在计算机辅助翻译（CAT, Computer-Aided Translation）工具中做翻译时，这类工具会把要翻译的文本转换为特定的翻译格式，以句段（Segment）的形式呈现在工具中，如图 6-1 所示。

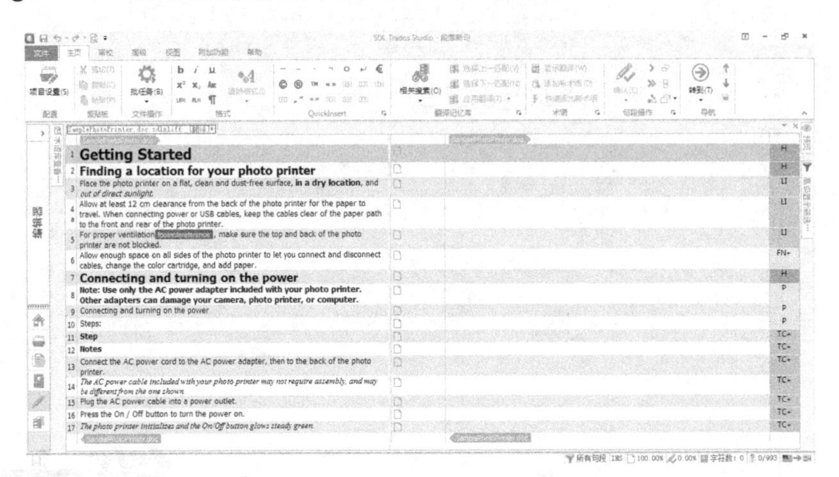

图 6-1　SDL Trados Studio 2017 中待译文本以句段形式呈现在界面左侧

译者可以将句段译文填写在右侧，完成一个句段的翻译后，句段原文和句段译文以及相关信息就会以翻译单元（TU, Translation Unit）的形式存储在翻译记忆库中。如果翻译记忆库中的翻译单元很多，当译者在翻译一个句段时，先看一下翻译记忆库中有没有这个句段或者有没有与之相似的句段，如果有，就把句段原文和译文显示出来提示给译者，从而帮助译者节省时间提高效率。

整篇文章全部翻译完成后就会得到这篇文章的完整翻译记忆库，就像 MS Word 文档都是以“.doc”或“.docx”、Excel 文档都是以“.xls”或“.xlsx”的文件格式存储一样，翻译记忆库也有自己的文件格式：“.tmx”。“tmx”是“Translation Memory eXchange format”（翻译记忆交换文件格式）的缩写，该格式已经成为翻译记忆数据存储的国际标准[1]，全世界主流的计算机辅助翻译工具均支持这种格式。

“tmx”格式的文件本身是“离线”的，像 Excel 表格一样通常只能在译者自己的计算机上打开，通过本章学习的内容，我们可以把某个领域丰富的双语内容共享到网上，让更多的译者可以访问我们的在线翻译记忆库，查询其中的内容。正是因为“tmx”格式的翻译记忆库在全世界广泛应用，我们在本章中将学习如何基于这种格式来开发简易的在线翻译记忆库。

1　https://www.gala-global.org/tmx-14b

6.1 翻译记忆库准备

“巧妇难为无米之炊”，没有双语内容我们就无法制作翻译记忆库，所以我们首先借助对齐工具（Alignment Tool）将双语文本进行对齐。国内外有很多高效便捷的对齐工具，在本章中我们将使用上海一者信息科技有限公司开发的在线对齐工具：TMXmall Aligner。

在阅读本章时，大家手中可能没有双语的文本，所以我们推荐大家前往中华人民共和国外交部的官方网站 1，查看“外交动态”—“发言人表态”版块，在这里可以看到外交部例行记者会在每个工作日的答记者问中文版实录文本，同时可以前往外交部官网的英文版网站 2 查看“Press and Media Service”—“Regular Press Conference”版块，在这里看到所有答记者问中文版实录文本的英译文。这些双语文本既可以用来了解时政资讯，也可以做成翻译记忆库，辅助翻译实践。以下为基于外交部官网制作翻译记忆库的详细步骤。

→第一步：

在 XAMPP 的“htdocs”文件夹（路径为：“C:\xampp\htdocs”）中创建一个名为“fmprc”的空白文件夹，并在其中创建一个名为“source”的空白文件夹。从外交部官网的中文版和英文版选取一篇发言人答记者问的中文文本和英文文本，并分别生成两个 Word 文件“zh_CN.docx”和“en_US.docx”，如图 6-2 所示。

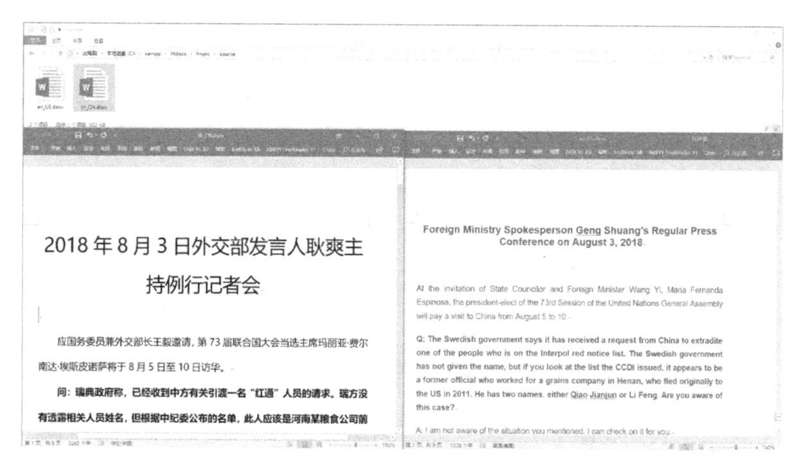

图 6-2 使用 Word 打开中英双语平行文本

1 http://www.fmprc.gov.cn/web/

2 http://www.fmprc.gov.cn/mfa_eng/

→第二步：

前往“TMXmall Aligner”的主页[1]，免费注册并登录个人账号，在“双文档对齐”页面分别打开准备好的中文和英文 Word 文档，如图 6-3 所示。

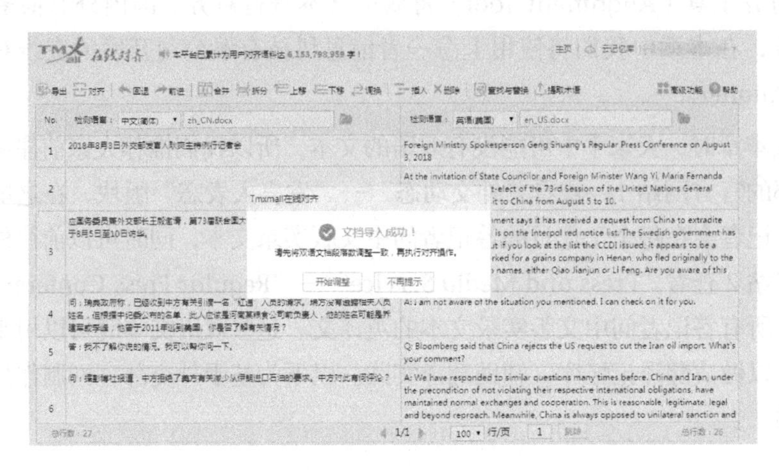

图 6-3　将中英双语文档分别导入至 TMXmall Aligner

接下来需要根据提示先调整段落，再点击左上角的“对齐”按钮执行自动对齐。TMXmall Aligner 提供了一系列功能辅助对齐，本书不再详细介绍，大家可以通过官方教程学习。

→第三步：

对齐完成后点击左上角的“导出”按钮，进行导出设置，如图 6-4 所示。

图 6-4　在 TMXmall Aligner 中进行翻译记忆库导出设置

1　https://www.tmxmall.com/aligner

点击“确定”后我们即可以获得一个“.tmx”格式的翻译记忆库，将其命名为“source.tmx”后存入“fmprc”文件夹的根目录中。

→**第四步：**

使用 Notepad++ 打开该文件，查看其内部代码，如图 6-5 所示。

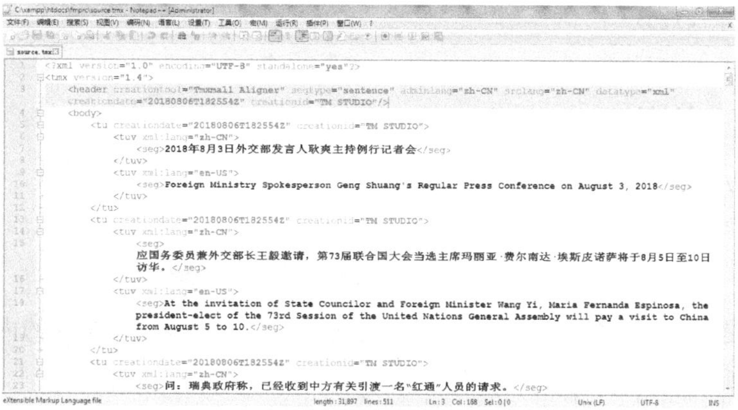

```
<?xml version="1.0" encoding="UTF-8" standalone="yes"?>
<tmx version="1.4">
    <header creationtool="Tmxmall Aligner" segtype="sentence" adminlang="zh-CN" srclang="zh-CN" datatype="xml"
    creationdate="20180806T182554Z" creationid="TM STUDIO"/>
    <body>
        <tu creationdate="20180806T182554Z" creationid="TM STUDIO">
            <tuv xml:lang="zh-CN">
                <seg>2018年8月3日外交部发言人耿爽主持例行记者会</seg>
            </tuv>
            <tuv xml:lang="en-US">
                <seg>Foreign Ministry Spokesperson Geng Shuang's Regular Press Conference on August 3, 2018</seg>
            </tuv>
        </tu>
        <tu creationdate="20180806T182554Z" creationid="TM STUDIO">
            <tuv xml:lang="zh-CN">
                <seg>
                应国务委员兼外交部长王毅邀请，第73届联合国大会当选主席玛丽亚·费尔南达·埃斯皮诺萨将于8月5日至10日
                访华。</seg>
            </tuv>
            <tuv xml:lang="en-US">
                <seg>At the invitation of State Councilor and Foreign Minister Wang Yi, Maria Fernanda Espinosa, the
                president-elect of the 73rd Session of the United Nations General Assembly will pay a visit to China
                from August 5 to 10.</seg>
            </tuv>
        </tu>
        <tu creationdate="20180806T182554Z" creationid="TM STUDIO">
            <tuv xml:lang="zh-CN">
                <seg>问：瑞典政府称，已经收到中方有关引渡一名"红通"人员的请求。</seg>
```

图 6-5　在 Notepad++ 查看翻译记忆库

我们可以截取其中的一部分内容，如代码 6-1 所示。

```
1.  <?xml version="1.0" encoding="UTF-8" standalone="yes"?>
2.  <tmx version="1.4">
3.      <header creationtool="Tmxmall Aligner" segtype="sentence" adminlang=
    "zh-CN" srclang="zh-CN" datatype="xml" creationdate="20180806T182554Z"
    creationid="TM STUDIO"/>
4.      <body>
5.          <tu creationdate="20180806T182554Z" creationid="TM STUDIO">
6.              <tuv xml:lang="zh-CN">
7.                  <seg>2018 年 8 月 3 日外交部发言人耿爽主持例行记者会 </seg>
8.              </tuv>
9.              <tuv xml:lang="en-US">
10.                 <seg>Foreign Ministry Spokesperson Geng Shuang's Regular
    Press Conference on August 3, 2018</seg>
11.             </tuv>
12.         </tu>
13.         <tu creationdate="20180806T182554Z" creationid="TM STUDIO">
14.             <tuv xml:lang="zh-CN">
15.                 <seg> 应国务委员兼外交部长王毅邀请，第 73 届联合国大会当选主席玛
    丽亚·费尔南达·埃斯皮诺萨将于 8 月 5 日至 10 日访华。</seg>
16.             </tuv>
```

```
17.             <tuv xml:lang="en-US">
18.                 <seg>At the invitation of State Councilor and Foreign Minister Wang Yi, Maria Fernanda Espinosa, the president-elect of the 73rd Session of the United Nations General Assembly will pay a visit to China from August 5 to 10.</seg>
19.             </tuv>
20.         </tu>
21.
22.         ......
23.
509.    </body>
510.</tmx>
```

代码 6-1　“.tmx”格式翻译记忆库的内部代码

以上就是“.tmx”格式翻译记忆库的真面目。仔细观察这个文件的内容，会发现它的格式是固定的，可以进一步简化，如代码 6-2 所示。

```
1.  <?xml version="1.0" encoding="UTF-8" standalone="yes"?>
2.  <tmx version="1.4">
3.      <header />
4.      <body>
5.          <tu>
6.              <tuv xml:lang="zh-CN">
7.                  <seg>******</seg>
8.              </tuv>
9.              <tuv xml:lang="en-US">
10.                 <seg>******</seg>
11.             </tuv>
12.         </tu>
13.     </body>
14. </tmx>
```

代码 6-2　简化后的“.tmx”格式翻译记忆库代码

我们在前面的章节中学习了 HTML 语言，知道它是一种标记语言（ML, Markup Language），而上面这段代码看起来与 HTML 语言也非常相似，比如：

1）第 2 行和第 14 行的“<tmx>”和“</tmx>”标签与 HTML 语言的“<html>”和“</html>”标签相似。

2）第 3 行的“<header />”标签与 HTML 语言的“<head>”和“</head>”标签相似。

3）第 4 行和第 13 行的“<body>”和“</body>”标签与 HTML 语言的“<body>”和“</body>”标签相似。

正如这段代码的第 1 行第一个单词所表示的，这个文件是一个“XML”文件，全称为“可扩展性标记语言”（Extensible Markup Language）。“X”（Extensible）意为“可扩展”，直接表现就是：HTML 语言的标签（如“<form>”“<table>”）都是预定义好的，不可再修改；XML 语言的标签则是可以根据用户的需要来自定义，比如我们在上面代码中看到的“<tu> 元素”“<tuv> 元素”和“<seg> 元素”是制定翻译记忆库标准的专家自己定义的，分别对应的功能是：

1）“<tu> 元素”定义了一个翻译单元（TU, Translation Unit）。

2）“<tuv> 元素”定义了一个翻译单元语言版本（TUV, Translation Unit Variant），在我们对齐的文本中包含两种语言，每个“<tuv> 元素”都包含一种语言相关的内容，所以一个“<tu> 元素”中包含两个“<tuv> 元素”。

3）“<seg> 元素”定义了每种语言中的句段（SEG, Segment）文本。

一系列与定义翻译记忆数据相关的元素构成了 TMX 标准的核心内容，详细的元素定义可参见最新的 TMX 标准：TMX 1.4b Specification，地址为：

https://www.gala-global.org/tmx-14b

XML 语言与 HTML 语言最大的不同是：XML 语言用于传输和存储数据，HTML 语言用于呈现数据。TMX 标准是基于 XML 语言来制定的，所以“.tmx”格式的文件用于传输和存储翻译记忆数据。我们可以使用 PHP 语言来读取“.tmx”文件中的数据，并展示在网页中。

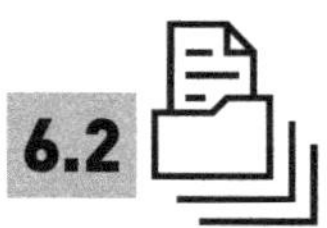

6.2 如何展示翻译记忆库数据

为在网页中展示翻译记忆库中的数据，我们需要先从“.tmx”文件中读取数据，详细步骤如下。

→第一步：

启动 XAMPP 中的 Apache 和 MySQL，确保两个组件正常运行。

→第二步：

在“frmprc”文件夹中使用 Notepad++ 创建一个空白的“index.php”文件，在其中键入代码，如代码 6-3 所示。

```php
<?php include "shared/head.php"; ?>
<?php
    $xml = simplexml_load_file("source.tmx");
    $json = json_encode($xml);
    $jsondata = json_decode($json,true);
    foreach ($jsondata["body"]["tu"] as $tu)
        {
            echo $tu["tuv"][0]["seg"]."<br>";
            echo $tu["tuv"][1]["seg"]."<br>";
            echo "<br>";
        }
?>
<?php include "shared/foot.php" ?>
```

代码 6-3 从“.tmx”格式翻译记忆库中读取并展示数据

由于我们在上面的代码中使用 include() 函数引入了 head.php 和 foot.php 两个文件，所以还需要将上一章中 shared 文件夹及其中的 head.php 和 foot.php 文件拷贝到 fmprc 文件夹中。

→**第三步：**

在浏览器中运行“index.php”，效果如图 6-6 所示。

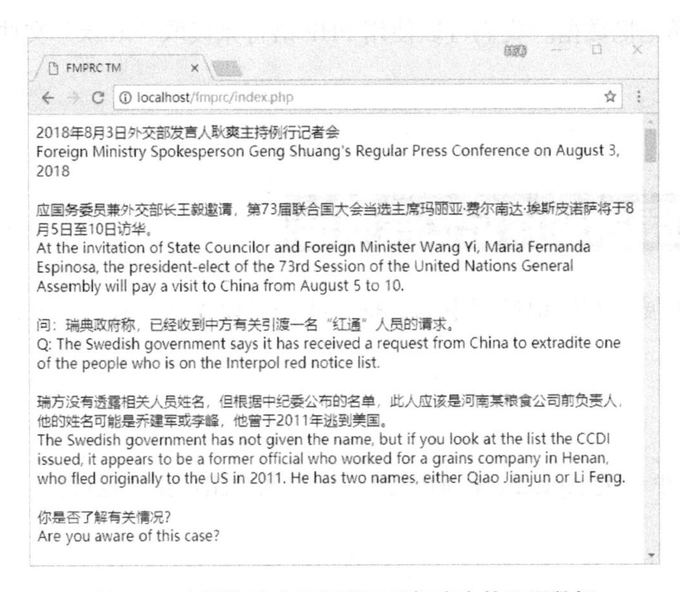

图 6-6 在浏览器中显示翻译记忆库中的双语数据

通过代码 6-3 我们将“.tmx”文件中的中文和英文显示到了浏览器中。在这段代码中我们使用了以下函数: simplexml_load_file()、json_encode() 函数和 json_decode() 函数。

我们可以把一个存有双语数据的“.tmx”文件看作是要邮寄的商品，将 simplexml_load_file() 函数看作是一个打包员，当打包员将商品打包后放到变量 $xml 中后就完成了商品的封存。我们试着用 print_r() 函数来查看 $xml 中的信息，如代码 6-4 所示。

```
1. <?php
2. $xml = simplexml_load_file('source.tmx');
3. print_r($xml);
4. ?>
```

代码 6-4　使用 simplexml_load_file() 函数和 print_r() 函数查看翻译记忆库内部数据

效果如图 6-7 所示。

```
localhost/fmprc/
SimpleXMLElement Object ( [@attributes] => Array ( [version] => 1.4 ) [header] => SimpleXMLElement Object ( [@attributes] => Array ( [creationtool] => Tmxmall Aligner [segtype] => sentence [adminlang] => zh-CN [srclang] => zh-CN [datatype] => xml [creationdate] => 20180806T182554Z [creationid] => TM STUDIO ) ) [body] => SimpleXMLElement Object ( [tu] => Array ( [0] => SimpleXMLElement Object ( [@attributes] => Array ( [creationdate] => 20180806T182554Z [creationid] => TM STUDIO ) [tuv] => Array ( [0] => SimpleXMLElement Object ( [seg] => 2018年8月3日外交部发言人耿爽主持例行记者会 ) [1] => SimpleXMLElement Object ( [seg] => Foreign Ministry Spokesperson Geng Shuang's Regular Press Conference on August 3, 2018 ) ) ) [1] => SimpleXMLElement Object ( [@attributes] => Array ( [creationdate] => 20180806T182554Z [creationid] => TM STUDIO ) [tuv] => Array ( [0] => SimpleXMLElement Object ( [seg] => 应国务委员兼外交部长王毅邀请，第73届联合国大会当选主席玛丽亚·费尔南达·埃斯皮诺萨将于8月5日至10日访华。 ) [1] => SimpleXMLElement Object ( [seg] => At the invitation of State Councilor and Foreign Minister Wang Yi, Maria Fernanda Espinosa, the president-elect of the 73rd Session of the United Nations General Assembly will pay a visit to China from August 5 to 10. ) ) ) [2] => SimpleXMLElement Object ( [@attributes] => Array ( [creationdate] => 20180806T182554Z [creationid] => TM STUDIO ) [tuv] => Array ( [0] => SimpleXMLElement Object ( [seg] => 问：瑞典政府称，已经收到中方有关引渡一名“红通”人员的请求。 ) [1] => SimpleXMLElement Object ( [seg] => Q: The Swedish government says it has received a request from China to extradite one of the people who is on the Interpol red notice list. ) ) ) [3] =>
```

图 6-7　在浏览器中呈现翻译记忆库内部数据

我们在图中看到了密码麻麻的中文、英文、标点、数字，对其进行格式化后，如图 6-8 所示。

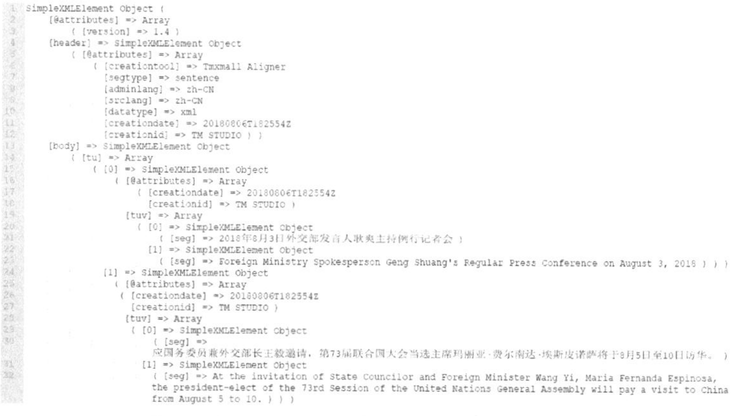

```
1  SimpleXMLElement Object (
2      [@attributes] => Array
3          ( [version] => 1.4 )
4      [header] => SimpleXMLElement Object
5          ( [@attributes] => Array
6              ( [creationtool] => Tmxmall Aligner
7                [segtype] => sentence
8                [adminlang] => zh-CN
9                [srclang] => zh-CN
10               [datatype] => xml
11               [creationdate] => 20180806T182554Z
12               [creationid] => TM STUDIO ) )
13     [body] => SimpleXMLElement Object
14         ( [tu] => Array
15             ( [0] => SimpleXMLElement Object
16                 ( [@attributes] => Array
17                     ( [creationdate] => 20180806T182554Z
18                       [creationid] => TM STUDIO )
19                   [tuv] => Array
20                     ( [0] => SimpleXMLElement Object
21                         ( [seg] => 2018年8月3日外交部发言人耿爽主持例行记者会 )
22                       [1] => SimpleXMLElement Object
23                         ( [seg] => Foreign Ministry Spokesperson Geng Shuang's Regular Press Conference on August 3, 2018 ) ) )
24               [1] => SimpleXMLElement Object
25                 ( [@attributes] => Array
26                  ( [creationdate] => 20180806T182554Z
27                    [creationid] => TM STUDIO )
28                  [tuv] => Array
29                   ( [0] => SimpleXMLElement Object
30                       ( [seg] =>
                         应国务委员兼外交部长王毅邀请，第73届联合国大会当选主席玛丽亚·费尔南达·埃斯皮诺萨将于8月5日至10日访华。 )
31                     [1] => SimpleXMLElement Object
32                       ( [seg] => At the invitation of State Councilor and Foreign Minister Wang Yi, Maria Fernanda Espinosa,
                         the president-elect of the 73rd Session of the United Nations General Assembly will pay a visit to China
                         from August 5 to 10. ) ) )
```

图 6-8　格式调整后的翻译记忆库内部数据

从这个图中可以看出，所有的数据都是以对象（Object）和数组（Array）的形式组成到一起。第 1 行代码为“SimpleXMLElement Object”，这表明整个数据文件都是一个“对象”，而其中也出现了很多“Array”，如图 6-9 所示。

```
14  ( [tu] => Array
15      ( [0] => SimpleXMLElement Object
16          ( [@attributes] => Array
17              ( [creationdate] => 20180806T182554Z
18                [creationid] => TM STUDIO )
19            [tuv] => Array
20              ( [0] => SimpleXMLElement Object
21                  ( [seg] => 2018年8月3日外交部发言人耿爽主持例行记者会 )
22                [1] => SimpleXMLElement Object
23                  ( [seg] => Foreign Ministry Spokesperson Geng Shuang's Regular Press Conference on August 3, 2018 ) ) )
```

图 6-9　翻译记忆库内部数据存储在数组（Array）中

对象和数组都是 PHP 语言里用于存储数据的载体，对象倾向于存储无序的数据，数组倾向于存储有序的数据，举个不太恰当的例子：对象就像公交车，上车随便坐；数组就像飞机和高铁，对号入座。从对象中获取数据我们一般用符号“->”，从数组中获取数据我们一般用符号“[]”，如代码 6-5 所示。

```
1.  <?php
2.  $xml = simplexml_load_file('source.tmx');
3.  foreach ($xml->body->tu as $tu)
4.  {
5.      echo $tu->tuv[0]->seg."<br>";
6.      echo $tu->tuv[1]->seg."<br>";
7.      echo "<br>";
8.  }
9.  ?>
```

代码 6-5　使用“->”和“[]”符号获取数组中的数据

运行效果如图 6-10 所示。

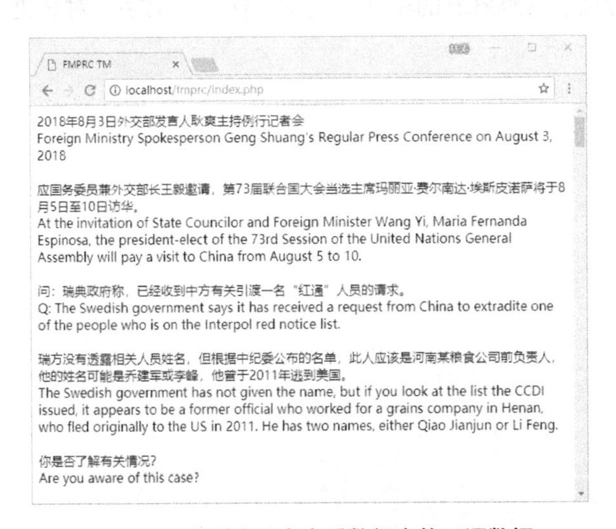

图 6-10　在浏览器中查看数组中的双语数据

在代码 6-5 的第 3 行我们使用了一个新的循环语句 foreach，该语句专门用于从数组和对象中获取数据，简单高效。如在当前情况下，我们仅想获得变量 $xml 中的所有中文和英文，仔细观察图 6-8，我们知道。

1）如第 21 行和第 23 行代码所示，每一句中文和英文前都有一个 [seg]，以“[seg]=> 中文”和“[seg]=> 英文”的形式分别存储在两个对象之中；

2）如第 20 行和第 22 行代码所示，两个用于存储中文和英文的对象分别标记为 [0] 和 [1]；

3）如第 19 行所示，两个对象又组成了一个数组，标记为 [tuv]；

4）如第 15-19 行所示，每个 [tuv] 连同一些属性信息共同组成了一个对象，标记为 [0]，而这个对象的上一级则是一个数组，标记为 [tu]，如第 14 行所示；

5）“.tmx”文件中所有的翻译单元都存储在标记为 [tu] 的数组中，从 0 开始编号，[tu] 的上一级是对象 [body]。

了解完这些信息后，我们知道，原来 simplexml_load_file() 函数将整个翻译记忆库文件转换成了一个对象和数组的混合体，我们要想从中抽取出所有的中文和英文，就需要循环读取每一个翻译单元。

在 foreach() 语句的圆括号中，我们首先通过“$xml->body->tu”逐级获得对象 [body] 中数组 [tu] 内的全部数据，并将这个数组放到一个临时的变量 $tu 中，在这个数组中，从 0 开始每一个元素中都包含中文和英文，要想获得中文，可以使用表达式“$tu->tuv[0]->seg”，要想获得英文，可以使用表达式“$tu->tuv[0]->seg”，之所以会在表达式中“tuv”后分别加“[0]”和“[1]”是因为 [tuv] 是一个数组，从数组中获取元素要用中括号。

通过这个例子我们可以较为直观了解如何在 PHP 语言中将 XML 文件中的数据转换为数据和对象。但随着技术的发展，以 XML 格式存储数据的方式虽然还在沿用，但是越来越多的程序员开始使用 JSON 格式（JavaScript Object Notation，可译为“JavaScript 对象表示法”）的文件来存储数据，如代码 6-6 所示。

```
1. {
2. "translators": [
3. { "Name":"Lintao" , "language":"Chinese" },
4. { "Name":"Alex" , "language":"English" },
5. { "Name":"Francis" , "language":"French" }
6. ]
7. }
```

代码 6-6 示例 JSON 格式数据

在以上这个简单的JSON格式文本中，数据都是以“名称 / 值”（Name/Value）组合而成，如“"Name" : "Lintao"”，名称和值都用双引号包括，中间用冒号分隔。在代码6-6的第3行中，“Name”和“language”是我们要描述的一位译者的两个基本信息，这两条信息之间用逗号分隔，这两条信息共同组成了一个对象，用花括号包括。第4行和第5行是另外两位译者的个人信息，三位译者的信息共同构成了一个数组，这个数组用中括号包括，数组中每个元素之间也用逗号隔开，这个数组的名字为“translators”，数组名和数组之间用冒号分隔。

与PHP语言中的对象和数组比较起来，JSON的格式更简洁直观，所以，我们可以尝试将XML中的数据转换为JSON格式，如代码6-7所示。

```
1. <?php
2. $xml = simplexml_load_file('source.tmx');
3. $json = json_encode($xml);
4. print_r($json);
5. ?>
```

代码 6-7 将 XML 中的数据转换为 JSON 格式

效果如图6-11所示。

图 6-11 数据格式化[1]前后

在代码6-7中，我们使用json_encode()函数将simplexml_load_file()函数的结果转换成JSON格式的数据，从图6-11可以看出，JSON文件存储数据的方式与先前PHP语言中存储数据的方式完全一样，只是数据显示形式不一样，而且中文并没有正常显示出来，我们在对其进行格式化时才将其转换成正常的中文字符。PHP语言中的foreach语句是无法直接读取JSON格式数据的，必须要将其转换为PHP数组，如代码6-8所示，执行后效果如图6-12所示。

1 本文使用的JSON数据格式化工具为：https://jsonformatter.org/

```php
1. <?php
2. $xml = simplexml_load_file('source.tmx');
3. $json = json_encode($xml);
4. $jsondata = json_decode($json,true);
5. print_r($jsondata);
6. ?>
```

代码 6-8　将 JSON 格式数据转换为 PHP 数组

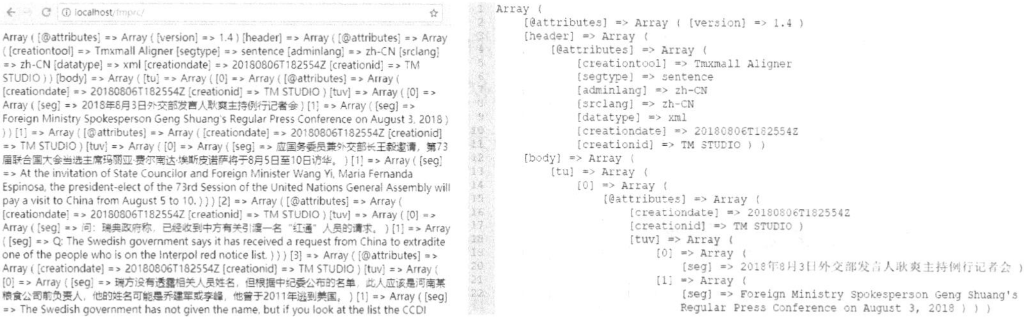

localhost/tmprc/
Array ([@attributes] => Array ([version] => 1.4) [header] => Array ([@attributes] => Array ([creationtool] => Tmxmall Aligner [segtype] => sentence [adminlang] => zh-CN [srclang] => zh-CN [datatype] => xml [creationdate] => 20180806T182554Z [creationid] => TM STUDIO)) [body] => Array ([tu] => Array ([0] => Array ([@attributes] => Array ([creationdate] => 20180806T182554Z [creationid] => TM STUDIO) [tuv] => Array ([0] => Array ([seg] => 2018年8月3日外交部发言人耿爽主持例行记者会) [1] => Array ([seg] => Foreign Ministry Spokesperson Geng Shuang's Regular Press Conference on August 3, 2018))) [1] => Array ([@attributes] => Array ([creationdate] => 20180806T182554Z [creationid] => TM STUDIO) [tuv] => Array ([0] => Array ([seg] => 应国务委员兼外交部长王毅邀请，第73届联合国大会当选主席玛丽亚·费尔南达·埃斯皮诺萨将于8月5日至10日访华。) [1] => Array ([seg] => At the invitation of State Councilor and Foreign Minister Wang Yi, Maria Fernanda Espinosa, the president-elect of the 73rd Session of the United Nations General Assembly will pay a visit to China from August 5 to 10.))) [2] => Array ([@attributes] => Array ([creationdate] => 20180806T182554Z [creationid] => TM STUDIO) [tuv] => Array ([0] => Array ([seg] => 问：瑞典政府称，已经收到中方有关引渡一名“红通”人员的请求。) [1] => Array ([seg] => Q: The Swedish government says it has received a request from China to extradite one of the people who is on the Interpol red notice list.))) [3] => Array ([@attributes] => Array ([creationdate] => 20180806T182554Z [creationid] => TM STUDIO) [tuv] => Array ([0] => Array ([seg] => 瑞方没有透露相关人员姓名，但根据中纪委公布的名单，此人应该是河南某粮食公司前负责人，他的姓名可能是乔建军或李峰，他曾于2011年逃到美国。) [1] => Array ([seg] => The Swedish government has not given the name, but if you look at the list the CCDI

Array (
    [@attributes] => Array ([version] => 1.4)
    [header] => Array (
        [@attributes] => Array (
            [creationtool] => Tmxmall Aligner
            [segtype] => sentence
            [adminlang] => zh-CN
            [srclang] => zh-CN
            [datatype] => xml
            [creationdate] => 20180806T182554Z
            [creationid] => TM STUDIO))
    [body] => Array (
        [tu] => Array (
            [0] => Array (
                [@attributes] => Array (
                    [creationdate] => 20180806T182554Z
                    [creationid] => TM STUDIO)
                    [tuv] => Array (
                        [0] => Array (
                            [seg] => 2018年8月3日外交部发言人耿爽主持例行记者会)
                        [1] => Array (
                            [seg] => Foreign Ministry Spokesperson Geng Shuang's
                            Regular Press Conference on August 3, 2018)))

图 6-12　在浏览器中呈现以 PHP 数组形式存储的翻译记忆库内部数据

我们在代码 6-8 中使用 json_decode() 函数将 JSON 格式数据转换成了数组，该函数在使用时需要两个参数，第一个参数是待转换的 JSON 格式数据，第二个参数是“TRUE”，如果不填写第二个参数，JSON 格式数据会转换为对象，而非数组。仔细观察转换结果，会发现转换后确实只有数组，没有对象。我们可以再使用 foreach 语句来获取其中的中文和英文，如代码 6-9 所示。

```php
1. <?php
2. $xml = simplexml_load_file('source.tmx');
3. $json = json_encode($xml);
4. $jsondata = json_decode($json,true);
5. foreach ($jsondata["body"]["tu"] as $tu)
6. {
7.     echo $tu["tuv"][0]["seg"]."<br>";
8.     echo $tu["tuv"][1]["seg"]."<br>";
9.     echo "<br>";
10. }
11. ?>
```

代码 6-9　使用 foreach 语句从数组中获取数据

这段代码就是本节一开始在 index.php 文件中所使用的代码。虽然我们不用 json_encode() 和 json_decode() 函数也可以从“.tmx”文件中获取中文和英文文本，但如今越来越多的网站都以 JSON 格式对外提供数据，了解这种格式数据的处理方式，尤其是了解数组和对象中数据的处理方式，对我们学习编程有重要作用。

6.3 如何查询翻译记忆库

我们在 4.3 节中学习了如何查询术语库中的数据，但目前我们并没有将“.tmx”文件中的数据存入数据库中，所以在查询翻译记忆库之前还需先创建数据库和数据表，再将“.tmx”文件中的双语数据导入其中，最后开发查询页面。

6.3.1 创建数据库和数据表

在 5.1.1 节中我们学习了如何使用 SQL 语句创建数据库和数据表，我们可依照创建术语数据库方式在 phpMyAdmin 中创建用于存储翻译记忆的数据库和数据表，如代码 6-10 和代码 6-11 所示。

```
1. CREATE DATABASE fmprc
2. DEFAULT CHARACTER SET utf8
3. DEFAULT COLLATE utf8_general_ci;
```

代码 6-10　用于创建数据库 fmprc 的 SQL 语句

```
1. CREATE TABLE `tm`
2. (
3.     `ID` INT(5) NOT NULL AUTO_INCREMENT ,
4.      `zh_CN` VARCHAR(500) CHARACTER SET utf8 COLLATE utf8_general_
ci NULL ,
5.      `en_US` VARCHAR(500) CHARACTER SET utf8 COLLATE utf8_general_
   ci NULL ,
6.     PRIMARY KEY (`ID`)
7. )
8. ENGINE = InnoDB
9. CHARSET=utf8
10. COLLATE utf8_general_ci;
```

代码 6-11　用于创建数据表 tm 的 SQL 语句

6.3.2 导入翻译记忆

数据表创建完成后，我们可以基于在 6.2 节创建的“index.php”文件中的代码，在 fmprc 文件夹下创建一个空白的“import.php”文件，在其中输入以下代码，如代码 6-12 所示。

```
1.  <?php include "shared/head.php"; ?>
2.  <?php
3.      include "shared/conn.php";
4.      mysqli_select_db( $conn,"fmprc" );
5.      mysqli_query($conn,"set names 'utf8'");
6.      $xml = simplexml_load_file("source.tmx");
7.      $json = json_encode($xml);
8.      $jsondata = json_decode($json,true);
9.      foreach ($jsondata["body"]["tu"] as $tu)
10.         {
11.             $zh_CN=$tu["tuv"][0]["seg"];
12.             $en_US=$tu["tuv"][1]["seg"];
13.                 $insert_sql="INSERT INTO tm(zh_CN,en_US) values('$zh_
CN','$en_US')";
14.             $import=mysqli_query($conn,$insert_sql);
15.             if(!$import)
16.                 {
17.                     echo "<font color=red><b>插入失败：</b></font>".$zh_
    CN."<br>";
18.                     echo "<font color=red><b>插入失败：</b></font>".$en_
US."<br>";
19.                 }
20.                 else
21.                 {
22.                     echo "插入成功：".$zh_CN."<br>";
23.                     echo "插入成功：".$en_US."<br>";
24.                 }
25.         }
26. ?>
27. <?php include "shared/foot.php" ?>
```

代码 6-12　用于将“.tmx”格式翻译记忆库数据导入数据库的代码

在这段代码中，我们新增了第 3-5 行代码用于连接服务器和数据库，第 6-9 行代码与上一节相同，用于从“.tmx”文件中读取翻译记忆，第 11-14 行代码用于将翻译记忆插入到数据表中，第 15-24 行用于判断翻译记忆是否插入成功，如果插入失败则用红色文本标记“插入失败”并显示插入失败的文本，如果插入成功则显示“插入成功”和插入成功的文本。

import.php 文件执行后效果如图 6-13 所示。

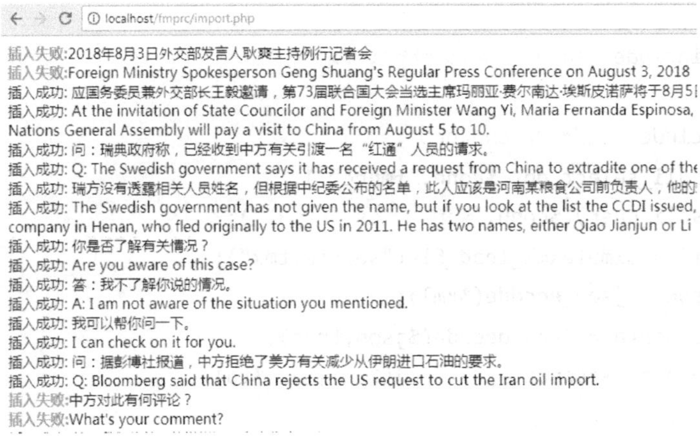

localhost/fmprc/import.php

插入失败:2018年8月3日外交部发言人耿爽主持例行记者会
插入失败:Foreign Ministry Spokesperson Geng Shuang's Regular Press Conference on August 3, 2018
插入成功: 应国务委员兼外交部长王毅邀请，第73届联合国大会当选主席玛丽亚·费尔南达·埃斯皮诺萨将于8月5日
插入成功: At the invitation of State Councilor and Foreign Minister Wang Yi, Maria Fernanda Espinosa,
Nations General Assembly will pay a visit to China from August 5 to 10.
插入成功: 问：瑞典政府称，已经收到中方有关引渡一名“红通”人员的请求。
插入成功: Q: The Swedish government says it has received a request from China to extradite one of the
插入成功: 瑞方没有透露相关人员姓名，但根据中纪委公布的名单，此人应该是河南某粮食公司前负责人，他的
插入成功: The Swedish government has not given the name, but if you look at the list the CCDI issued,
company in Henan, who fled originally to the US in 2011. He has two names, either Qiao Jianjun or Li
插入成功: 你是否了解有关情况？
插入成功: Are you aware of this case?
插入成功: 答：我不了解你说的情况。
插入成功: A: I am not aware of the situation you mentioned.
插入成功: 我可以帮你问一下。
插入成功: I can check on it for you.
插入成功: 问：据彭博社报道，中方拒绝了美方有关减少从伊朗进口石油的要求。
插入成功: Q: Bloomberg said that China rejects the US request to cut the Iran oil import.
插入失败:中方对此有何评论？
插入失败:What's your comment?

图 6-13　在浏览器中呈现数据插入成功与否的提示

仔细观察上图中插入失败的句子以及其他全部插入失败的句子，会发现它们的共同点是：在英文中有半角单引号。在 PHP 语言中，半角双引号和单引号可用于定义字符串，如代码 6-13 所示。

```
1. $string=" 字符串 ";
2. $zifuchuan=' 字符串 ';
```

代码 6-13　使用半角双引号和单引号定义字符串

当双引号中混入单引号，在 SQL 语句解析时就会出现错误，所以在导入翻译记忆至数据库时，我们需要在单引号前添加转义符（Escape Character）对齐进行“转义”。我们在这里所用的转义符是反斜杠“\”（Backslash），如代码 6-14 所示。

```
1. $string=" 字 \' 符串 ";
```

代码 6-14　使用转义符对单引号进行“转义”

当程序开始识别这个字符串时，看到成对的半角单引号后就知道其中包括了字符串，看到转义符“\”后就会跳过（Escape）转义符后面的半角单引号，不将其识别为一个字符串的定义标点符号。

为了确保翻译记忆导入成功，我们使用 str_replace() 函数将中文和英文中的半角单引号都用“\'”来替换，该函数的第一个参数为要查找的值，第二个参数为用于替换查找值的值，第三个参数为要执行替换操作的字符串，如代码 6-15 所示。

```
11. $zh_CN=$tu["tuv"][0]["seg"];
12. $zh_CN=str_replace("'","\'",$zh_CN);
13. $en_US=$tu["tuv"][1]["seg"];
14. $en_US=str_replace("'","\'",$en_US);
15. $insert_sql="INSERT INTO tm(zh_CN,en_US) values('$zh_CN','$en_US')";
16. $import=mysqli_query($conn,$insert_sql);
```

代码 6-15 使用 str_replace() 函数处理半角单引号

经过上述代码的操作，翻译记忆就能成功导入到数据表中了，而且数据表中存储的翻译记忆文本是包含转义符“\”的。

6.3.3 查询翻译记忆

当数据库中有翻译记忆数据后我们就可以制作翻译记忆查询界面了。我们在之前的章节中学习过如何查询术语库，我们在其代码基础上开发翻译记忆库的简易查询界面。首先，我们可以在 fmprc 文件夹下创建空白的“search.php”文件，在其中输入以下代码，如代码 6-16 所示。

```
1.  <?php include "shared/head.php"; ?>
2.  <form action="result.php" method="POST">
3.      <table>
4.          <tr>
5.              <td>
6.                      <input type="text" name="zh_CN" placeholder="中文检索词" />
7.              </td>
8.              <td>
9.                      <input type="text" name="en_US" placeholder="英文检索词" />
10.             </td>
11.             <td>
12.                 <button type="submit">搜索</button>
13.             </td>
14.         </tr>
15.     </table>
16. </form>
17. <?php include "shared/foot.php" ?>
```

代码 6-16 添加代码用于创建搜索框

在这段代码中我们使用“<input> 元素”添加了两个文本框，一个用于输入中文检索词，一个用于输入英文检索词，效果如图 6-14 所示。

图 6-14　在浏览器中呈现用于输入中文和英文检索词的搜索框

接下来新建“result.php”文件，在其中输入检索结果查询代码，如代码 6-17 所示。

```
1.  <?php include "shared/head.php"; ?>
2.  <table width="100%" border="1">
3.    <tbody>
4.      <tr>
5.        <td width="10%">
6.          <p><strong> 序号 </strong></p>
7.        </td>
8.        <td width="45%">
9.          <p><strong> 中文 </strong></p>
10.       </td>
11.       <td width="45%">
12.         <p><strong> 英文 </strong></p>
13.       </td>
14.     </tr>
15. <?php include "shared/conn.php"; ?>
16. <?php
17.     mysqli_select_db( $conn,"fmprc" );
18.     $zh_CN =$_POST["zh_CN"];
19.     $en_US =$_POST["en_US"];
20.      $sql = "SELECT ID, zh_CN, en_US FROM tm WHERE zh_CN LIKE '%$zh_
    CN%' AND en_US LIKE '%$en_US%'";
21.     mysqli_query($conn,"set names 'utf8'");
22.     $gettm = mysqli_query($conn,$sql);
23.     if(! $gettm )
24.         {
25.             echo " 无法获取翻译记忆，请检查问题 ";
26.         }
27.     else
28.         {
29.             while ($row = mysqli_fetch_array($gettm, MYSQLI_ASSOC))
30.             {
```

```
31.                        $row["zh_CN"]=preg_replace("/$zh_CN/
i", "<font color=blue><b>$zh_CN</b></font>",$row["zh_CN"]);
32.                        $row["en_US"]=preg_replace("/$en_US/
i", "<font color=red><b>$en_US</b></font>",$row["en_US"]);
33.                 echo "<tr>
34.                        <td width='10%'>
35.                        <p>{$row["ID"]}</p>
36.                        </td>
37.                        <td width='45%'>
38.                        <p>{$row["zh_CN"]}</p>
39.                        </td>
40.                        <td width='45%'>
41.                        <p>{$row["en_US"]}</p>
42.                        </td>
43.                      </tr>";
44.             }
45.         }
46.     mysqli_close($conn);
47. ?>
48.   </tbody>
49. </table>
50. <?php include "shared/foot.php"; ?>
```

代码 6-17 添加代码用于呈现检索结果

在这段代码中，我们通过第 18-22 行代码获取表单中译者填写的检索词，执行 SQL 查询语句后获得与检索词相关的匹配结果。在第 22-45 行代码中，我们使用 if…else 语句判断检索结果是否获取成功，如果获取成功则以表格的形式呈现检索结果，并高亮显示检索词，效果如图 6-15 所示。

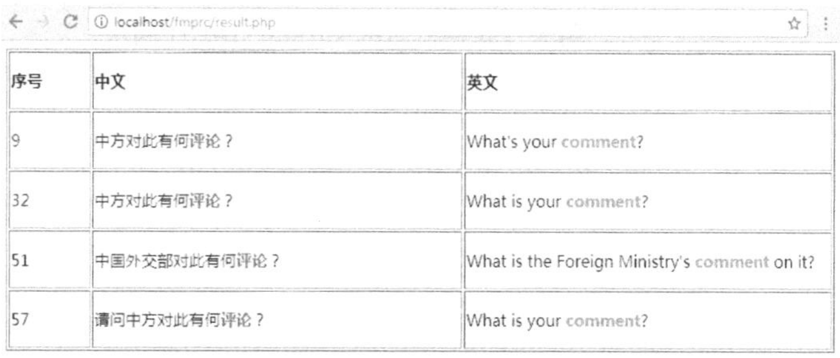

localhost/fmprc/result.php

序号	中文	英文
9	中方对此有何评论？	What's your comment?
32	中方对此有何评论？	What is your comment?
51	中国外交部对此有何评论？	What is the Foreign Ministry's comment on it?
57	请问中方对此有何评论？	What is your comment?

图 6-15 在浏览器中呈现包含高亮检索词的检索结果

6.3.4 匹配相似句

在译者常使用的计算机辅助翻译工具中，“模糊匹配”（Fuzzy Match）是对翻译实践辅助作用极大的技术。译者在翻译一句话时，如果翻译记忆库中存有该句话的翻译单元，那译者就可以直接使用译文，不必再翻译；如果翻译记忆库中没有这句话，那么通过模糊匹配获得一些与待翻译句子相似的翻译单元，也可以参考其译文，提高翻译效率。

计算两个句子是否相似的技术常称为句子相似度（Sentence Similarity）计算，所使用的算法也多种多样，本书并不准备深入介绍句子相似度计算的原理。PHP 语言中有两个常用的相关函数：levenshtein() 和 similar_text()，前者用于计算两个字符串之间的编辑距离（Edit Distantce），后者用于计算两个字符串之间的相似度。

为展示这两个函数的功能，我们在 fmprc 文件夹下创建一个空白的“similarity.php”文件，并在其中输入以下代码，如代码 6-18 所示。

```
1.  <?php
2.  echo levenshtein(" 译者 "," 译员 ")."<br>";
3.  echo levenshtein("translation","TRANSLATION")."<br>";
4.  echo levenshtein("translation","translating")."<br>";
5.  
6.  similar_text(" 译者 "," 译员 ",$one);
7.  echo $one."<br>";
8.  
9.  similar_text("translation","TRANSLATION",$two);
10. echo $two."<br>";
11. 
12. similar_text("translation","translating",$three);
13. echo $three."<br>";
14. 
15. ?>
```

代码 6-18　用于计算相似度的 similar_text() 函数

运行效果如图 6-16 所示。

图 6-16　在浏览器中呈现相似度计算结果

我们先看一下 levenshtein() 函数，它的使用方法是将要比较的两个字符串作为其参数，函数运行后以整数形式返回两个字符串之间的编辑距离。我们这里所说的编辑距离是指，给定两个字符串，由一个字符串转换成另一个字符串所需的最少编辑次数，这里的“编辑”有三种类型: 将一个字符替换成另一个字符，插入一个字符和删除一个字符。

“译者”和“译员”之间的编辑距离为“3”，因为在 PHP 语言的 UTF-8 编码中，一个中文字符等于 3 个英文字符，所以从“译者”到“译员”最少需要进行 1 次替换操作，编辑距离为 1 个中文字符，即 3 个英文字符。

“translation”和“TRANSLATION”之间的最小编辑距离为“11”，因为从小写的“translation”到大写的“TRANSLATION”最少需要进行 11 次替换操作。

“translation”和“translating”之间的最小编辑距离为“2”，因为从“tion”到“ting”最少需要 2 步：将 o 删除、插入 g。

我们再来看一下 similar_text() 函数，它的使用方法是将要比较的两个字符串和它们之间的相似度百分比变量作为参数，函数运行后将运算结果放到相似度百分比变量中。

“译者”和“译员”之间仅差一个字，所以相似度是 50%。

“translation”和“TRANSLATION”虽然是同一个单词，但一个为小写，一个为大写，相似度为 0%。

“translation”和“translating”之间的相似度是通过“10/11”计算得到的，过程为：“translation”和“translating”两个单词完全一样的部分是“translati”，各有 9 个字符；两个单词剩下的部分是“on”和“ng”，仅“o”和“g”不同，相似的部分是“n”，各有 1 个字符。在计算相似度时：相似度 = 两个单词所有相同部分的长度之和 * 2 / 两个单词的长度之和。所以两个单词的相似度等于 =(9+1)*2/(11+11)，结果为 90.909090909091。

从函数的输出形式来比较，similar_text() 函数可以直接输出字符串的相似度，所以我们可以考虑用其来计算要翻译的句子和翻译记忆库中句子的相似度。为实现这个效果，我们首先在 fmprc 文件夹下创建一个用于提交待匹配中文句子的页面 match.php，如代码 6-19 所示。

```
1. <?php include "shared/head.php"; ?>
2. <form action="matchresult.php" method="POST">
3.     <table>
4.         <tr>
5.             <td>
6.                 <input type="text" name="zh_CN" placeholder="待匹配句子" />
7.             </td>
8.             <td>
9.                 <button type="submit">开始匹配</button>
```

```
10.         </td>
11.       </tr>
12.     </table>
13. </form>
14. <?php include "shared/foot.php" ?>
```

代码 6-19　添加代码用于提交待匹配的中文句子

通过这个页面，我们可以提交一个待匹配的中文句子，送到 matchresult.php 页面，如代码 6-20 所示。

```
1.  <?php include "shared/head.php"; ?>
2.  <table width="100%" border="1">
3.    <tbody>
4.      <tr>
5.        <td width="10%">
6.          <p><strong> 序号 </strong></p>
7.        </td>
8.        <td width="10%">
9.          <p><strong> 相似度 </strong></p>
10.       </td>
11.       <td width="40%">
12.         <p><strong> 中文 </strong></p>
13.       </td>
14.       <td width="40%">
15.         <p><strong> 英文 </strong></p>
16.       </td>
17.     </tr>
18. <?php include "shared/conn.php"; ?>
19. <?php
20.     mysqli_select_db( $conn,"fmprc" );
21.     $zh_CN =$_POST["zh_CN"];
22.     $sql = "SELECT ID, zh_CN, en_US FROM tm";
23.     mysqli_query($conn,"set names 'utf8'");
24.     $gettm = mysqli_query($conn,$sql);
25.     if(! $gettm )
26.         {
27.             echo " 无法获取翻译记忆，请检查问题 ";
28.         }
29.     else
30.         {
```

```
31.                 while ($row = mysqli_fetch_array($gettm, MYSQLI_ASSOC))
32.                 {
33.                     similar_text($zh_CN, $row["zh_CN"], $percent);
34.
35.                     if($percent > 50)
36.                     {
37.                         echo "
38.                           <tr>
39.                             <td width='10%'>
40.                             <p>{$row["ID"]}</p>
41.                             </td>
42.                             <td width='10%'>
43.                             <p>{$percent}</p>
44.                             </td>
45.                             <td width='40%'>
46.                             <p>{$row["zh_CN"]}</p>
47.                             </td>
48.                             <td width='40%'>
49.                             <p>{$row["en_US"]}</p>
50.                             </td>
51.                           </tr>";
52.                     }
53.                 }
54.             }
55.     mysqli_close($conn);
56. ?>
57.   </tbody>
58. </table>
59. <?php include "shared/foot.php"; ?>
```

代码 6-20 添加代码用于显示相似度计算结果

在这段代码中，我们在第 2-17 行代码中构建了一个表格，其第二列用于显示匹配出来的句子与待匹配句子之间的相似度。在第 20-24 行代码中，我们连接服务器和数据库后获取整个数据库中的全部数据。在第 31-51 行代码中，我们逐个比较数据库中的每一行数据的中文文本与待匹配文本之间的相似度并将相似度高于 50 的句子显示在浏览器中。

以查找“中方对此有何评论”为例，我们先在 match.php 页面输入该句子，如图 6-17 所示。

图 6-17　在表单中输入待匹配的句子

点击“开始匹配”后，会看到如图 6-18 所示的匹配结果。

localhost/fmprc/matchresult.php

序号	相似度	中文	英文
9	94.117647058824	中方对此有何评论？	What's your comment?
15	66.666666666667	请问中方对此有何回应？	What is your response to it?
32	94.117647058824	中方对此有何评论？	What is your comment?
51	73.333333333333	中国外交部对此有何评论？	What is the Foreign Ministry's comment on it?
57	84.210526315789	请问中方对此有何评论？	What is your comment?

图 6-18　在浏览器中查看待匹配句与翻译记忆库中已有数据的相似度计算结果

虽然我们还没有对匹配结果进行排序，但是从上图可以看出，相似度最高的两句话（第 9 句和第 32 句）与我们要匹配的句子完全一样，只差标点符号。相似度最低的是第 15 句话，其基本结构也与待匹配的句子相同。

小结

通过以上步骤，我们完成了一个简易的在线翻译记忆库开发，如果译者手中有大量的翻译记忆库，既可以在传统的计算机辅助翻译工具中存储并查询，也可以在自己制作的翻译记忆库中查询。虽然现在这个在线翻译记忆库功能尚不完善，但在编程入门阶段通过学习本章的内容会对翻译记忆库的原理有更为直观的理解，随着编程学习的深入，译者可以为自己的在线翻译记忆库开发更多实用的功能。

第七章

如何开发一个简易的字数统计工具

本章导言

在前几章的内容中，我们学习了如何制作简易的在线术语库和翻译记忆库，译者在学习计算机辅助翻译工具时，接触最多的也是术语管理技术和翻译记忆技术在翻译实践中的应用。当译者真正开始做翻译时，还会遇到一个棘手的问题：通过统计字数来计算稿酬。严格来说，统计字数并不是唯一一种核算笔译服务报酬的方法，因为在笔译服务中还有很多与翻译过程不甚相关的工作，比如提取术语、项目管理、图片处理、格式转换等等。但在本章我们重点关注字数统计这个环节，尝试开发一个简易的在线字数统计工具。

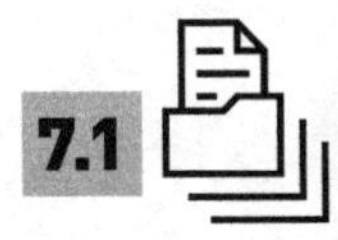

7.1 Microsoft Word 字数统计功能

译者在做笔译实践时，如果想知道一篇文章有多少字，一般会使用 Microsoft Word 的字数统计功能。

比如这样一句话："北京语言大学（Beijing Language and Culture University, BLCU）成立于 1962 年。" 这句话由以下几个部分组成：

① 中文：10

北京语言大学成立于年

② 英文字符：39

BeijingLanguageandCultureUniversityBLCU

③ 英文单词：6

Beijing Language and Culture University BLCU

④ 数字：1 或 4

1962 是 1 个数字，包含 4 个字符

⑤ 中文标点：3

（）。

⑥ 英文标点：1

,

⑦ 空格：5

我们把这部分文字放到 Microsoft Word 2016 中，点击"审阅"菜单栏中的"字数统计"按钮，查看这段文本的字数统计结果如图 7-1 所示。

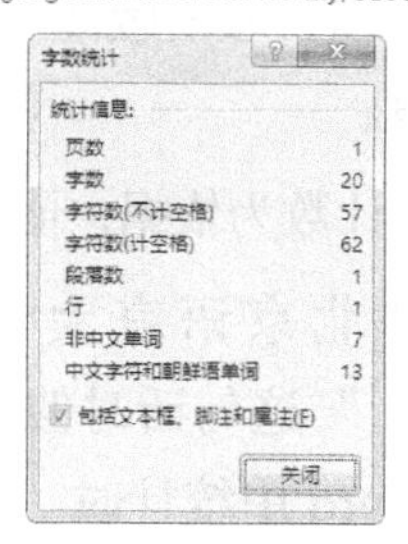

图 7-1　Word 中的字数统计结果显示界面

仔细查看统计结果后，会发现以下字数统计的“规律”：

“字数统计”里的“字数” = 20；① + ③ + ④ + ⑤ + ⑥ = 中文 [10] + 英文单词 [6] + 数字 [1] + 中文标点 [3] + 英文标点 [1] = 21。之所以多出一个字符，是因为在“University”后的半角逗号与“University”共同算作了一个“字”。

“字数统计”里的“字符数（不计空格）” = 57 = ① + ② + ④ + ⑤ + ⑥ = 中文 [10] + 英文字符 [39] + 数字 [4] + 中文标点 [3] + 英文标点 [1] = 57。

“字数统计”里的“字符数（计空格）” = 62 = ① + ② + ④ + ⑤ + ⑥ + ⑦ = 中文 [10] + 英文字符 [39] + 数字 [4] + 中文标点 [3] + 英文标点 [1] + 空格 [5] = 62。

“字数统计”里的“非中文单词” = 7 = ③ + ⑥ = 英文单词 [6] + 英文标点 [1] = 7。

“字数统计”里的“中文字符 + 朝鲜语单词” = 13 = ① + ⑤ = 中文 [10] + 中文标点 [3] = 13。

在笔译实践过程中，译者翻译的都是“字”，计算稿酬时也是基于字数的。如果一位译者接到任务，将这句话翻译成英文，那么实际需要翻译的是其中的中文、数字和标点符号，可 Microsoft Word 中并没有任何一个统计结果涵盖的是这三者的总和。

7.2 笔译服务字数计算方法

为规范笔译服务中的计字方法，我国发布的《翻译服务规范》[1] 有相关规定：

1　《翻译服务规范第 1 部分：笔译》（Specification for Translation Service—Part 1: Translation）：中华人民共和国国家标准 GB/T 19363.1—2003。中华人民共和国国家质量监督检验检疫总局 2003 年 11 月 27 日发布，2004 年 6 月 1 日实施。 链接：http://tac-online.org.cn/ch/tran/2011-12/21/content_4712754.htm

计字一般以中文为基础。在原文和译文均为外文时，由顾客和翻译服务方协商。

版面计字：按实有正文计算，即以排版的版面每行字数乘以全部实有的行数计算，不足一行或占行题目的，按一行计算；

计算机计字：按文字处理软件的计数为依据，通常采用“中文字符数（不计空格）”。

根据该标准，我们在翻译“北京语言大学（Beijing Language and Culture University, BLCU）成立于1962年。”这句话时似乎要按照“57”来算字数，因为如上一节所述，这句话在Microsoft Word中统计时“字符数（不计空格）”的统计结果就是“57”。

然而，仔细查看《翻译服务标准》中的相关条款，其中提到的是按“中文字符数（不计空格）”来计字，而非“字符数（不计空格）”。按照Microsoft Word中的字数统计，“字符数（不计空格）”的统计结果包含文本中的英文字符数。

因此，当译者在与语言服务公司接洽业务，涉及根据Microsoft Word中的字数统计结果来计算稿酬时，务必要明确以何种方式计算字数。译者如果在客户方工作，负责派发稿件给供应商，遇到原稿件中英文字数较多的情况则需要尤其注意，按照Microsoft Word中“字符数（不计空格）”的统计结果来计算工作量时可能会多计算中文字数，如图7-2所示。

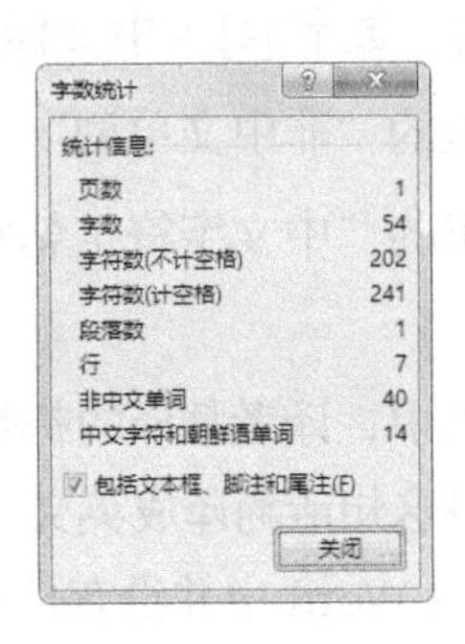

图7-2　示例中英文夹杂文本的字数统计结果

7.3 简易字数统计工具开发

PHP语言中内置了多个与字数统计相关的函数，我们可以基于前几章所学的PHP编程知识，尝试开发一个简易的字数统计工具。在开发过程中，我们将尽可能实现Microsoft Word中字数统计的结果，所以我们根据7.1节中的待统计文本分类来逐个开发统计功能。以下为详细步骤。

→第一步：

启动 XAMPP 中的 Apache 和 MySQL，确保两个组件正常运行。

→第二步：

前往“htdocs”文件夹，创建“wordcount”文件夹，将前序章节创建的 shared 文件夹及其中的 head.php 文件和 foot.php 文件一同拷贝到 wordcount 文件夹中，并在其中使用 Notepad++ 创建一个名为“index.php”的空白 PHP 文件，在其中输入代码 7-1。

```
1.  <?php include "shared/head.php"; ?>
2.  <form action="" method="POST">
3.      <table>
4.      <tr>
5.          <td><textarea rows="10" name ="text">北京语言大学（Beijing Language and Culture University, BLCU）成立于 1962 年。</textarea></td>
6.      </tr>
7.      <tr>
8.          <td><button type="submit">开始统计</button></td>
9.      </tr>
10.     </table>
11. </form>
12. <?php
13. $text=$_POST["text"];
14. ?>
15. <?php include "shared/foot.php"; ?>
```

代码 7-1 添加代码用于显示待统计的字符串

→第三步：

统计英文单词个数和字符数

我们首先使用 str_word_count() 函数统计这段文本中的英文单词，这个函数的基本功能是统计一句话里所有的英文单词的个数，如代码 7-2 所示。

```
12. <?php
13. $text=$_POST["text"];
14. echo "英文单词个数为：".str_word_count($text);
15. ?>
```

代码 7-2 使用 str_word_count() 函数统计英文单词个数

运行后效果如图 7-3 所示。

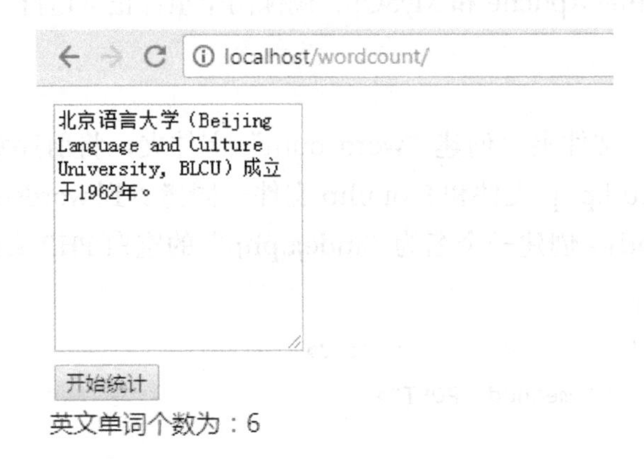

图 7-3　在浏览器中查看英文单词个数统计结果

这与 Microsoft Word 统计的结果是一致的。如果想查看究竟有哪些英文单词，以及英文单词的字符数，则使用代码 7-3 中的代码。

```
12. <?php
13. $text=$_POST["text"];
14. echo "英文单词个数为：".str_word_count($text)."<br>";
15. echo "英文单词包括：";
16. $english_char_num="";
17. foreach(str_word_count($text,1) as $english)
18. {
19.     $english_char_num = $english_char_num + strlen($english);
20.     echo $english." ";
21. }
22. echo "<br>"."英文单词字符总数为：".$english_char_num."<br>";
23. ?>
```

代码 7-3　添加代码用于显示待统计字符串中的英文单词及计算英文单词字符总数

在这段代码中，我们先用“str_word_count($sen,1)”函数获得所有单词，然后用 foreach 函数遍历所有英文单词，并将单词全部显示出来；当获取每一个单词后，可以用 strlen() 函数统计每个单词的字符数，并将单词字符数循环累加到变量 $english_char_num 中，最后显示出该变量的值，如图 7-4 所示。

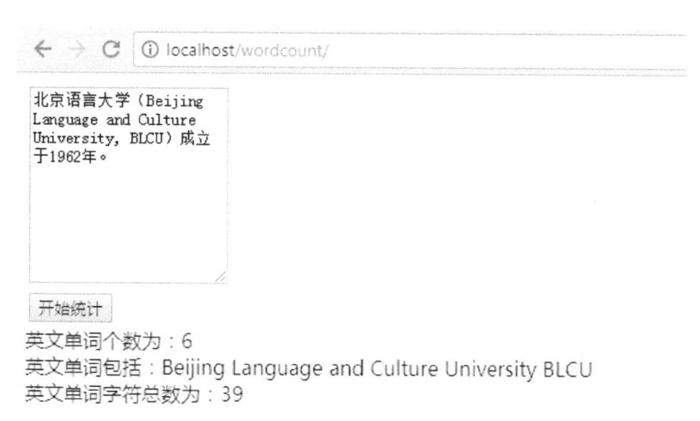

图 7-4 在浏览器中呈现待统计字符串中的英文单词及英文单词字符总数

→第四步：

统计所有空格

为统计所有空格，我们将使用 substr_count() 函数，统计一个字符串在另一个字符串中出现的次数。该函数有两个参数，两个参数均是字符串，第一个字符串是待统计的文本，第二个字符串是要统计出现了多少次的字符串。在代码 7-4 中，我们将空格置于双引号中作为第二个参数，“$text”代表待统计文本。

```
12. <?php
13. $text=$_POST["text"];
14. echo " 英文单词个数为: ".str_word_count($text)."<br>";
15. echo " 英文单词包括: ";
16. $english_char_num="";
17. foreach(str_word_count($text,1) as $english)
18. {
19.     $english_char_num = $english_char_num + strlen($english);
20.     echo $english." ";
21. }
22. echo "<br>"." 英文单词字符总数为: ".$english_char_num."<br>";
23. echo " 全文空格个数为: ".substr_count($text," ")."<br>";
24. ?>
```

代码 7-4 使用 substr_count() 函数计算空格个数

执行这段代码的效果如图 7-5 所示。

图 7-5　在浏览器中呈现待统计字符串中的空格个数

→第五步：

统计所有中文的字数

相较前几步所用的代码，统计中文字数的方法稍微麻烦一些，如代码 7-5 所示。

```
12. <?php
13. $text=$_POST["text"];
14. echo "英文单词个数为：".str_word_count($text)."<br>";
15. echo "英文单词包括：";
16. $english_char_num="";
17. foreach(str_word_count($text,1) as $english)
18. {
19.     $english_char_num = $english_char_num + strlen($english);
20.     echo $english." ";
21. }
22. echo "<br>"."英文单词字符总数为：".$english_char_num."<br>";
23. echo "全文空格个数为：".substr_count($text," ")."<br>";
24.
25. $chinese_punct= "，。、！？：；﹑•＂…‘’“”〝〞∕¦‖—　〈〉﹞﹝「」‹›〖〗】【»«』『〕〔》《﹐¸﹕︰﹔！¡？¿﹖﹌﹏﹋＇´ˊˋ―﹫︳︴¯＿￣﹢﹦﹤‐˜﹟﹩﹠﹪﹡﹨﹍﹉﹎﹊ˇ︵︶︷︸︹︿﹀︺︽︾ˉ﹁﹂﹃﹄︻︼（）";
26. $pattern = array("/[[:punct:]]/i", "/['.$chinese_punct.']/u", "/
[[:alnum:]]/", "/[[:space:]]/");
27. $chinese = preg_replace($pattern, '', $text);
28. echo "中文文本包括：".$chinese."<br>";
29. echo "中文字数为：".mb_strlen($chinese, "utf8")."<br>";
30. ?>
```

代码 7-5　添加代码用于显示待统计字符串中的中文文本及计算中文字数

在这段代码中，我们主要用了两个重要的函数："preg_replace()" 和 "mb_strlen()" 。前者用来去掉句子中所有的中英文标点符号、数字和空格，后者用来统计中文字数。

我们在 4.3.4 节中就曾使用过 preg_replace() 函数来高亮显示检索结果中的检索词，本质上来说是将检索词替换为有颜色的检索词。preg_replace() 函数有三个常用参数：要搜索的正则表达式或正则表达式组、用于替换的字符串、待处理的文本。在代码 7-5 的第 27 行中，第一个参数是变量 $pattern，第二个参数是个空字符串，里面什么也没有，第三个参数是待统计的文本。也就是说这个函数执行后会将待统计文本中匹配出来的字符串替换为空串，实际上就是将其删除。这里的变量 $pattern 包含多种类型的字符组（Character Classes），分别是：

"[[:punct:]]" ：表示任意半角标点符号；

"['.$chinese_punct.']" ：表示字符串 $chinese_punct 中的任意一个字符，而在第 14 行中我们向字符串 $chinese_punct 中添加了许多中文全角标点符号，因此这个代码表示任意中文标点符号；

"[[:alnum:]]" ：表示任意字母和数字；

"[[:space:]]" ：表示任意空白字符。

大家可以想象一下，如果我们把一段中英混杂文本中的所有标点符号、所有英文和字母、所有空白字符都删除，那么剩下的是什么？答案是：中文字符。所以在第 16 行中，我们使用 preg_replace() 函数统计出了所有中文字符，并用 $chinese 变量来存储。mb_strlen() 函数是一个字符串长度统计函数，不仅可以统计中文，也可以统计英文。一般来说，在 PHP 语言中，一个中文字的长度视为 3 个字符，但是当用 mb_strlen() 函数来统计中文时，如果第二个参数是 "utf-8"，则会把一个中文字的长度视为 1 个字符，所以我们用它来计算中文的字数。

一般来说，正则表达式撰写完成后我们就可以在 PHP 代码中将其赋予一个变量，赋予变量时我们通常用两个 "/" 左斜杠（Slash 或 Forward Slash）来包括正则表达式。为了保证无论大写字母还是小写字母都能匹配到，我们会在正则表达式后加一个模式修饰符 "i" ；为了确保匹配出的中文不出现乱码，我们会在正则表达式后加一个模式修饰符 "u" 。

我们会在第八章详细讲解正则表达式的使用方法，在本节中大家可以直接使用我们提供的代码来完成字数统计。

执行这段代码的效果如图 7-6 所示。

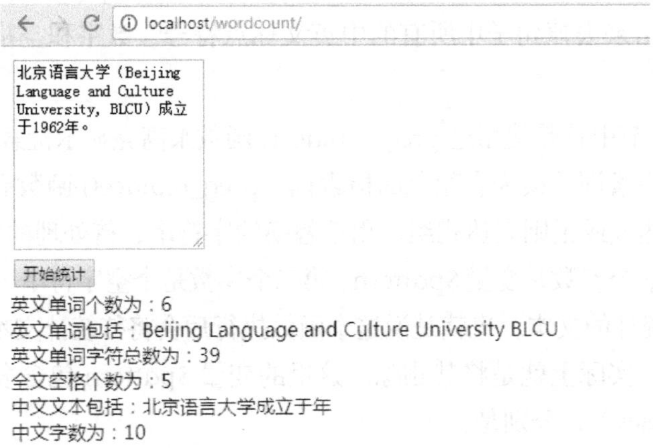

localhost/wordcount/

北京语言大学（Beijing Language and Culture University, BLCU）成立于1962年。

开始统计

英文单词个数为：6
英文单词包括：Beijing Language and Culture University BLCU
英文单词字符总数为：39
全文空格个数为：5
中文文本包括：北京语言大学成立于年
中文字数为：10

图 7-6　在浏览器中呈现待统计字符串中的中文文本及中文字数

→第六步：

统计所有的数字

在这段代码中，我们用了两个重要的函数："strlen()" 和 "is_numeric()"，前者用于计算句子的长度，方便用 foreach 循环来遍历句子中的每一个字符，后者用于判断一个字符是不是数字，如果是的话就放到 "$numresult" 这个变量中，最后再用一次 "strlen()" 函数，把数字的总数算出来。如代码 7-6 所示。

```
12. <?php
13. $text=$_POST["text"];
14. echo " 英文单词个数为：".str_word_count($text)."<br>";
15. echo " 英文单词包括：";
16. $english_char_num="";
17. foreach(str_word_count($text,1) as $english)
18. {
19.     $english_char_num = $english_char_num + strlen($english);
20.     echo $english." ";
21. }
22. echo "<br>"." 英文单词字符总数为：".$english_char_num."<br>";
23. echo " 全文空格个数为：".substr_count($text," ")."<br>";
24.
25. $chinese_punct= "，。、！？：；﹑•"…‘’“”〝〞/¦‖—　〈〉﹞﹝「」‹›〖〗】【»«』『〕〔》《﹐¸﹕︰﹔！¡？¿﹖﹌﹏﹋＇´ˊˋ―﹫︳︴¯＿￣﹢﹦﹤‐˜﹟﹩﹠﹪﹡\﹨﹍﹉﹎﹊ˇ︵︶︷︸︹︿﹀︺︽︾ˉ﹁﹂﹃﹄︻︼（）";
26. $pattern = array("/[[:punct:]]/i", "/['.$chinese_punct.']/u", "/
    [[:alnum:]]/", "/[[:space:]]/");
```

```
27. $chinese = preg_replace($pattern, '', $text);
28. echo "中文文本包括：".$chinese."<br>";
29. echo "中文字数为：".mb_strlen($chinese, "utf8")."<br>";
30. preg_match_all("/\d+/",$text,$matches);
31. echo "数字包括：";
32. $number_char_num="";
33. foreach($matches[0] as $number)
34. {
35.     $number_char_num=$number_char_num+strlen($number);
36.     echo $number." ";
37. }
38. echo "<br>"."数字个数为：".count($matches[0])."<br>";
39. echo "数字字符总数为：".$number_char_num."<br>";
40. ?>
```

代码 7-6 添加代码用于计算待统计字符串中的数字个数和数字字符总数

代码运行的结果如图 7-7 所示。

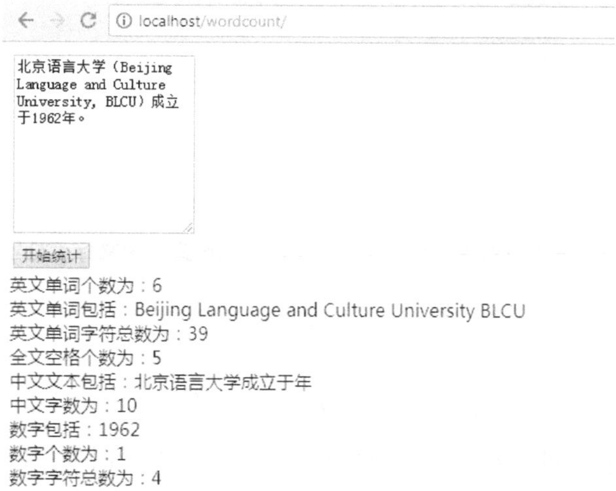

localhost/wordcount/

北京语言大学（Beijing Language and Culture University, BLCU）成立于1962年。

开始统计

英文单词个数为：6
英文单词包括：Beijing Language and Culture University BLCU
英文单词字符总数为：39
全文空格个数为：5
中文文本包括：北京语言大学成立于年
中文字数为：10
数字包括：1962
数字个数为：1
数字字符总数为：4

图 7-7 在浏览器中呈现待统计字符串中的数字个数和数字字符总数

→第七步：

统计标点符号

为统计所有标点符号的个数，我们使用了 preg_match_all() 函数。该函数常用三个参数：要搜索的正则表达式或正则表达式组、待处理的文本和存储匹配结果的数组。在前文中我们知道“[[:punct:]]”和“['.$chinese_punct.']”分别用于匹配任意英文标点符号和任意中文标点符号，所以我们可以使用 preg_match_all() 函数将从待统计的文本

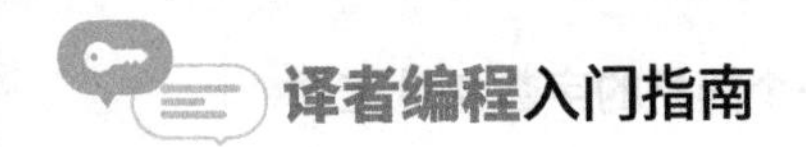

中统计到的所有英文标点和中文标点分别放到数组 $punct_matches 的第 0 个元素和数组 $chinese_punct_matches 的第 0 个元素中。count() 函数可用于统计数组中元素的个数，所以我们最后使用 count() 函数分别得到英文标点和中文标点的个数，如代码 7-7 所示。

```
40. preg_match_all("/[[:punct:]]/i",$text,$punct_matches);
41. echo "英文标点符号个数为：".count($punct_matches[0])."<br>";
42. preg_match_all("/['.$chinese_punct.']/u",$text,$chinese_punct_matches);
43. echo "中文标点符号个数为：".count($chinese_punct_matches[0])."<br>";
```

代码 7-7 添加代码用于分别计算英文、中文标点符号个数

这段代码执行后的效果如图 7-8 所示。

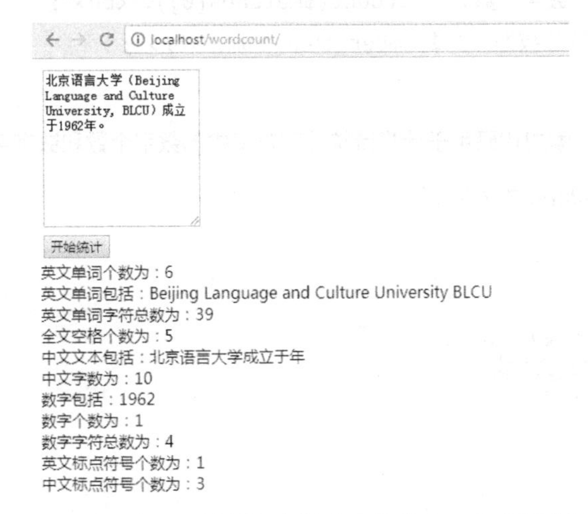

图 7-8 在浏览器中呈现待统计字符串中的英文、中文标点符号个数

→第八步：

按照 Microsoft Word 里计数的方法，统计“字数”

根据 7.1 节所描述的，Microsoft Word 里统计“字数”时使用以下公式：中文 + 英文单词 + 数字 + 中文标点 + 英文标点。据此公式撰写“字数”统计代码，如代码 7-8 所示。

```
44. echo "按照 Microsoft Word 中字数统计的方法，这句话里的字数有： ";
45. echo mb_strlen($chinese, "utf8")+str_word_count($text)+count($matches[0])
    +count($punct_matches[0])+count($chinese_punct_matches[0])." 个";
```

代码 7-8 按照 Microsoft Word 中的字数统计方法生成字数统计结果

按照上述的方法无法获得与 Microsoft Word 完全一样的字数统计结果，Microsoft Word 内部实际使用的字数统计算法相对复杂，所以我们在编程入门学习阶段只能尽量实现类似的功能。

→第九步：

按照 Word 里计数的方法，统计“字符数（不计空格）”和“字符数（计空格）”

Microsoft Word 里统计“字符数（不计空格）”时使用以下公式：中文 + 英文字符 + 数字 + 中文标点 + 英文标点。

Microsoft Word 里统计“字符数（计空格）”时使用以下公式：中文 + 英文字符 + 数字 + 中文标点 + 英文标点 + 空格。

据此公式撰写“字符数（不计空格）”和“字符数（计空格）”统计代码，如代码 7-9 所示：

```
46. echo "按照Microsoft Word中字数统计的方法，这句话里的字数有：  ";
47. echo mb_strlen($chinese, "utf8")+str_word_count($text)+count($matches[0])
    +count($punct_matches[0])+count($chinese_punct_matches[0])."个"."<br>";
48.
49. echo "按照Microsoft Word中字数统计的方法，这句话里的字符数（不计空格）有：  ";
50. echo mb_strlen($chinese, "utf8")+$english_char_num+$number_char_
    num+count($punct_matches[0])+count($chinese_punct_matches[0])."个"."<br>";
51.
52. echo "按照Microsoft Word中字数统计的方法，这句话里的字符数（计空格）有：  ";
53. echo mb_strlen($chinese, "utf8")+$english_char_num+$number_char_
    num+count($punct_matches[0])+count($chinese_punct_matches[0])+substr_
    count($text," ")."个";
```

代码 7-9 按照 office Word 中的字数统计方法生成字数、字符数统计结果

运行这段代码后，效果如图 7-9 所示。

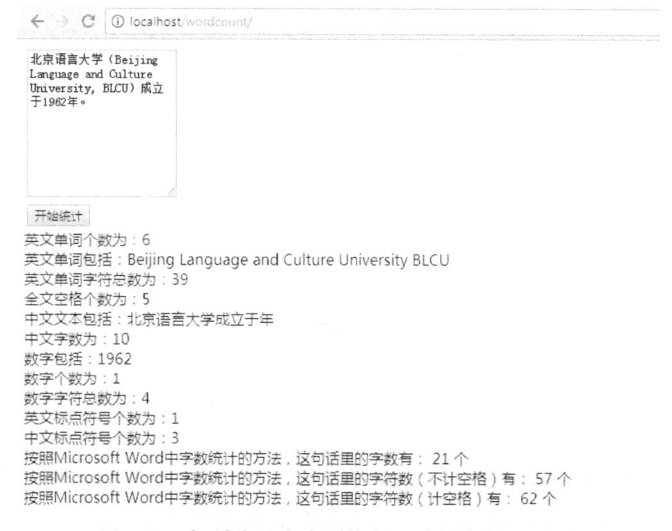

图 7-9 在浏览器中查看字数、字符数统计结果

至此，我们已经基本实现了一个简易字数统计工具的开发，通过这个工具我们不仅可以看到字数统计的结果，还可以将待统计文本中的中文、英文和标点符号分别显示出来，结果更为直观。

7.4 如何统计 Excel 中特定部分的字数

在 5.2.2 节中我们学习了如何使用 PHPExcel 导入 Excel 表格中的数据，在 7.3 节中我们学习了如何开发一个简易的字数统计工具，如果将二者结合起来就可以做一个简易的Excel文件字数统计工具，根据需求统计 Excel 文件特定部分的字数。以下为详细步骤。

→第一步：

准备演示材料和程序开发需求

我们先制作一个演示用的Excel表格“Source.xlsx”，如图7-10所示。一共建三个表，分别是：表一、表二和表三。每个表中都有三列，分别是：ID、原文和译文。我们要翻译的是原文，要把译文填充在译文列。我们的目标是通过一段程序一次性统计三个表中的“原文”一列的所有中文的字数。

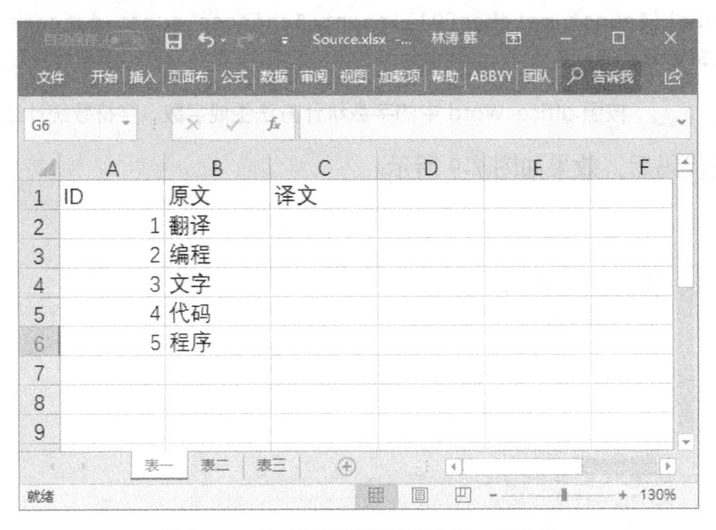

图 7-10　含三列数据的示例 Excel 表格

→第二步：

启动XAMPP中的Apache和MySQL，确保两个组件正常运行。前往“htdocs”文件夹，创建“excelcount”文件夹，将以下文件或文件夹复制到本目录下：

1）将演示材料 Source.xlsx 移动到此文件夹；

2）将前序章节创建的 shared 文件夹及其中的 head.php 文件和 foot.php 文件一同拷贝到 excelcount 文件夹中；

3）将 5.2.2 节用于上传 Excel 文件的 upload.php 文件、upload_file.php 文件、upload 文件夹和 Classes 文件夹拷贝到 excelcount 文件夹中，如图 7-11 所示。

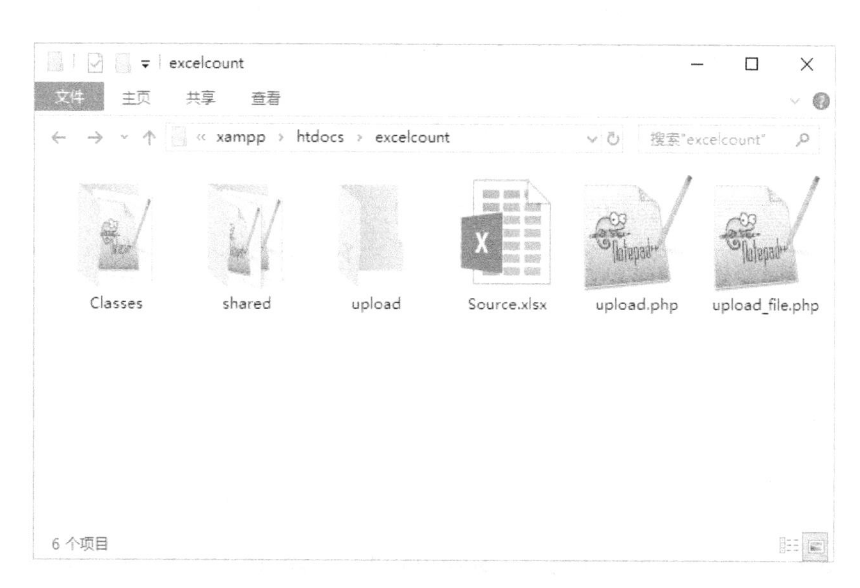

图 7-11　用于实现 Excel 文件上传功能的代码文件

以上文件全部移动完成后，在 Notepad++ 中打开 upload_file.php，将其代码进行简化，如代码 7-10 所示。

```
1.  <?php
2.  if ($_FILES["file"]["error"] > 0)
3.    {
4.    echo " 文件上传错误代码： ".$_FILES["file"]["error"]."<br>";
5.    }
6.  else
7.    {
8.    if (file_exists("upload/".$_FILES["file"]["name"]))
9.        {
10.       echo $_FILES["file"]["name"] . " 已经存在。";
11.       }
12.     else
13.       {
14.         move_uploaded_file($_FILES["file"]["tmp_name"], "upload/" . $_
    FILES["file"]["name"]);
```

```
15.         $file_name = "upload/" . $_FILES["file"]["name"];
16.         include "Classes/PHPExcel.php";
17.         $excel = PHPExcel_IOFactory::load($file_name);
18.         $sheetCount = $excel->getSheetCount();
19.         for($i=0;$i<$sheetCount;$i++)
20.           {
21.             $data = $excel->getSheet($i)->toArray();
22.             for($j=1;$j<count($data);$j++)
23.               {
24.                   $ID = $data[$j][0];
25.                   $zh_CN = $data[$j][1];
26.                   $en_US = $data[$j][2];
27.                   echo $ID." ".$zh_CN." ".$en_US."<br>";
28.               }
29.           }
30.         }
31.     }
32. ?>
```

代码 7-10　简化后的用于 Excel 文件上传的代码

经过 5.2.2 节的学习我们知道，“$data[$j][0]”“$data[$j][1]”和“$data[$j][2]”分别用于存储 Excel 表格中每一个工作表的第一列、第二列和第三列中的数据。我们可以在浏览器中运行 upload.php 文件，上传演示材料 Source.xlsx，获得三个工作表的数据，如图 7-12 所示。

图 7-12　在浏览器中呈现已上传 Excel 文件中的全部数据

→第三步：

自定义一个字数统计函数统计第二列全部文本的字数

我们在上一节中开发了一个简易的字数统计工具，虽然在开发过程中我们写了很多行代码，但是从整体来看，这些代码的功能很简单：获得一段文本，输出字数统计结果。对于这种代码，我们可以将其定义为一个函数（Function），其语法格式为：

function functionName() {

被执行的代码；

}

我们可以给函数取一个自定义的名字，在函数名前使用“function”来声明，在函数名后的圆括号内我们可以自定义参数，主体代码用花括号来包括起来。基于此，我们可以在 excelcount 文件夹中新建一个空白的 excelcount.php 文件，在其中定义一个函数，如代码 7-11 所示。

```
1. <?php
2. function excelcount($text){
3.     echo " 该 Excel 文件内待统计文本为：".$text."<br>";
4.     echo " 该 Excel 文件的字数统计结果：";
5. }
6.
7. $source = " 字数统计对译者很重要 ";
8. excelcount($source);
9. ?>
```

代码 7-11 用于自定义函数的代码

在代码 7-13 的第 2-5 行我们自定义了一个 excelcount() 函数，它的参数是变量 $text，它输出的是第 3 行和第 4 行执行后的字符串。在第 7 行我们创建了一个变量 $source，为其赋予一段文本，然后在第 8 行执行了这个函数。这段代码执行后如图 7-13 所示。

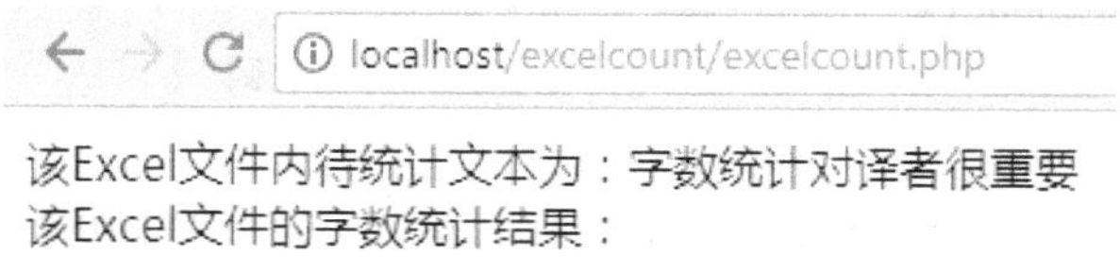

localhost/excelcount/excelcount.php

该Excel文件内待统计文本为：字数统计对译者很重要
该Excel文件的字数统计结果：

图 7-13 在浏览器中呈现自定义函数运行结果

一开始学习自定义函数时，我们会对第 8 行调用函数所设置的参数有疑惑，明明第 2 行定义函数时变量名是 $text，为什么第 8 行使用变量 $source 作为参数也可以顺利执行？实际上，我们在定义函数时参数名叫什么无所谓，只要保证这个参数的值符合函数的要求即可。在我们这里定义的 excelcount() 函数只要求其参数为字符串，至于字符串放在什么变量中一般不会有影响。

此外，这个函数还有另外一种使用的方法，如代码 7-12 所示。

```
1.  <?php
2.  function excelcount($text){
3.      return "该 Excel 文件内待统计文本为: ".$text."<br>"."该 Excel 文件的字数统计结果: ";
4.  }
5.
6.  $text = "字数统计对译者很重要";
7.  echo excelcount($text);
8.  ?>
```

代码 7-12 在定义函数中使用“return”输出函数运行结果

与代码 7-11 不同的是，代码 7-12 中的主体部分并没有使用“echo”来输出函数的结果，而是使用“return”；而且，在代码 7-11 中，我们使用“excelcount($source);”来显示函数结果，在代码 7-12 中却是使用“echo excelcount($text);”。

以上两种都是可用的方式，但第二种方式更适合将函数运行后的结果置于一个变量中，方便后续代码调用。

接下来我们继续完善这个函数，如代码 7-13 所示。

```
1.  <?php
2.  function excelcount($text){
3.      $english_char_num="";
4.      foreach(str_word_count($text,1) as $english)
5.      {
6.          $english_char_num = $english_char_num + strlen($english);
7.      }
8.      $chinese_punct= "，。、！？：；﹑•＂…‘’“”〝〞∕¦‖—　〈〉﹞﹝「」‹›〖〗】【»«』『〕〔》《﹐¸﹕︰﹔！¡？¿﹖﹌﹏﹋＇´ˊˋ―﹫︳︴¯＿￣﹢﹦﹤‐˜﹟﹩﹠﹪﹡\﹨﹍﹉﹎﹊ˇ︵︶︷︸︹︿﹀︺︽︾ˉ﹁﹂﹃﹄︻︼（）";
9.       $pattern = array("/[[:punct:]]/i", "/['.$chinese_punct.']/u", "/
[[:alnum:]]/", "/[[:space:]]/");
10.     $chinese = preg_replace($pattern, '', $text);
11.     preg_match_all("/\d+/",$text,$matches);
12.     $number_char_num="";
13.     foreach($matches[0] as $number)
```

```
14.     {
15.         $number_char_num=$number_char_num+strlen($number);
16.     }
17.     preg_match_all("/[[:punct:]]/i",$text,$punct_matches);
18.     preg_match_all("/['.$chinese_punct.']/u",$text,$chinese_punct_matches);
19.
20.     $ms_wordcount = mb_strlen($chinese, "utf8")+str_word_count($text)+count
   ($matches[0])+count($punct_matches[0])+count($chinese_punct_matches[0]);
21.      $ms_charcount = mb_strlen($chinese, "utf8")+$english_char_num+$number_
   char_num+count($punct_matches[0])+count($chinese_punct_matches[0]);
22.       $ms_charcount_space = mb_strlen($chinese, "utf8")+$english_char_
   num+$number_char_num+count($punct_matches[0])+count($chinese_punct_
   matches[0])+substr_count($text," ");
23.
24.     return
25.     "英文单词个数为：".str_word_count($text)."<br>".
26.     "英文单词字符总数为：".$english_char_num."<br>".
27.     "中文字数为：".mb_strlen($chinese, "utf8")."<br>".
28.     "数字个数为：".count($matches[0])."<br>".
29.     "数字字符总数为：".$number_char_num."<br>".
30.      "按照Microsoft Word中字数统计的方法，这句话里的字数有：".$ms_
   wordcount."个"."<br>".
31.     "按照Microsoft Word中字数统计的方法，这句话里的字符数(不计空格)有：".$ms_
   charcount."个"."<br>".
32.     "按照Microsoft Word中字数统计的方法，这句话里的字符数(计空格)有：".$ms_
   charcount_space."个";
33.     }
34. ?>
```

代码 7-13 自定义一个用于统计字数的函数

接下来，我们就可以在 upload_file.php 中引入 excelcount.php 文件，并调用其中的代码，如代码 7-14 所示。

```
1. <?php include "excelcount.php";?>
2. <?php
3. if ($_FILES["file"]["error"] > 0)
4.   {
5.   echo "文件上传错误代码：".$_FILES["file"]["error"]."<br>";
6.   }
7. else
8.   {
```

```
9.     if (file_exists("upload/".$_FILES["file"]["name"]))
10.        {
11.        echo $_FILES["file"]["name"] . " 已经存在。";
12.        }
13.      else
14.        {
15.          move_uploaded_file($_FILES["file"]["tmp_name"], "upload/" . $_
   FILES["file"]["name"]);
16.        $file_name = "upload/" . $_FILES["file"]["name"];
17.        include "Classes/PHPExcel.php";
18.        $excel = PHPExcel_IOFactory::load($file_name);
19.        $sheetCount = $excel->getSheetCount();
20.        $zh_CN = "";
21.        for($i=0;$i<$sheetCount;$i++)
22.          {
23.            $data = $excel->getSheet($i)->toArray();
24.            for($j=1;$j<count($data);$j++)
25.              {
26.                  $zh_CN = $zh_CN." ".$data[$j][1];
27.              }
28.          }
29.        echo " 该 Excel 文件内待统计文本为: ".$zh_CN."<br>";
30.        echo " 该 Excel 文件的字数统计结果: "."<br>".excelcount($zh_CN);
31.        }
32.    }
33. ?>
```

代码 7-14 在用于上传 Excel 文件的代码中引入自定义函数

我们再次导入 Source.xlsx，查看其中的统计结果，如图 7-14 所示。

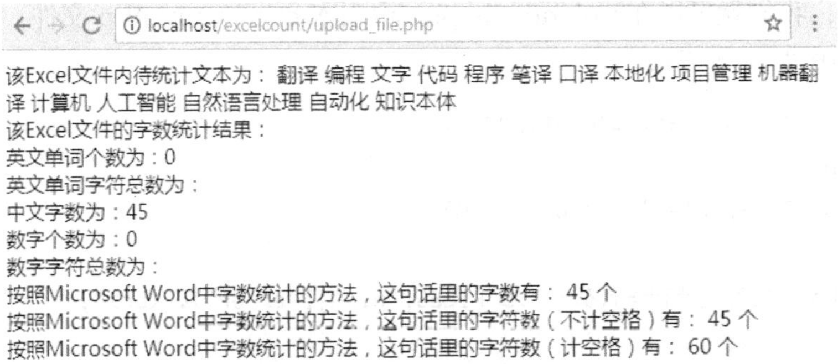

```
localhost/excelcount/upload_file.php
该Excel文件内待统计文本为： 翻译 编程 文字 代码 程序 笔译 口译 本地化 项目管理 机器翻
译 计算机 人工智能 自然语言处理 自动化 知识本体
该Excel文件的字数统计结果：
英文单词个数为：0
英文单词字符总数为：
中文字数为：45
数字个数为：0
数字字符总数为：
按照Microsoft Word中字数统计的方法，这句话里的字数有： 45 个
按照Microsoft Word中字数统计的方法，这句话里的字符数（不计空格）有： 45 个
按照Microsoft Word中字数统计的方法，这句话里的字符数（计空格）有： 60 个
```

图 7-14　在浏览器中呈现已上传 Excel 文件的字数统计结果

至此，我们完成了一个简易的 Excel 文件字数统计工具，可用于统计 Excel 中特定部分的字数。

小结

通过本章的学习，我们既直观了解了 Microsoft Word 中字数统计的方式，也逐步开发了一个简易的在线字数统计工具，并结合前序章节所学内容开发了一个面向 Excel 文件的字数统计工具。字数统计对于译者而言非常重要，希望大家了解其统计原理，在翻译实践过程中如果遇到类似情况后可以自己动手制作简易字数统计工具。

第八章

正则表达式在译前准备中的应用

本章导言

在翻译实践中，除了“.docx”“.xlsx”“.pptx”这种常见的待译文件格式外，还有很多其他的文件格式，如在计算机辅助翻译工具 SDL Trados Studio 2017 中，其内置支持的文件类型就多达 30 种，如图 8-1 所示。

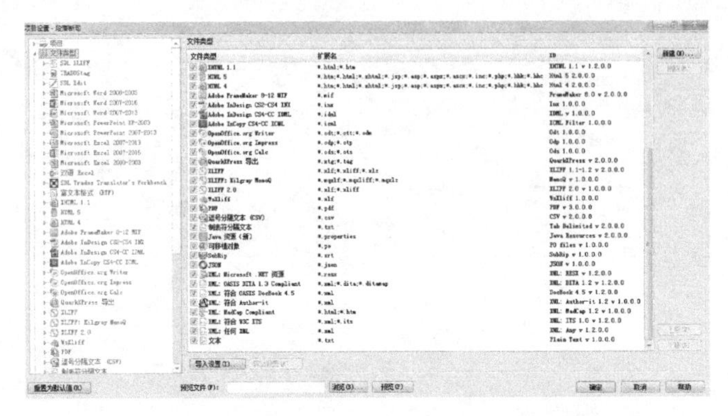

图 8-1　SDL Trados Studio 2017 支持的文件类型

在前文的章节中我们多次提到“正则表达式”（Regular Expression），使用了 preg_replace()、preg_match()、preg_match_all() 等函数来识别文本中特定类型的字符串。无论是哪种文件类型，其待译文本均以字符串的形式存储在代码中，如果我们能够找到字符串存储的规律，就能把字符串提取出来用于翻译流程。正则表达式就是一种将字符串存储规律形式化，用计算机可懂的方式匹配目标字符串的工具。

当我们提及“译前准备”时，一般有两种理解，一种是在翻译工作开始之前基于待译文本内容查询相关信息做好准备工作，另外一种与文件格式转换相关，即将待译文件处理成译者可以直接翻译的形式。本章关注第二种情况，将使用两个与翻译实践相关的案例介绍正则表达式在译前准备中如何处理单语文本和双语文本。

8.1 巧用正则表达式提取待译文本

我们在本书中重点介绍 PHP 语言的诸多功能，正如其名字早期的全称“Personal Home Page”（个人主页）所表示的那样，这个编程语言最早用于网页开发。国外互联网技术调查网站 w3techs 的一项调查 [1] 显示，83.6% 的网站服务器端使用了 PHP 代码。对于学习编程的人而言，这个数据意味着掌握 PHP 语言能有更广阔的就业前景，对于译者而言，尤其是主要做网站内容翻译的译者而言，许多待译网页文件可能都包含 PHP

1　https://w3techs.com/technologies/details/pl-php/all/all

代码，如代码 8-1 所示[1]。

```
1. <?php
2. $language['title']='Administration';
3. $language['welcome']='Welcome!';
4. $language['confirm_submit']='Confirm submission?';
5. $language['confirm_delete']='Confirm delete?';
6. $language['selected_delete_content']='Delete selection';
7. $language['selected_delete_member']='Delete the selected members';
8. $language['menu_member_1']='Member list';
9. $language['menu_member_2']='Member group';
10. $language['log_action']['login']='Log in';
11. $language['log_action']['logout']='Quit';
12. ?>
```

代码 8-1 PHP 网页文件中含待译字符串的代码

这是用于存储待译文本的 PHP 文件，“=”等号左侧是变量名，右侧是变量的值。变量名对应网页上的特定位置，变量值是显示在这些位置的文本。如果我们希望网页能够在不同语言之间切换，那么就需要将代码 8-1 中所有的变量值提取并翻译完成，而变量名是不能动的。

8.1.1 在计算机辅助翻译工具中解析待译文本

如图 8-1 所示，SDL Trados Studio 2017 是支持 PHP 文件翻译的，所以我们可以先将这个文件导入 Trados，预览文件解析效果：

打开 SDL Trados Studio 2017[2]，前往“主页视图”—“项目设置”—“文件类型”—“HTML5”，如图 8-2 所示。

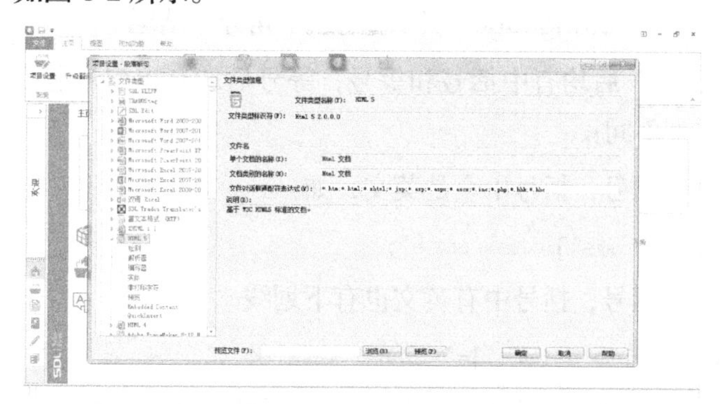

图 8-2 在 SDL Trados Studio 2017 中查看“HTML5”文件类型信息

1 可前往以下网址下载该示例文件：http://translation.education

2 请前往以下网址下载 SDL Trados Studio 2017 的试用版：http://translation.education

在这个页面中可以看到，“*.php”是受支持的文件格式，对话框下侧有一个“预览文件”区域，点击“浏览”从本地计算机上找到本章所用的示例代码文件，添加完成后点击“预览”，查看文件解析结果，如图 8-3 所示。

图 8-3　SDL Trados Studio 2017 无法直接显示 PHP 文件中的待译字符串

结果发现，该 SDL Trados Studio 2017 无法从这个文件中解析出“=”等号后面的字符串，这意味着译者无法使用计算机辅助翻译工具完成该文件的翻译。

8.1.2 使用正则表达式匹配文本

为了解决这个问题，我们先仔细分析待翻译的 PHP 代码。

分析后，发现了一些“规律”。

1）每行代码均是“$language”开头、“;”半角分号结尾

2）“$language”后均有中括号和等号，等号后均有单引号包括的字符串，但等号左侧的中括号类型不同：

类型一：一个中括号，括号中全是英文，如：

```
1. $language['welcome']='Welcome!';
```

类型二：一个中括号，括号中有英文也有下划线

```
1. $language['confirm_delete']='Confirm delete?';
2. $language['selected_delete_content']='Delete selection';
```

类型三：一个中括号，括号中有英文有下划线也有数字

```
1. $language['menu_member_1']='Member list';
```

类型四：两个中括号，括号中有英文也有下划线

```
1. $language['log_action']['login']='Log in';
```

要从这么多种类型的文本中提取等号后的字符串，我们一般会想到的方法是：让计算机去找前面有等号单引号，后面有引号分号的文字。只要找到这四个标点符号就可以定位要翻译的内容。

这样想并没有错，只是对于 SDL Trados Studio 2017 来说，识别待翻译内容时要去识别待译文本的开头和结尾。识别结尾较为简单，仅识别单引号和分号即可；但识别开头却没有那么简单，因为我们要去识别全部以“$language”开头以等号结尾的代码。为了能让软件识别这几段看起来有规律，但又不知道准确描述规律的代码，我们就要引入正则表达式了。

→第一步：

通过在线正则表达式测试工具测试正则表达式

在前往计算机辅助翻译软件中应用正则表达式前，我们可以先前往以下网站，并将几行即将匹配的典型代码粘贴到其中，如图 8-4 所示。

http://tool.oschina.net/regex/

图 8-4 在线正则表达式测试工具界面

→第二步：

识别“$language['”

接下来，我们开始在上图的“在此输入正则表达式”文本框中输入表达式。我们首先要识别的是四行代码都共有的部分“$language['”，如图 8-5 所示。

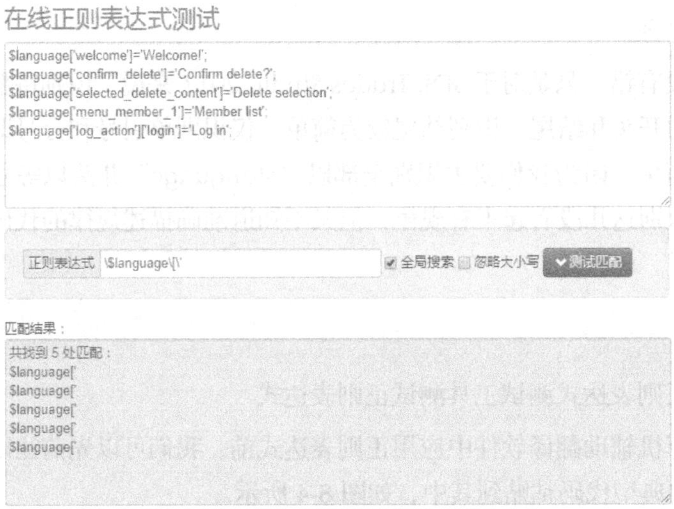

在线正则表达式测试

```
$language['welcome']='Welcome!';
$language['confirm_delete']='Confirm delete?';
$language['selected_delete_content']='Delete selection';
$language['menu_member_1']='Member list';
$language['log_action']['login']='Log in';
```

正则表达式 \$language\[\'　☑全局搜索 ☐忽略大小写 测试匹配

匹配结果：

```
共找到 5 处匹配：
$language['
$language['
$language['
$language['
$language['
```

图 8-5　在正则表达式工具中识别“$language['”

在这一步中，我们构建的正则表达式如代码 8-2 所示。

```
1. \$language\[\'
```

代码 8-2　识别“$language['”对应的正则表达式

在前文中我们介绍过“\”符号是转义符，我们分别给“$”“[”和“'”三个符号加了转义符，因为这三个符号在 PHP 语言中都不是普通的纯文本符号，而是有特定语法功能的符号，需要对其进行转义，以将其识别为纯文本。从图 8-5 可以看出，这段正则表达式执行后，全部测试 PHP 代码的“$language['”部分都识别出来了。

→第三步：

识别单引号中的英文字母、数字和标点符号

分析完测试 PHP 代码后，我们发现中括号内有很多小写英文字母。正则表达式中用来匹配小写英文字母的表达式是：[a-z]，但如果直接用该表达式每次只能匹配从 a 到 z 中的任意一个小写英文字符，如果要匹配多个的话，就得在后面加一个“+”加号：[a-z]+，如图 8-6 所示。

图 8-6　在正则表达式工具中识别英文字母

从图 8-6 中可以看出，部分英文单词识别成功，但是下划线“_”（Underscore）没有识别到，所以需要在 a-z 后面加一个下划线，即：[a-z_]+，如图 8-7 所示。

图 8-7　在正则表达式工具中识别英文字母和下划线

然而，第四行代码中的数字还没有识别出来。在正则表达式的语法中，匹配阿拉伯数字的表达式是：[0-9]，所以我们进一步完善表达式：[a-z_0-9]+，效果如图 8-8 所示。

在线正则表达式测试

```
$language['welcome']='Welcome!';
$language['confirm_delete']='Confirm delete?';
$language['selected_delete_content']='Delete selection';
$language['menu_member_1']='Member list';
$language['log_action']['login']='Log in';
```

正则表达式 \$language\[\'[a-z_0-9]+ 全局搜索 忽略大小写 测试匹配

匹配结果：

```
共找到 5 处匹配：
$language['welcome
$language['confirm_delete
$language['selected_delete_content
$language['menu_member_1
$language['log_action
```

图 8-8　在正则表达式工具中识别英文字母、下划线和数字

数字识别完成后，我们继续识别第一个中括号的后半部分，将表达式完善为：\$language\[\'[a-z_0-9]+\'\]，效果如图 8-9 所示。

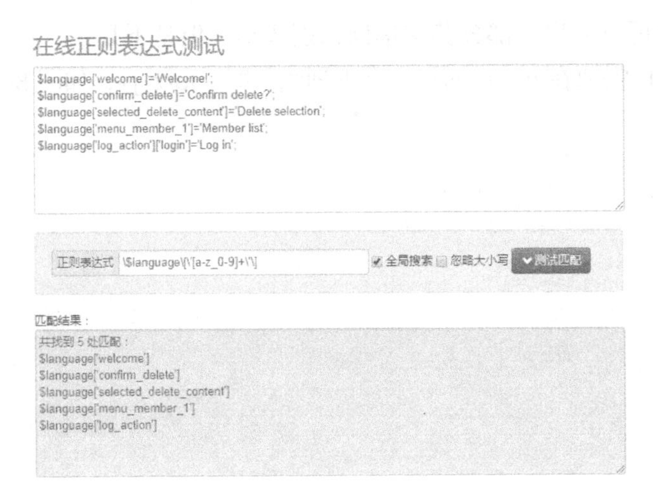

图 8-9　在正则表达式工具中识别英文字母、数字和标点符号

从图 8-9 可以看出，前四行 PHP 代码的中括号都识别出来了，但是最后一行代码的第二个中括号 ['login'] 还没有被识别出。

→ 第四步：

识别多个同一类型的字符串

本质上来说，“[\'[a-z_0-9]+\'\]”这个正则表达式也可以识别最后一行代码中未识别出的 ['login']。如果我们把这个表达式再写一遍，去尝试匹配后，只能看到如图 8-10 所示的效果。

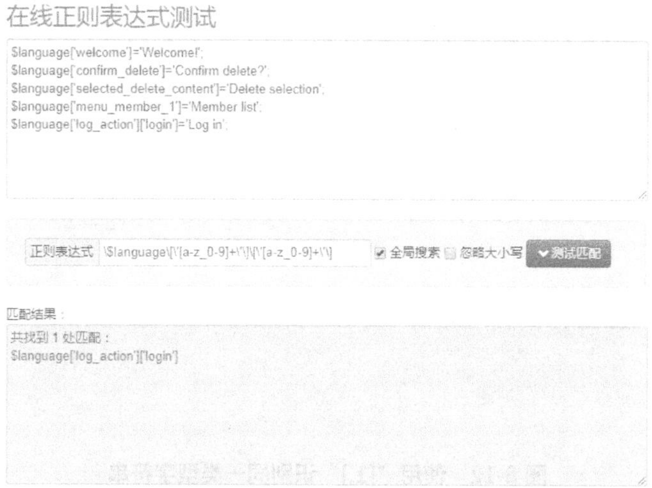

在线正则表达式测试
$language['welcome']='Welcome!';
$language['confirm_delete']='Confirm delete?';
$language['selected_delete_content']='Delete selection';
$language['menu_member_1']='Member list';
$language['log_action']['login']='Log in';
正则表达式
\$language\[\'[a-z_0-9]+\'\]\[\'[a-z_0-9]+\'\]
全局搜索
忽略大小写
测试匹配
匹配结果：
共找到 1 处匹配：
$language['log_action']['login']

图 8-10　在正则表达式工具中识别同一类型的字符串

虽然最后一行代码中的两个中括号成功识别出来了，但是其他几行却识别失效。所以，我们这里要引入一个新的正则表达式语法：()。它的作用是：标记一个子表达式的开始和结束位置。

所以我们可以用这个圆括号把刚才用来匹配中括号及其内容的字符串包括起来，然后在后面使用一个“+”加号。加号的所用是：匹配前面的子表达式一次或多次。表达式如下：$language([\'[a-z_0-9]+\'])+，识别之后效果如图 8-11 所示。

在线正则表达式测试
$language['welcome']='Welcome!';
$language['confirm_delete']='Confirm delete?';
$language['selected_delete_content']='Delete selection';
$language['menu_member_1']='Member list';
$language['log_action']['login']='Log in';
正则表达式
\$language(\[\'[a-z_0-9]+\'\])+
全局搜索
忽略大小写
测试匹配
匹配结果：
共找到 5 处匹配：
$language['welcome']
$language['confirm_delete']
$language['selected_delete_content']
$language['menu_member_1']
$language['log_action']['login']

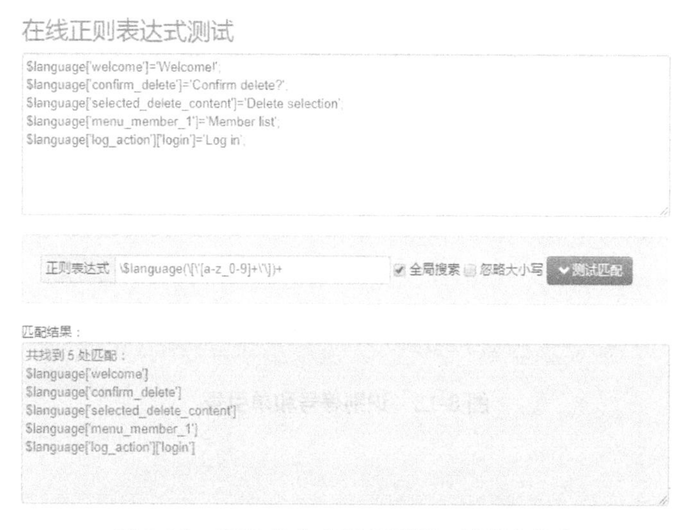

图 8-11　使用“+”加号识别同一类型字符串

与“+”加号效果类似的还有花括号：{}，$language([\'[a-z_0-9]+\']){1,}，其中“1”代表花括号前面的表达式至少出现 1 次，表达式运行后效果如图 8-12 所示。

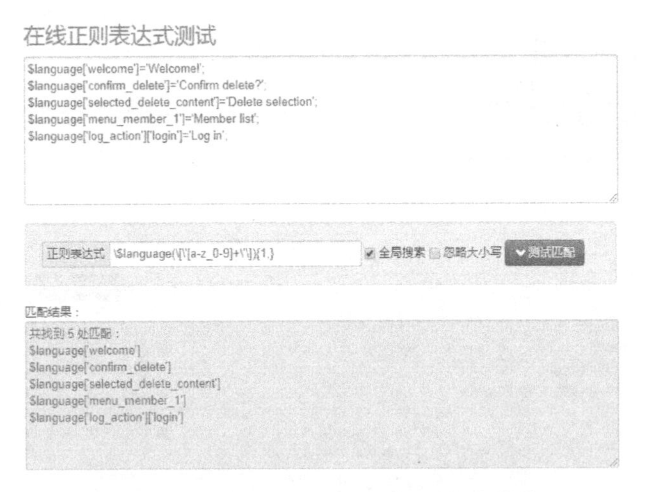

图 8-12　使用“{1,}”识别同一类型字符串

→ **第五步：**

匹配等号和单引号

匹配完相对复杂的中括号后，剩下的等号和单引号就相对简单一些，表达式如下：“\$language(\[\'[a-z_0-9]+\'\])+\=\'”，运行后效果如图 8-13 所示。

图 8-13　识别等号和单引号

→ **第六步：**

匹配结尾的单引号和分号

通过前面五步我们成功使用正则表达式匹配了待译字符串前面的代码，接下来再匹配待译字符串后面的代码，表达式如下：“\'\;”，执行效果如图 8-14 所示。

在线正则表达式测试

```
$language['welcome']='Welcome!';
$language['confirm_delete']='Confirm delete?';
$language['selected_delete_content']='Delete selection';
$language['menu_member_1']='Member list';
$language['log_action']['login']='Log in';
```

正则表达式 '\; ☑ 全局搜索 ☐ 忽略大小写 测试匹配

匹配结果：

共找到 5 处匹配：

图 8-14 识别单引号和分号

→ 第七步：

在计算机辅助翻译工具中测试正则表达式

为方便在 SDL Trados Studio 2017 中应用正则表达式来匹配待译文本中的特定内容，我们常用的方式是将待译文件转换为纯文本格式（.txt），即将包含代码的“admin.php”改为“admin.txt”。在 SDL Trados Studio 2017 中的“主页视图”—“项目设置”—“文件类型”中点击“文本”—“内嵌格式”，如图 8-15 所示。如界面中所描述的，内嵌格式定义了哪些文本应该转换为内嵌标记。在 SDL Trados Studio 2017 将待译文本转换为特定格式时，就会将内嵌标记隐藏或者呈现为不可翻译的元素，译者在翻译过程中就可以跳过这些内嵌标记，专注在文本翻译上。

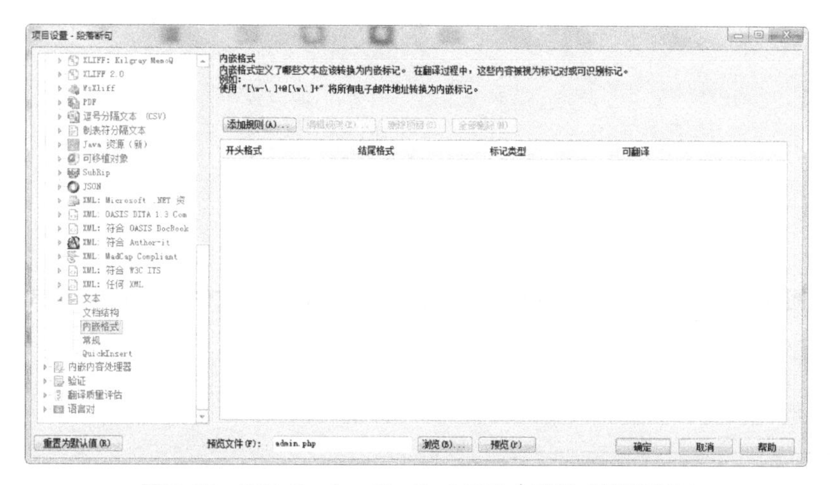

图 8-15 SDL Trados Studio 2017 内嵌格式设置窗口

在“内嵌格式”对话框中，点击“添加规则”，将“规则类型”设置为“标记对”[1]，并在下方空白处分别填写用于匹配起始标记和结尾标记的正则表达式，如图 8-16 所示。

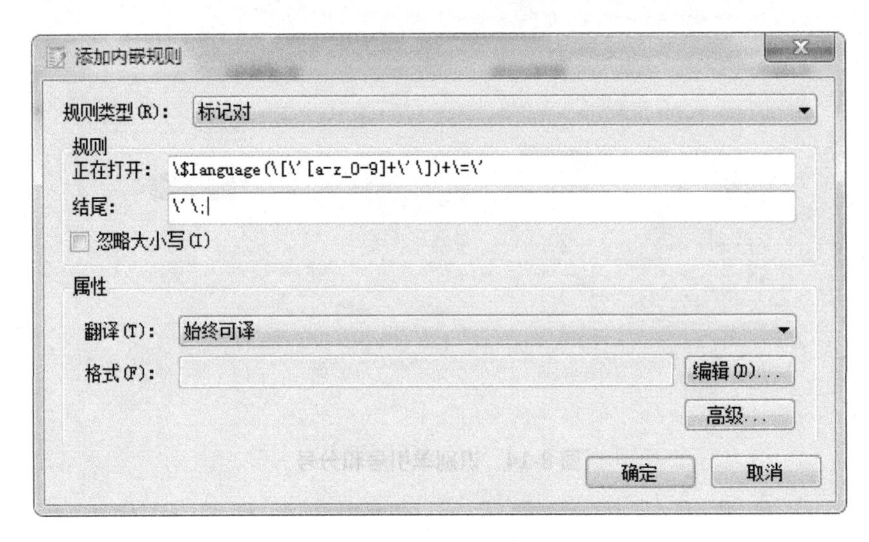

图 8-16　添加内嵌规则

点击“确定”后完成规则创建，并点击对话框下方的“预览”，预览“admin.txt”文件的转换效果，如图 8-17 所示。

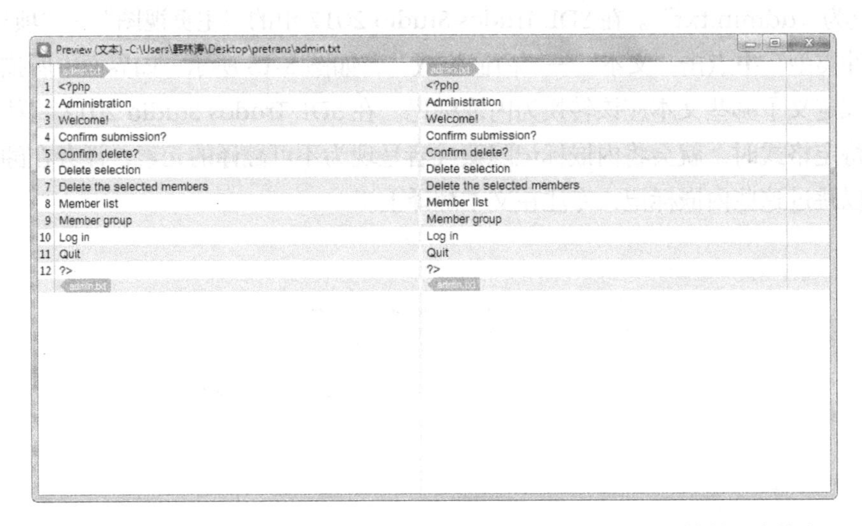

图 8-17　在 SDL Trados Studio 2017 中成功显示 PHP 文件中的待译字符串

1　在该对话框中，“正在打开：”为软件中的错译，应为“起始：”，表示在此处输入用于匹配起始标记的正则表达式。

从图 8-17 可以看出，SDL Trados Studio 2017 成功“过滤”掉了不需要翻译的内容，只保留了要翻译的字符串。译者可以单独翻译这部分文本，翻译完成后导出的译文则会还原到原代码的指定位置，如图 8-18 所示。

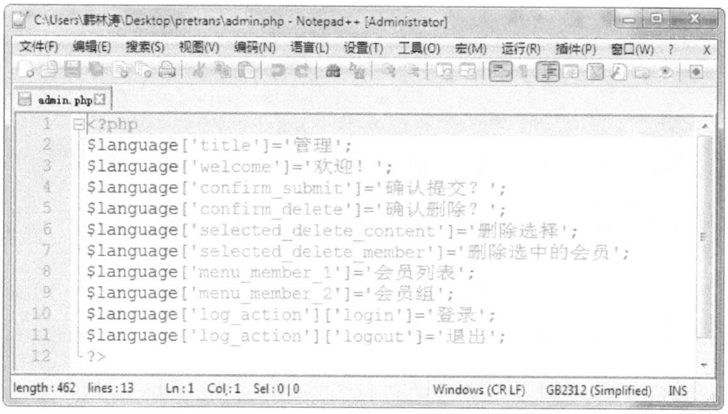
C:\Users\郭林涛\Desktop\pretrans\admin.php - Notepad++ [Administrator]
文件(F) 编辑(E) 搜索(S) 视图(V) 编码(N) 语言(L) 设置(T) 工具(O) 宏(M) 运行(R) 插件(P) 窗口(W) ? X
admin.php
<?php
$language['title']='管理';
$language['welcome']='欢迎！';
$language['confirm_submit']='确认提交？';
$language['confirm_delete']='确认删除？';
$language['selected_delete_content']='删除选择';
$language['selected_delete_member']='删除选中的会员';
$language['menu_member_1']='会员列表';
$language['menu_member_2']='会员组';
$language['log_action']['login']='登录';
$language['log_action']['logout']='退出';
?>
length : 462 lines : 13 Ln : 1 Col : 1 Sel : 0 | 0 Windows (CR LF) GB2312 (Simplified) INS

图 8-18 在 PHP 文件中查看导出后的翻译结果

8.2 巧用正则表达式整理双语术语

通过前面几章的学习，我们知道术语库对译者而言非常重要，译者可以将自己常用的术语数据存储到数据库中用于查询，而在没有术语库前译者基本上都是用 Excel 表格来存储自己的术语。为了补充自己的术语库，很多译者或翻译爱好者平时也会在网上查询公开的双语术语表，如图 8-19 所示[1]。

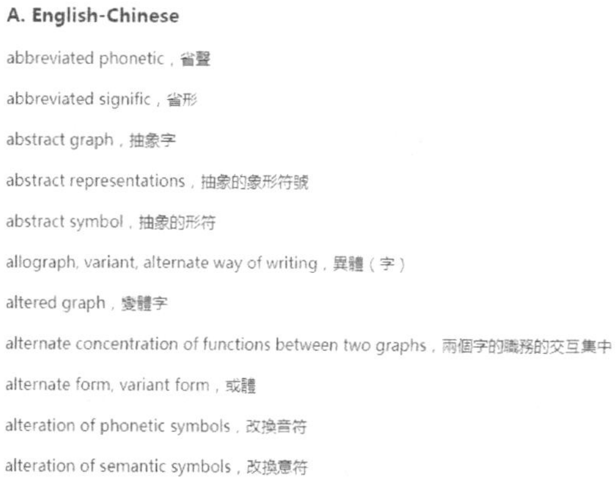
A. English-Chinese
abbreviated phonetic，省聲
abbreviated signific，省形
abstract graph，抽象字
abstract representations，抽象的象形符號
abstract symbol，抽象的形符
allograph, variant, alternate way of writing，異體（字）
altered graph，變體字
alternate concentration of functions between two graphs，兩個字的職務的交互集中
alternate form, variant form，或體
alteration of phonetic symbols，改換音符
alteration of semantic symbols，改換意符

图 8-19 网络上常见的双语术语

1 《Glossary | 文字学术语中英文对照表》，网址：https://zhuanlan.zhihu.com/p/27662182

如果将上图中的双语术语数据在网页中复制后直接粘贴到 Excel 表格中，会看到如图 8-20 所示的结果。

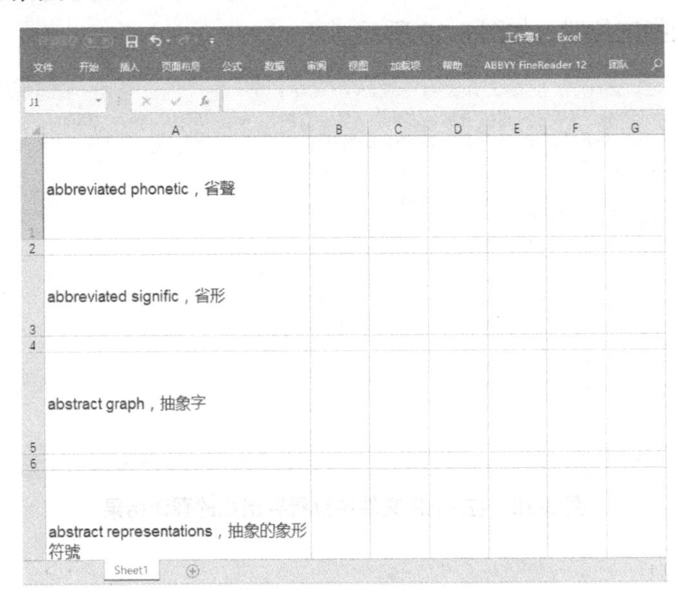

图 8-20　在 Excel 表格中查看格式混乱的双语术语

显然，这种 Excel 表格是无法用于翻译实践的，中英文挤到一个单元格中不便于查询和筛选。一般来说，像这种网络上发布的中英文术语表一般都是用空格或逗号将两种语言的术语隔开，若想实现将中英文术语表粘贴复制到 Excel 表后自动分成两列分别存储，中英文间就得有制表符，而不是空格或逗号。

因此，只要我们能够用正则表达式识别中英文文本以及其中的标点符号，并将标点符号替换为制表符，就能实现目标。以下为详细步骤。

→第一步：

启动 XAMPP 中的 Apache 和 MySQL，确保两个组件正常运行。

→第二步：

前往 “htdocs” 文件夹，创建 “biterm” 文件夹，将前序章节创建的 shared 文件夹及其中的 head.php 文件和 foot.php 文件一同拷贝到 biterm 文件夹中，并在其中使用 Notepad++ 创建一个名为 “index.php” 的空白 PHP 文件，在其中输入代码 8-3。

```
1. <?php include "shared/head.php"; ?>
2. <form action="" method="POST">
3.     <table>
4.     <tr>
5.         <td><textarea rows="10" name ="text"></td>
```

```
6.         </tr>
7.         <tr>
8.             <td><button type="submit"> 开始替换 </button></td>
9.         </tr>
10.        </table>
11. </form>
12. <?php
13. $text=$_POST["text"];
14. echo " 在这里显示替换结果 ";
15. ?>
16. <?php include "shared/foot.php"; ?>
```

代码 8-3 biterm 基础代码

→第三步：

撰写并应用正则表达式

在本案例中，我们的目标是将中英文术语之间逗号替换为制表符，使术语表可以在被粘贴到 Excel 表格后分两列显示，所以我们就至少需要用正则表达式匹配三个部分：英文、逗号和中文。

在上一节中我们知道匹配任意一个英文字母的正则表达式是：[a-z]，但实际上这个是匹配任意一个小写英文字母，如果想匹配任意一个大写或小写的英文字母则使用：[A-Za-z]。由于有些术语条目会以数字开头或结尾，所以我们还可以把识别任意一个数字的正则表达式与其组合在一起：[A-Za-z0-9]。

匹配中文的正则表达式有好几种，常见的一种是：[\u4e00-\u9fa5]，如在我们用于测试正则表达式的在线工具右侧有一个“匹配中文字符”按钮，点击后可以看到它匹配中文的效果，如图 8-21 所示。

图 8-21　使用正则表达式匹配中文字符

除了这种之外，[一 - 龟] 也是一种可以匹配中文的正则表达式，大家可以理解为在一个庞大的中文字表中的第一个字是“一”，最后一个字是“龟”，只要要匹配的字符出现在“一”和“龟”之间，就表明它是中文字。

匹配本例中的逗号可以直接使用全角“，”逗号，不过也许有些时候两个字之间是空格、或者半角的“,”逗号，或者其他标点符号，所以我们可以用中括号“[]”把可能的分隔符号都放在其中，匹配字符时任何一个在这个中括号内的标点符号都可以匹配到。

知道如何匹配英文、逗号和中文后，我们就可以构造一个简单的表达式来匹配“英文，中文”这种组合了，如：[A-Za-z0-9][，][一 - 龟]。我们在上一节中还学习过圆括号“()”的作用，它可以标记一个子表达式的开始和结束位置。由于我们在找到“英文，中文”这种组合后，还要对其中的逗号进行替换，所以我们需要在替换时区分谁应该保留，谁可以被替代，因此，我们可以用圆括号分别将用于匹配英文和中文的正则表达式包括起来，即：([A-Za-z0-9])[，]([一 - 龟])，如代码 8-4 第 3 行所示。

```
1.  <?php
2.  $text=$_POST["text"];
3.  $english_punc_chinese = "/([A-Za-z0-9])[， ]([ 一 - 龟 ])/u";
4.  $replacement = "$1\t$2";
5.  $out = preg_replace($english_punc_chinese, $replacement, $text);
6.  echo
7.  '<table>
8.      <tr>
9.          <td><textarea rows="10" name ="text">'.$out.'</textarea></td>
10.     </tr>
11. </table>';
12. ?>
```

代码 8-4 将匹配英文、逗号和中文的正则表达式添加至 biterm 代码中

在这段代码的第 4 行，我们写了一个新的字符串，其中的“$1”和“$2”分别代表第三行代码中的“([A-Za-z0-9])”和“([一 - 龟])”，而中间的“\t”则是代表制表符，“t”是“Tabulator”或“Tabular Key”的首字母。所以，当我们执行第 5 行的 preg_replace() 函数后，待处理文本（$text）中的所有“英文，中文”组合都会被替换成“英文 中文”，中间的空白处不是空格，而是一个看不见的制表符。

之所以在代码 8-4 中的第 9 行我们将替换后的文本输出到一个由“<textarea> 元素”定义的输入框中，是因为如果“英文 中文”组合直接显示在浏览器中，我们复制这段文本的时候无法成功复制出制表符，而只有将其输出到一个输入框中我们才能在复制文本时保留英中文之间的制表符。

在浏览器中执行 index.php 文件后，我们将图 8-19 中的术语粘贴到输入框并执行替换操作，如图 8-22 所示。

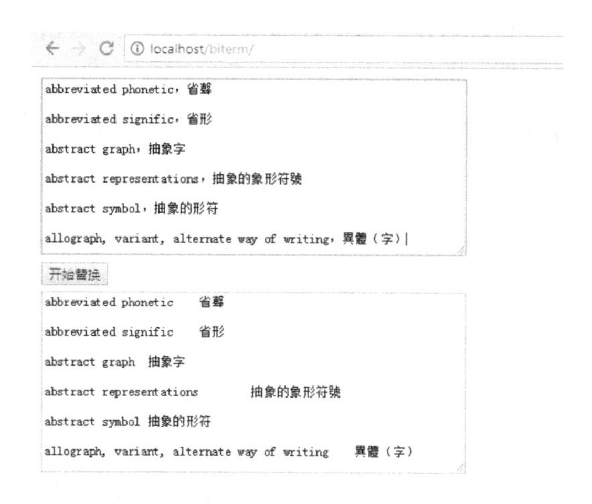

图 8-22　在浏览器中查看 biterm 运行效果

将图 8-22 下方输入框中的内容粘贴到 Excel 表格中，效果如图 8-23 所示。

	A	B
1	abbreviated phonetic	省聲
2		
3	abbreviated signific	省形
4		
5	abstract graph	抽象字
6		
7	abstract representations	抽象的象形符號
8		
9	abstract symbol	抽象的形符
10		
11	allograph, variant, alternate way of wr	異體（字）
12		

图 8-23　将 biterm 输出的结果粘贴至 Excel 表格中

以上是将以全角逗号分隔的英中文本转换为 Excel 术语表，如果是英中文本，则新写一则正则表达式，如代码 8-5 第 4 行所示。

```
1.  <?php
2.  $text=$_POST["text"];
3.  $english_punc_chinese = "/([A-Za-z0-9])[，]([一-龟])/u";
4.  $chinese_punc_english = "/([一-龟])[，]([A-Za-z0-9])/u";
5.  $replacement = "$1\t$2";
6.  $out = preg_replace($chinese_punc_english, $replacement, $text);
7.  echo
8.  '<table>
9.      <tr>
10.         <td><textarea rows="10" name ="text">'.$out.'</textarea></td>
11.     </tr>
12. </table>';
13. ?>
```

代码 8-5　在 biterm 代码中添加匹配英中文本的正则表达式

如果中英文间不是以逗号隔开，而是其他符号（如“。”句号），则可以添加在正则表达式的第二个中括号中，如代码 8-6 所示。

```
3. $english_punc_chinese = "/([A-Za-z0-9])[，。]([一-龟])/u";
4. $chinese_punc_english = "/([一-龟])[，。]([A-Za-z0-9])/u";
```

代码 8-6 匹配使用逗号、句号分隔的双语文本的正则表达式

小结

在编程学习过程中，正则表达式极为重要，涉及的知识点较多，入门时又较难直观理解，所以会有一定难度。通过本章的学习，我们已经初步了解了一些常用正则表达式的构造方法，能应对一些简单的英文字符串、中文字符串、标点符号的匹配需求。在翻译实践过程中，大家还需要通过实际案例摸索正则表达式的应用技巧，以达到辅助翻译的目的。

第九章

从零入手接入机器翻译引擎

本章导言

随着机器翻译技术的飞速升级，国内外机器翻译技术研发公司不断推出高质量的在线机器翻译引擎和搭载语音识别、语音合成功能的翻译机。与此同时，“机器翻译+译后编辑”（MTPE, Machine Translation and Post-Editing）的工作模式也成为今天许多语言服务公司和译者正在使用的工作模式。全球领先的语言服务公司莱博智（Lionbridge）自 2002 年起就为客户提供大规模的“机器翻译+译后编辑”服务[1]，如今该公司也逐渐向越来越多与其合作的译者提出应接受机器翻译，掌握译后编辑策略。

在国内，众多知名的机器翻译技术开发商推出了免费的在线机器翻译服务，如百度翻译、有道翻译、搜狗翻译等，国外的机器翻译技术开发商中最为著名的当属谷歌翻译。

对于译者而言，一般情况下使用机器翻译的方法是：前往某个机器翻译引擎的主页，粘贴或者输入一段要翻译的内容，然后查看机器翻译的结果；如果想查看其他机器翻译结果，则再打开其主页，再粘贴或者输入要翻译的内容……直至找到满意的结果。

在本章中，我们将以接入百度翻译 API 和有道翻译 API 为例，学习如何通过编程的方式简化上述使用多个机器翻译引擎的方式，开发这样一个“一文多译”的页面：一次性输入要翻译的内容，点击“翻译”按钮，同时获得多个机器翻译引擎的译文。

9.1 接入百度翻译 API

为实现“一文多译”的功能，我们首先需要了解“API”，其全称为“Application Programming Interface”，中文译为“应用程序接口”。其应用方法非常类似前序章节使用 PHPExcel 时采取的方法，我们在使用过程中不用考虑这种工具究竟如何开发完成，而是关注在使用时我们怎样为其提供“输入”的数据，知晓如何解析其“输出”的数据。简单来说就是，对于一个机器翻译 API，我们需要知道如何把要翻译的文本输入给它，它翻译完成后怎么从其输出的数据中解析出译文。我们首先了解如何使用百度翻译 API，以下为详细步骤。

→第一步：

注册免费百度翻译开放平台

若要使用百度翻译 API，需要先注册百度账号，并登录到百度翻译开放平台，如图 9-1 所示，其登录地址如下：http://api.fanyi.baidu.com/api/trans/product/index。

---

1 http://content.lionbridge.com/machine-translation-in-translation/

注：我们在本章用到的所有机器翻译 API 提供商都要求用户注册成为开发者（Developer），这个过程并不复杂，免费注册账号并登录即可。互联网上个别 API 提供商会提供收费的机器翻译 API 服务，但费用都不高（如搜狗翻译 API 每百万字收费 40 元，每月翻译字符数低于 200 万，免付费[1]），个人译者完全有能力承担。

图 9-1　百度翻译开放平台首页

成功登录后前往顶部菜单栏中的“管理控制台”，第一次登录会收到“您需注册成为百度翻译开发者”的提示，如图 9-2 所示。

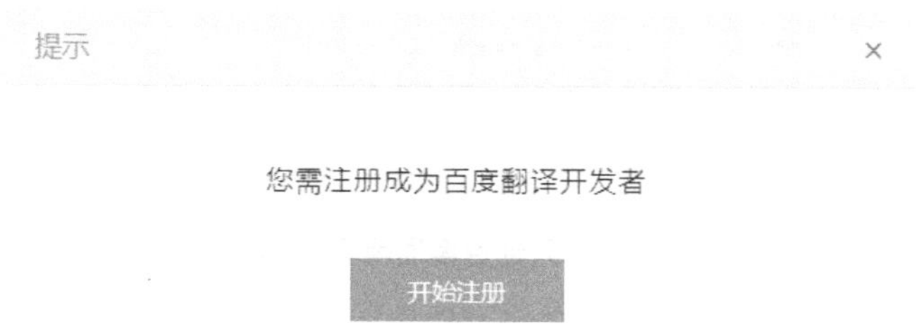

提示　×

您需注册成为百度翻译开发者

开始注册

图 9-2　开始注册百度翻译开发者

点击“开始注册”，根据提示输入相关个人信息，获得免费的“APP ID”和“密钥”（“APP ID”相当于百度分配给我们所开发程序的“身份证”，“密钥”就是密码，我们必须要在代码中填写这两项信息，程序才能正常使用。）

网站提示我们选择要开通的服务，如图 9-3 所示。

1　http://deepi.sogou.com/fanyi

注册成功，您已获取开发者APP ID和密钥
请选择您要开通的服务
通用翻译API
定制化翻译API
语音翻译SDK
（需要提供高质量语料数据）

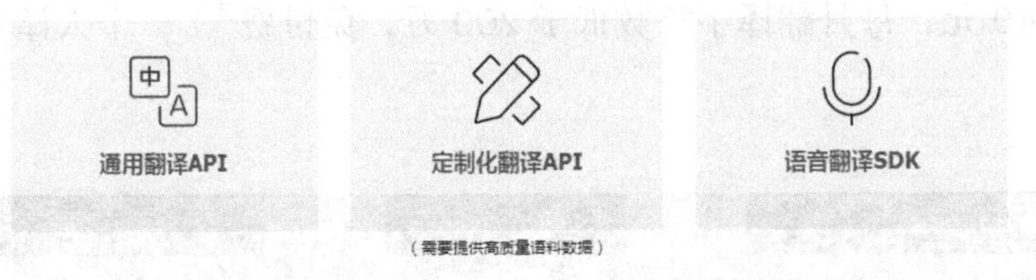

图 9-3　百度翻译开发者注册成功

我们在本章中将使用“通用翻译 API”，点击第一个按钮后继续填写我们即将开发的程序的名字和描述，如图 9-4 所示。

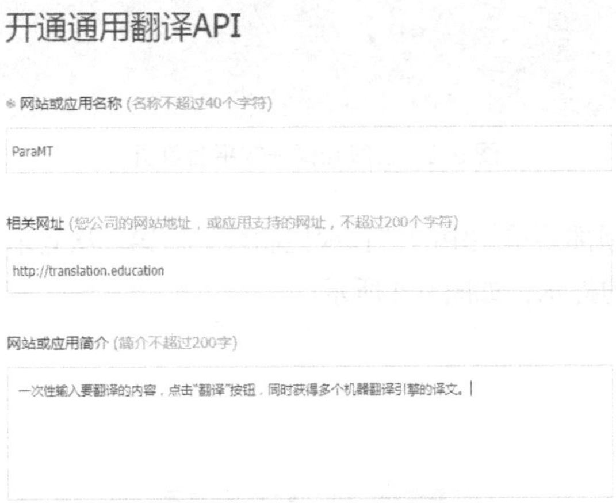
开通通用翻译API
* 网站或应用名称（名称不超过40个字符）
ParaMT
相关网址（您公司的网站地址，或应用支持的网址，不超过200个字符）
http://translation.education
网站或应用简介（简介不超过200字）
一次性输入要翻译的内容，点击"翻译"按钮，同时获得多个机器翻译引擎的译文。

图 9-4　开通百度通用翻译 API

提交以上信息后，我们即可看到管理控制台，并在“开发者信息”中查看 APP ID 和密钥，如图 9-5 所示。

开发者信息
申请信息
APP ID：20180810000193309
密钥：dh1HRhRhe4lvc00kZjiq
总览
开发者信息
财务中心
我的服务
通用翻译API
基本信息　修改
开发者类型：个人开发者
您的姓名：韩林涛
联系邮箱：
手机号码：

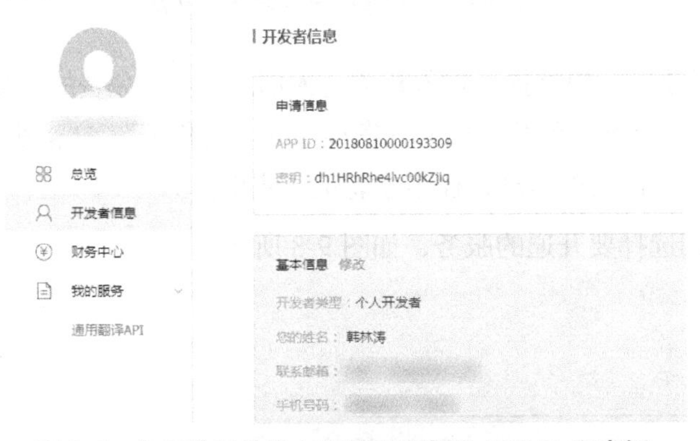

图 9-5　在开发者信息中查看百度翻译 APP ID 和密钥

有了这些信息，我们就可以开始在自己的程序中调用百度翻译服务了。

→第二步：

根据百度翻译 API 接入文档下载 API

一般情况下，机器翻译 API 官方网站都会提供已经写好的 API 调用代码，我们只需要将其下载下来，填入 APP ID 和密钥就可立即使用。在管理控制台页面中点击顶部菜单栏中的“文档与支持”，在左侧列表点击“各语言 DEMO”，如图 9-6 所示。

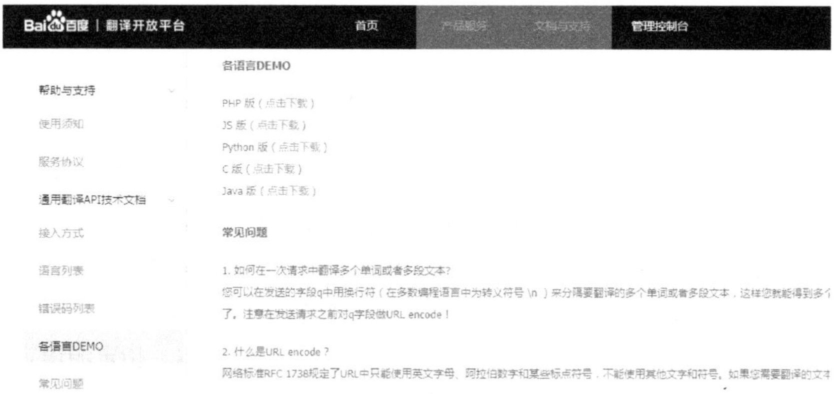

图 9-6 下载百度翻译 API 文件

我们可以下载 PHP 版的，将下载完的文件存储到 XAMPP 根目录 htdocs 文件夹下新建的“paramt”文件夹中，如图 9-7 所示。

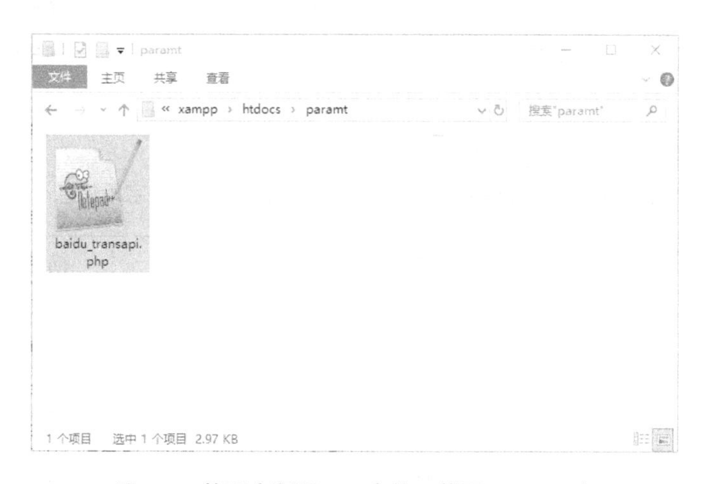

图 9-7 将百度翻译 API 文件下载至 XAMPP 中

这个不到 3KB 大小的“baidu_transapi.php”就是 PHP 版百度翻译 API，打开后发现主代码不到 130 行，而我们在本书中会用到的主要代码不到 20 行，如图 9-8 所示。

```
18  define("CURL_TIMEOUT",   10);
19  define("URL",            "http://api.fanyi.baidu.com/api/trans/vip/translate"
    );
20  define("APP_ID",         "YOUR APP ID"); //替换为您的APPID
21  define("SEC_KEY",        "YOUR SEC KEY");//替换为您的密钥
22
23  //翻译入口
24  function translate($query, $from, $to)
25  {
26      $args = array(
27          'q' => $query,
28          'appid' => APP_ID,
29          'salt' => rand(10000,99999),
30          'from' => $from,
31          'to' => $to,
32
33      );
34      $args['sign'] = buildSign($query, APP_ID, $args['salt'], SEC_KEY);
35      $ret = call(URL, $args);
36      $ret = json_decode($ret, true);
37      return $ret;
38  }
```

图 9-8　百度翻译 API 代码

在这段代码中，我们重点使用的是第 24 行定义的 translate() 函数，通过阅读这段代码会发现该函数的输入是三个变量（$query、$from 和 $to），输出是一个变量（$ret）。通过阅读百度翻译 API 的文档[1]可知，translate() 函数的三个参数分别是：待译文本、源语言和目标语言，如表 9-1 所示；输出变量是一个 JSON 格式的数据，其中包含译文，如表 9-2 所示，在使用这个函数时，我们只需提供给其待译文本，指定源语言和目标语言即可在调用后获得数据，最后再从数据中解析出译文即可。

表 9-1　百度翻译 API 的 translate() 函数主要参数

字段名	类型	必填参数	描述
q	TEXT	Y	请求翻译 query
from	TEXT	Y	翻译源语言
to	TEXT	Y	译文语言

表 9-2　百度翻译 API 的 translate() 函数输出变量字段信息

字段名	类型	描述
from	TEXT	翻译源语言
to	TEXT	译文语言
trans_result	MIXED LIST	翻译结果
src	TEXT	原文
dst	TEXT	译文

1　https://fanyi-api.baidu.com/api/trans/product/apidoc

→第三步：

应用百度翻译 API 获取机器翻译结果

有了 baidu_transapi.php 文件后，我们就可以尝试通过这个文件获得机器翻译的结果。我们需要将第一步获得的 APP ID 和密钥填入 baidu_transapi.php 文件的第 20 行和 21 行，如代码 9-1 所示：

```
20. define("APP_ID",          "20180810000193309"); // 替换为您的 APP ID
21. define("SEC_KEY",         "dh1HRhRhe4lvc00kZjiq");// 替换为您的密钥
```

代码 9-1 修改百度翻译 API 代码的 APP ID 和密钥信息

接下来我们在 paramt 文件夹创建空白的 index.php 文件，并在其中输入应用百度翻译 API 的代码，如代码 9-2 所示。

```
1.  <?php
2.  include "baidu_transapi.php";
3.  $source=" 北京语言大学高级翻译学院成立于 2011 年 5 月 20 日。";
4.  $query = $source;
5.  $from = "zh-CHS";
6.  $to = "en";
7.  $translation = translate($query, $from, $to);
8.  echo " 待译原文为：  ".$query."<br>";
9.  echo " 百度翻译给出的译文为：  ".$translation["trans_result"][0]["dst"];
10. ?>
```

代码 9-2 将百度翻译 API 代码嵌入到 paramt 中

在这段代码中，我们首先在第 2 行通过 include() 函数引入了之前下载并配置好百度翻译 API，在这个 API 中我们只需要 translate() 函数，所以我们提前准备该函数所需的三个变量并为其赋值，$query 变量的值是一段待译的字符串，$from 变量和 $to 变量的值均根据百度翻译 API 文档提供的语言列表而设定，“zh-CHS”是中文的语言简写，“en”是英文的语言简写。

在第 7 行代码中，我们将通过 translate() 获得的值赋予变量 $translation。我们知道该变量中存储的是数组，所以我们可以先用 print_r() 函数（如代码 9-3 所示）查看该数组，对输出结果进行格式化 [1] 后，如代码 9-4 所示。

```
8. print_r($translation);
```

代码 9-3 通过 print_r() 函数查看 translate() 函数的输出结果

1 使用 PHP Array Beautifier 对数组格式化：http://phillihp.com/toolz/php-array-beautifier/

```
1. [from] => zh
2. [to] => en
3. [trans_result] => Array (
4.     [0] => Array (
5.         [src] => 北京语言大学高级翻译学院成立于 2011 年 5 月 20 日。
6.         [dst] => The Advanced Translation College of Beijing Language and
Culture University was founded in May 20, 2011.
7.     )
8. )
```

代码 9-4 translate() 函数运行成功后的输出结果示例

从以上代码可以看出，我们想得到的译文可以通过 $translation["trans_result"][0]["dst"] 来获得，即代码 9-2 中的第 9 行代码。

代码 9-2 执行后效果如下：

图 9-9 在浏览器中查看百度翻译 API 成功应用后的输出结果

回顾本节的内容，大家会发现由于百度翻译 API 开发团队已经把 API 的使用方法描述得非常详细，应用 API 的代码也是拿来即用，我们仅需写不到 10 行代码就可以获得机器翻译结果。这种友好的 API 调用方式使得有一定编程基础的译者也能轻松获取像机器翻译这种人工智能技术。接下来我们再看有道翻译 API 是否一样方便使用。

9.2 接入有道翻译 API

接入有道翻译 API 的方式与接入百度翻译 API 的方式类似，以下为详细步骤：

→**第一步：**

注册有道智云

我们首先前往提供有道翻译 API 的有道智云主页，如图 9-10 所示。

地址：http://ai.youdao.com/

图 9-10　有道智云主页

注册完成后，可以看到有道智云的后台账号概述页面，如图 9-11 所示。

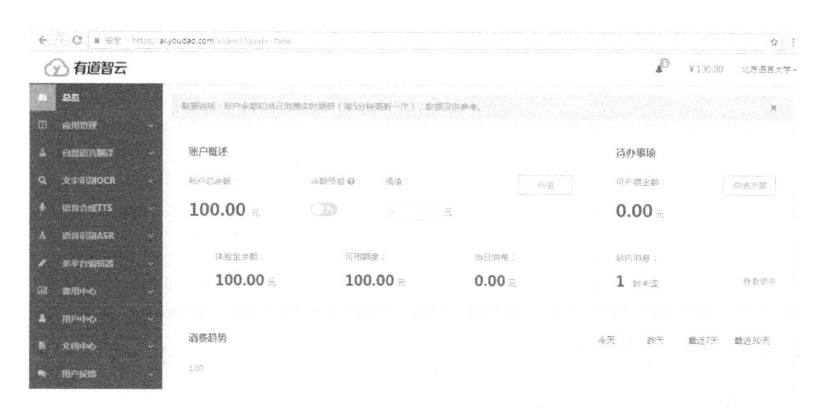

图 9-11　有道智云后台页面

点击左侧的“自然语言翻译”下的“翻译实例”按钮，准备创建新的应用，如图 9-12 所示。

图 9-12　创建有道智云翻译实例

点击“创建实例”，输入实例名称和实例类型，点击“下一步”按钮，如图 9-13 所示。

图 9-13 设置有道智云翻译实例的名称和类型

创建成功后查看翻译实例，如图 9-14 所示。

图 9-14 查看创建成功的有道智云翻译实例

点击左侧的“应用管理”下的“我的应用”，创建一个名为“ParaMT”的应用，接入方式选为“API”，如图 9-15 所示。

图 9-15 创建有道智云 API 应用

点击“下一步”按钮，在“应用实例添加”页面选中刚刚创建的实例，然后点击“确认”按钮，如图 9-16 所示。

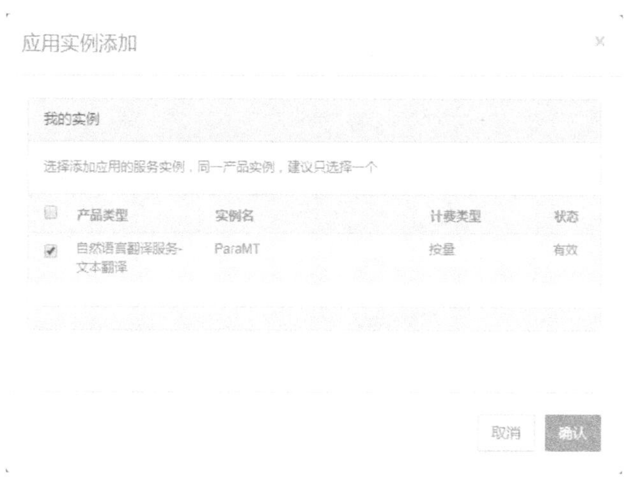

图 9-16　为有道智云 API 应用添加实例

应用创建完成后可以看到“应用 ID”和“应用密钥”，如图 9-17 所示。

图 9-17　查看有道智云 API 应用 ID 和密钥

→第二步：

根据有道翻译 API 接入文档下载 API

在有道智云左侧列表中选中“自然语言翻译产品文档”，进入后点击左侧的“常用语言 DEMO”[1]，并查看“PHP 示例”，如图 9-18 所示。

1　https://ai.youdao.com/docs/doc-trans-api.s#p08

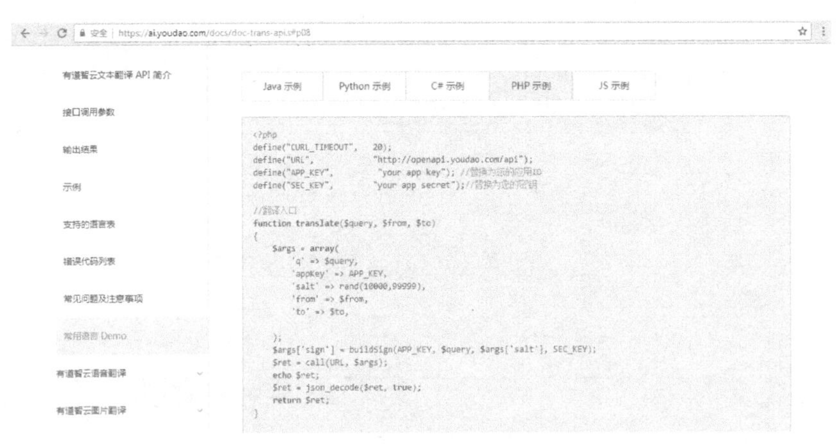

图 9-18　有道翻译 API 的 PHP 示例

仔细观察有道智云提供的 PHP 示例代码，会发现其代码与百度翻译 API 代码非常相似，所以使用方法也一样。我们可以在 paramt 文件夹下创建“youdao_transapi.php”文件，将图 9-18 中代码存入其中，并填入应用 ID 和密钥，如图 9-19 所示。

```php
<?php
define("CURL_TIMEOUT",   20);
define("URL",            "http://openapi.youdao.com/api");
define("APP_KEY",         "64f2b7c02402e2e2"); //替换为您的应用ID
define("SEC_KEY",         "SkMAypFnCOm4z6jQjREVeJwh3A56ep1o");//替换为您的密钥

//翻译入口
function translate($query, $from, $to)
{
    $args = array(
        'q' => $query,
        'appKey' => APP_KEY,
        'salt' => rand(10000,99999),
        'from' => $from,
        'to' => $to,

    );
    $args['sign'] = buildSign(APP_KEY, $query, $args['salt'], SEC_KEY);
    $ret = call(URL, $args);
    echo $ret;
    $ret = json_decode($ret, true);
    return $ret;
}

//加密
function buildSign($appKey, $query, $salt, $secKey)
{/*{{{*/
    $str = $appKey . $query . $salt . $secKey;
```

图 9-19　在有道翻译 API 的 PHP 代码中设置 ID 和密钥

由于该文件中用于机器翻译的函数也有“translate()”“buildSign()”“call()”“callOnce()”“convert()”，与百度翻译 API 代码中的函数名相同，所以将其全部改为“translate_y()”“buildSign_y()”“call_y()”“callOnce_y()”。同时，将同名的常量“CURL_TIMEOUT”“URL”“APP_KEY”和“SEC_KEY”也全部修改为“CURL_TIMEOUT_y”“URL_y”“APP_KEY_y”和“SEC_KEY_y”。修改完成后，在 index.php 文件中添加以下代码，如代码 9-5 所示。

```
1.  <?php
2.  include_once "baidu_transapi.php";
3.  include_once "youdao_transapi.php";
4.  $source=" 北京语言大学高级翻译学院成立于 2011 年 5 月 20 日。";
5.  $query = $source;
6.  $from = "zh-CHS";
7.  $to = "en";
8.  $baidu_translation = translate($query, $from, $to);
9.  $youdao_translation = translate_y($query, $from, $to);
10.
11. echo " 待译原文为：".$query."<br>";
12. echo " 百度翻译给出的译文为：".$baidu_translation["trans_result"][0]["dst"]."<br>";
13. echo " 有道翻译给出的译文为：".$youdao_translation["translation"][0];
14. ?>
```

代码 9-5 在 paramt 中添加有道翻译 API

大家会发现在第 13 行代码中，获取有道翻译译文的方式与之前不同，因为有道翻译 API 返回的数组格式与百度翻译 API 不同，我们同样可以使用 print_r() 函数来查看其数据内容，格式化后的数组如图 9-20 所示。

```
01. [tSpeakUrl] => http://openapi.youdao.com/ttsapi?
    q=Beijing+language+and+culture+university+advanced+translation+academy+was+established+on+May+20%2C+2011.&langTyp
02. [query] => 北京语言大学高级翻译学院成立于2011年5月20日。
03. [translation] => Array (
04.     [0] => Beijing language and culture university advanced translation academy was established on May 20, 2011.
05.     )
06. [errorCode] => 0
07. [dict] => Array (
08.     [url] => yddict://m.youdao.com/dict?
    le=eng&q=%E5%8C%97%E4%BA%AC%E8%AF%AD%E8%A8%80%E5%A4%A7%E5%AD%A6%E9%AB%98%E7%BA%A7%E7%BF%BB%E8%AF%91%E5%AD%A6%E9%9
09.     )
10. [webdict] => Array (
11.     [url] => http://m.youdao.com/dict?
    le=eng&q=%E5%8C%97%E4%BA%AC%E8%AF%AD%E8%A8%80%E5%A4%A7%E5%AD%A6%E9%AB%98%E7%BA%A7%E7%BF%BB%E8%AF%91%E5%AD%A6%E9%9
12.     )
13. [l] => zh-CHS2en
14. [speakUrl] => http://openapi.youdao.com/ttsapi?
    q=%E5%8C%97%E4%BA%AC%E8%AF%AD%E8%A8%80%E5%A4%A7%E5%AD%A6%E9%AB%98%E7%BA%A7%E7%BF%BB%E8%AF%91%E5%AD%A6%E9%99%A2%E6
    CHS&sign=8FF60B884E25AF968CBBA8D866939730&salt=1533911047568&voice=4&format=mp3&appKey=64f2b7c02402e2e2
```

图 9-20 使用 print_r() 函数查看有翻译 API 的输出结果

从上图可以看出，有道翻译的译文可以通过 $youdao_translation["translation"][0] 获得。

代码 9-5 运行后，效果如图 9-21 所示。

图 9-21 在浏览器中查看百度翻译 API 和有道翻译 API 的输出结果

9.3 实现一文多译及回译

现在我们通过 API 成功接入了两个机器翻译的结果，接下来将文本输入框加入，如代码 9-6 所示。

```
1.  <?php include "shared/head.php"; ?>
2.  <form action="" method="POST">
3.      <table>
4.      <tr>
5.              <td><textarea rows="10" cols="80" name ="text"><?php echo $_
    POST["text"];?><textarea></td>
6.      </tr>
7.      <tr>
8.          <td><button type="submit"> 翻译 </button></td>
9.      </tr>
10.     </table>
11. </form>
12. <?php
13. if(isset($_POST["text"]))
14. {
15.     include_once "baidu_transapi.php";
16.     include_once "youdao_transapi.php";
17.
18.     $source=$_POST["text"];
19.     $query = $source;
20.     $from = "zh-CHS";
21.     $to = "en";
22.     $baidu_translation = translate($query, $from, $to);
23.     $youdao_translation = translate_y($query, $from, $to);
24.
25.     echo "
26.     <table border='1'>
27.         <tr>
28.             <td> 百度翻译 </td>
29.             <td> 有道翻译 </td>
30.         </tr>
31.         <tr>
32.             <td>".$baidu_translation["trans_result"][0]["dst"]."</td>
33.             <td>".$youdao_translation["translation"][0]."</td>
34.         </tr>
```

```
35.     </table>
36.     ";
37. }
38. else
39. {
40.     echo " 请输入待译中文 ";
41. }
42. ?>
43. <?php include "shared/foot.php"; ?>
```

代码 9-6 在 paramt 中添加文本输入框代码

这段代码的执行效果如图 9-22 所示。

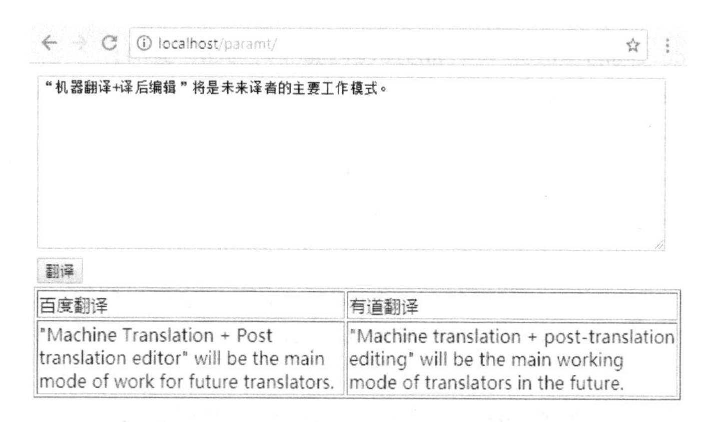

图 9-22 有文本输入框的 paramt 运行效果

但对于译者而言，光看到两个机器翻译的结果还不足以辅助其判断哪个机器翻译结果相对较好，我们可以借助“回译相似率”来判断。所谓的“回译相似率”即，以中英翻译为例，当我们获得机器翻译提供的英译文后，再使用同一个机器翻译引擎将英译文回译为中文，待译原文与回译文之间的相似度即回译相似率。至于回译相似率的计算，则可以使用本书 6.3.4 节介绍的 simlilar_text() 函数，如代码 9-7 所示。

```
1. <?php include "shared/head.php"; ?>
2. <form action="" method="POST">
3.     <table>
4.     <tr>
5.             <td><textarea rows="10" cols="80" name ="text"><?php echo $_
   POST["text"];?><textarea></td>
6.     </tr>
7.     <tr>
8.         <td><button type="submit"> 翻译 </button></td>
```

```
9.      </tr>
10.     </table>
11. </form>
12. <?php
13. if(isset($_POST["text"]))
14. {
15.     include_once "baidu_transapi.php";
16.     include_once "youdao_transapi.php";
17.
18.     $query=$_POST["text"];
19.     $zh_CHS = "zh_CHS";
20.     $zh = "zh";
21.     $en = "en";
22.     $baidu_translation = translate($query, $zh, $en);
23.     $youdao_translation = translate_y($query, $zh_CHS, $en);
24.
25.     $baidu_result = $baidu_translation["trans_result"][0]["dst"];
26.     $youdao_result = $youdao_translation["translation"][0];
27.
28.     $baidu_back_translation = translate($baidu_result,$en,$zh);
29.     $youdao_back_translation = translate_y($youdao_result,$en,$zh_CHS);
30.
31.      $baidu_back_result  =  $baidu_back_translation["trans_result"][0]
    ["dst"];
32.     $youdao_back_result = $youdao_back_translation["translation"][0];
33.
34.     similar_text($query,$baidu_back_result,$b_percentage);
35.     similar_text($query,$youdao_back_result,$y_percentage);
36.
37.     echo "
38.     <table border='1'>
39.         <tr>
40.             <td> 百度翻译 </td>
41.             <td> 有道翻译 </td>
42.         </tr>
43.         <tr>
44.             <td>".$baidu_result."</td>
45.             <td>".$youdao_result."</td>
46.         </tr>
47.         <tr>
```

```
48.             <td> 回译结果: </td>
49.             <td> 回译结果: </td>
50.         </tr>
51.         <tr>
52.             <td>".$baidu_back_result."</td>
53.             <td>".$youdao_back_result."</td>
54.         </tr>
55.         <tr>
56.             <td> 回译相似率: ".$b_percentage."</td>
57.             <td> 回译相似率: ".$y_percentage."</td>
58.         </tr>
59.     </table>
60.     ";
61. }
62. else
63. {
64.     echo " 请输入待译中文 ";
65. }
66. ?>
67. <?php include "shared/foot.php"; ?>
```

代码 9-7 回译相似率计算代码

在这段代码中我们并没有使用任何新的函数，而只是在回译时再次调用机器翻译API，并使用 similar_text() 函数计算待译原文和回译文的相似度。这段代码运行后的效果如图 9-23 所示。

localhost/paramt/

"机器翻译+译后编辑"将是未来译者的主要工作模式。

翻译

百度翻译	有道翻译
"Machine Translation + Post translation editor" will be the main mode of work for future translators.	"Machine translation + post-translation editing" will be the main working mode of translators in the future.
回译结果：	回译结果：
"机器翻译+翻译后编辑" 将成为未来翻译工作者的主要工作模式。	"机器翻译+翻译后编辑" 将是未来译者的主要工作模式。
回译相似率：88.198757763975	回译相似率：97.986577181208

图 9-23 在浏览器中查看 paramt 的回译相似率计算结果

从上图可以看出，有道翻译的回译相似率更高，接近98%。仔细对比两个机器翻译结果，也会发现有道翻译的译文质量更高。但这只是个例的结果对比，还不能妄下孰优孰劣的结论，本节介绍的仅是一种通过代码实现的功能，供译者参考。

小结

通过本章内容的学习，我们初步了解了从零入手接入百度翻译API和有道翻译API的方法，大家会发现即便我们不知道机器翻译的原理也可以使用机器翻译辅助翻译实践，关键在于当我们获得机器翻译的结果之后如何判断其质量，如何将其与翻译实践需求相结合。

机器翻译技术仅是众多人工智能技术的一种，前谷歌首席人工智能（AI）科学家李飞飞博士曾提出“人工智能全民化”（Democratizing AI）[1]，让深不可测的人工智能技术为人人所用。这就意味着，在未来的某个时间点像谷歌、微软、百度、腾讯、阿里巴巴这样的技术领先企业会将自己核心的人工智能技术公开到互联网上让人们使用，他们会提供各种各样的API，只要你知道他们的API需要什么数据、能产生什么数据，就可以尽情使用，而不用考虑这些API背后的原理和实现方式。

1　https://mp.weixin.qq.com/s/aqIbLhBxo3-JPQVfL6Bl9Q

附录 A

如何制作虚拟机

如果你的计算机上安装了很多工具，你担心安装过多软件会影响自己的计算机，或者你想在自己的 Mac 操作系统上安装 Windows 操作系统，那么可以考虑制作一台虚拟机，将编程环境搭建在这台虚拟机内。在本章中我们将主要介绍如何基于 Oracle VM VirtualBox 制作一台 Windows 10 操作系统的虚拟机。

所需软件下载地址：

1）Oracle VM VirtualBox 下载地址：https://www.virtualbox.org/

2）Windows 10 操作系统 ISO 镜像文件下载地址：https://www.microsoft.com/zh-cn/software-download/windows10

→第一步：

启动“Oracle VM VirtualBox”，如图 A-1 所示。

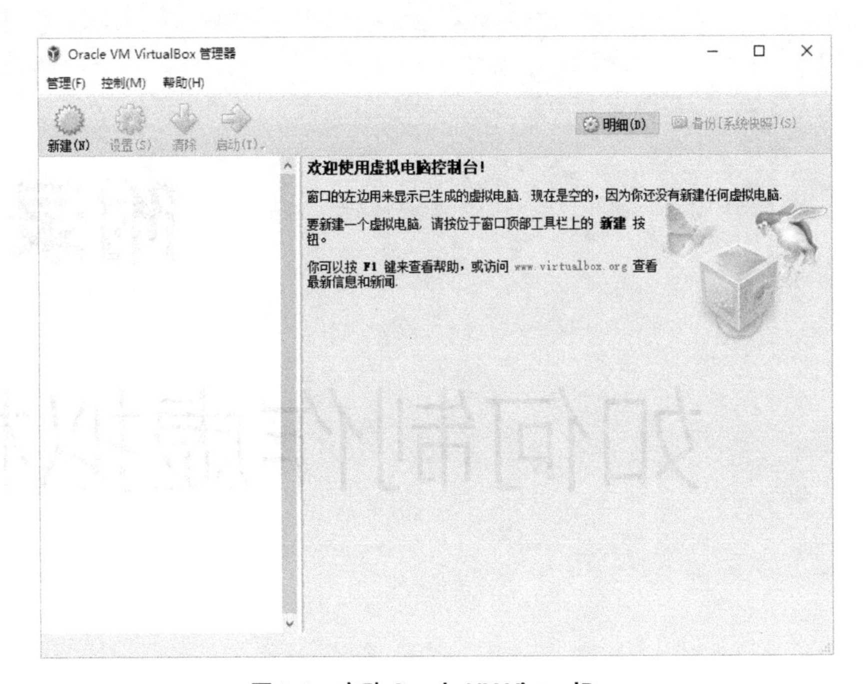

图 A-1 启动 Oracle VM VirtualBox

→第二步：

点击“新建”按钮，为虚拟机设置一个名称、操作系统类型和版本，如图 A-2 所示。

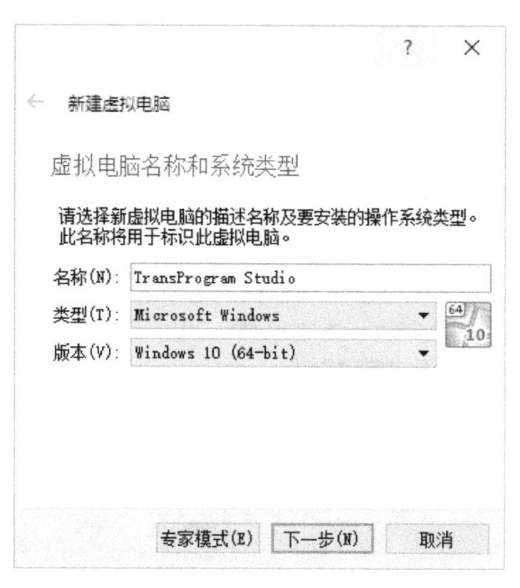

图 A-2　为虚拟机设置名称和系统类型

→第三步：

为新虚拟机设置内存大小，一般可以设置为所用计算机实际内存的 1/3 或 1/4，否则虚拟机启动后会影响所用计算机的速度。我所用的计算机内存为 16G，所以这里设置为“4096 MB”（4GB），如图 A-3 所示。

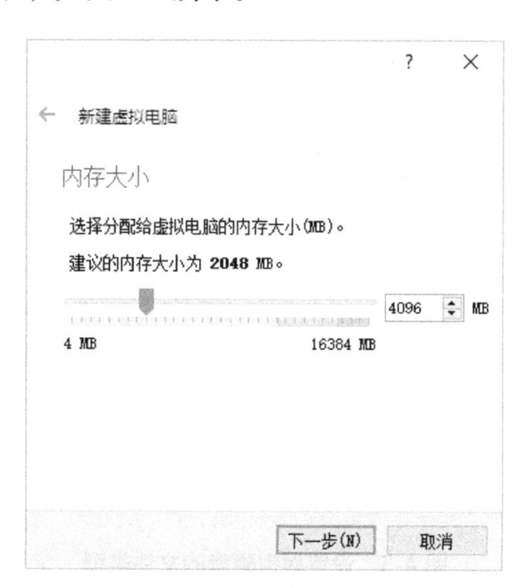

图 A-3　设置虚拟机的内存大小

→第四步：

为新虚拟机创建虚拟硬盘，如图 A-4 所示，选择“现在创建虚拟硬盘”后，点击“创建”按钮：

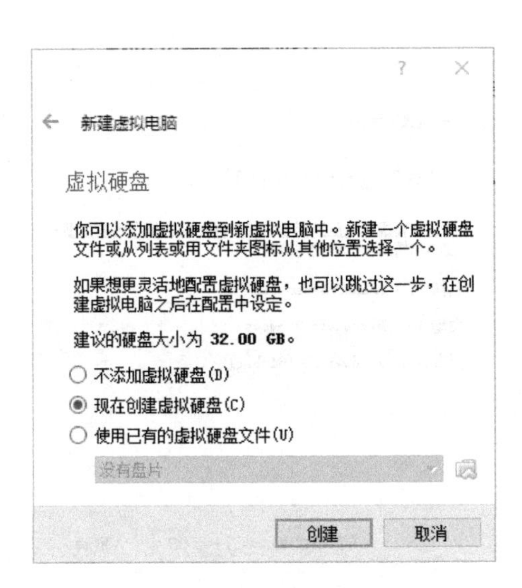

图 A-4　为新虚拟机创建虚拟硬盘

→第五步：

将新建虚拟硬盘的文件类型设置为“VDI”，如图 A-5 所示。

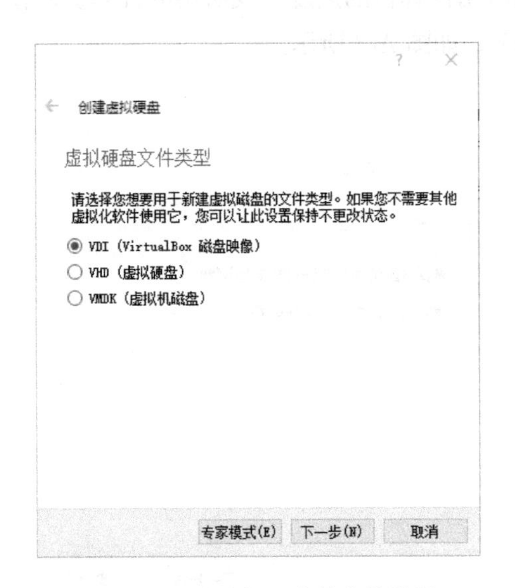

图 A-5　设置虚拟硬盘的文件类型

→第六步：

为新建虚拟硬盘设置空间大小，一般先设置为“动态分配”，如图 A-6 所示。

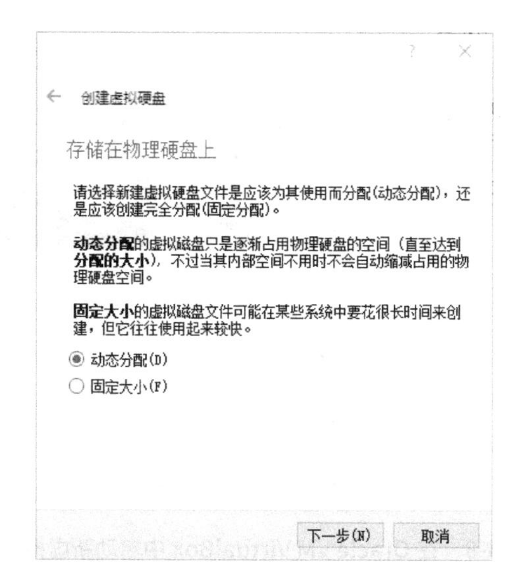

图 A-6　将新建虚拟机的使用设置为动态分配

然后为新建虚拟硬盘选择存储位置和极限大小，并点击“创建”按钮，如图 A-7 所示。

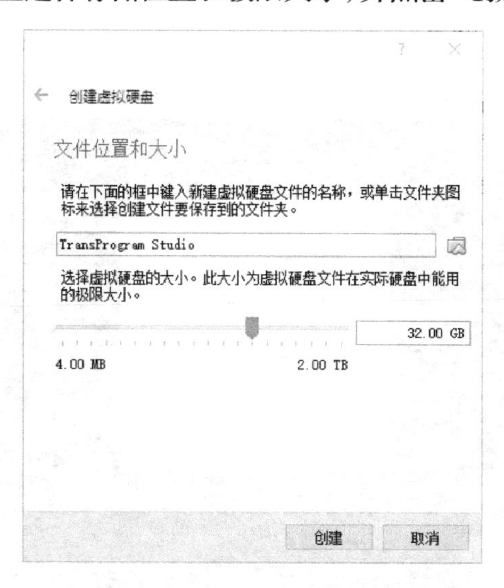

图 A-7　设置虚拟硬盘的文件位置和大小

→第七步：

创建完成后在“Oracle VM VirtualBox 管理器”中点击“启动”以启动该虚拟机，如图 A-8 所示。

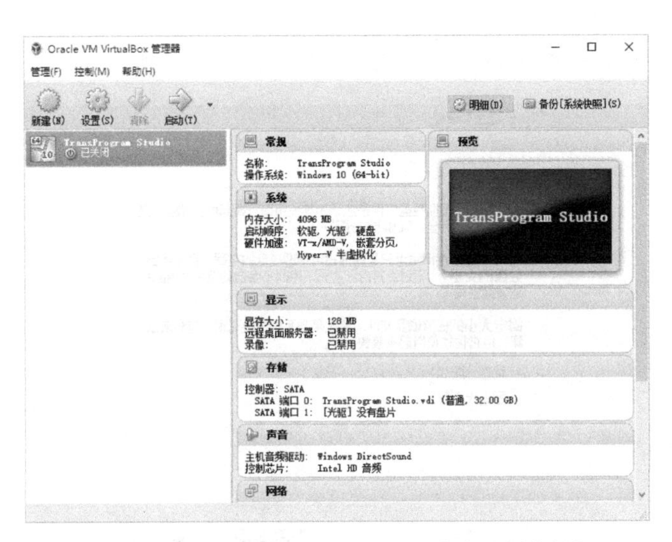

图 A-8　在 Oracle VM VirtualBox 中启动新虚拟机

启动后，软件会提醒选择启动盘，此时需要前往计算机中选择前序步骤中下载的“.iso”格式的 Windows 10 操作系统镜像文件，然后点击“启动”按钮，如图 A-9 所示。

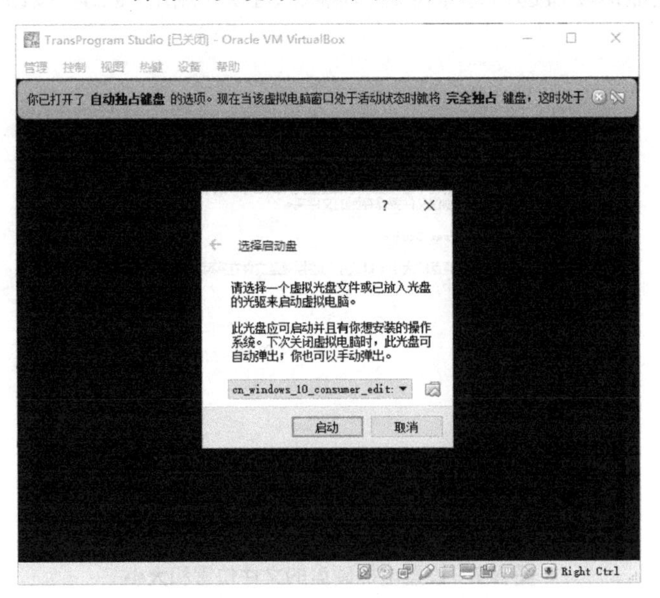

图 A-9　启动 Windows 10 操作系统镜像文件

→第八步：

如果镜像文件是完整的，那么会在 Oracle VM VirtualBox 中看到“Windows 安装程序”页面，如图 A-10 所示。

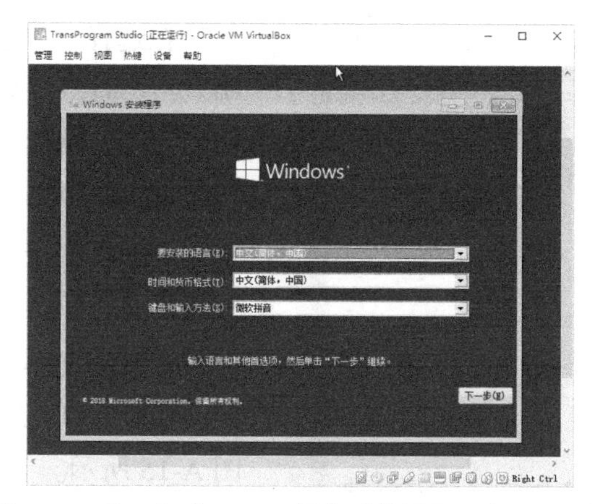

图 A-10 为 Windows 10 操作系统设置语言、时间等

选择好要安装的语言、时间和货币格式、键盘和输入方法，然后点击“下一步”按钮，如图 A-11 所示。

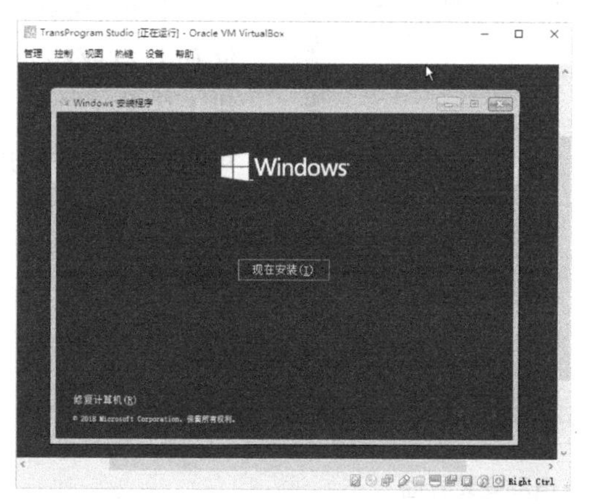

图 A-11 开始安装 Windows 10

点击“现在安装”后，选择“自定义：仅安装 Windows（高级）”，如图 A-12 所示。

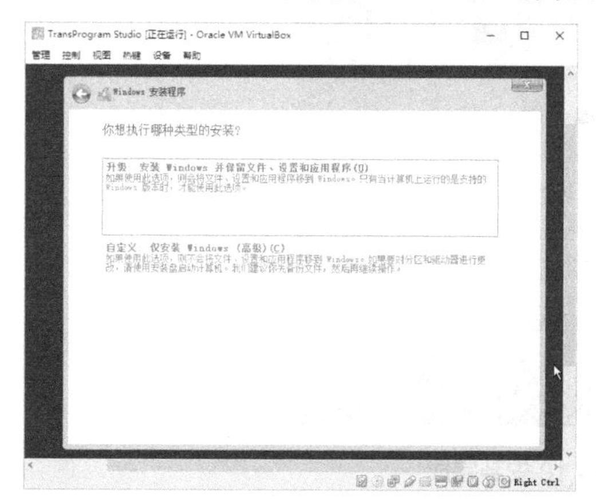

图 A-12 设置 Windows 10 的安装类型

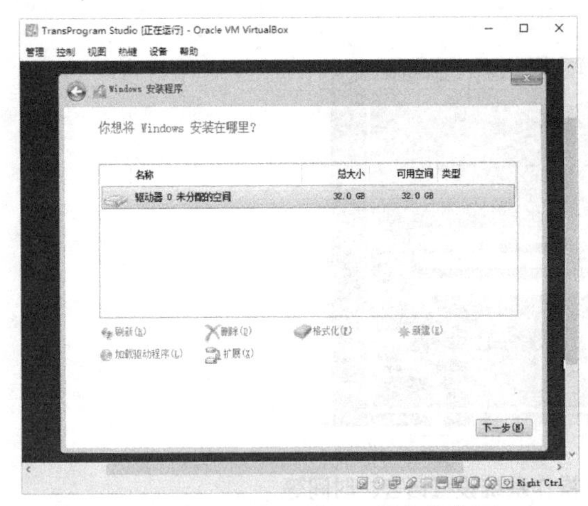

图 A-13　设置 Windows 10 的安装位置

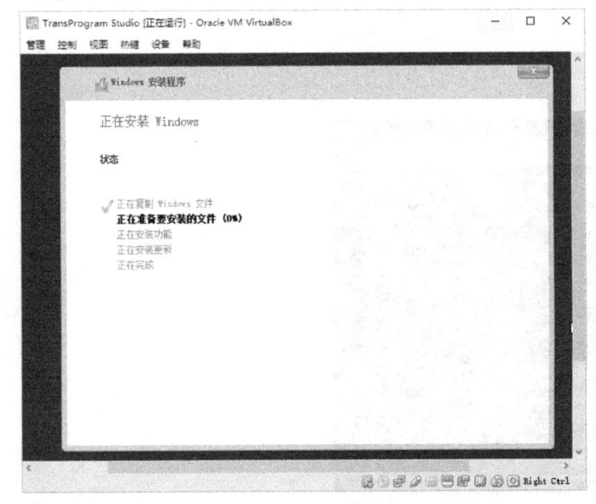

图 A-14　Window 10 自动安装界面

图 A-15　Windows 10 安装完成

在选择“你想将 Windows 安装在哪里？”时，仅有一个选项，即第四步创建的虚拟硬盘，选中后点击“下一步”，如图 A-13 所示。

随后便会进入 Windows 10 的自动安装界面，如图 A-14 所示。

大概需要等待 15-25 分钟，便可安装完成，看到 Windows 10 的桌面，如图 A-15 所示。

至此搭载 Windows 10 操作系统的虚拟机便创建完成。但该虚拟机还未安装任何软件，用户在使用过程中根据需要安装相应软件。而且该虚拟机可以存储在 U 盘或移动硬盘中，如果其他计算机上安装了 Oracle VM VirtualBox，便可直接启动并使用虚拟机。

附录 B

核心代码功能速查表

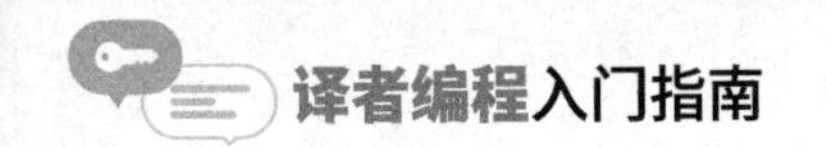

表 B-1　核心代码 / 功能 / 章节　索引表

代　码	功　能	章节
HTML		
.html	HTML 网页文件后缀	2.2.1
<!DOCTYPE html>	<!DOCTYPE> 声明，用于声明该文件为 HTML 文件	2.2.2
<html></html>	HTML 网页根元素，所有的其他元素都应位于根元素之间	2.2.2
<head></head>	<head> 元素，其中包含用于描述网页文件的各种属性信息，用户无法直接在浏览器中看到其中的内容	2.2.2
<title></title>	<title> 元素，用于定义网页文件的标题	2.2.2
<meta></meta>	<meta> 元素，用于定义网页文件的各类元数据	2.2.2
<body></body>	<body> 元素，其中包含网页文件的正文内容，用户可以在浏览器中看到其中的内容	2.2.2
<p></p>	<p> 元素，用于定义一个段落	2.2.2
<h1></h1>	<h1> 元素，用于定义一个一级标题	2.2.2
<a href=""></a>	<a> 元素，用于给文本添加超链接	2.2.1
<b></b>	将文本以粗体显示	2.2.1
<i></i>	将文本以斜体显示	2.2.1
<table></table>	<table> 元素，用于定义一个表格	4.2.1
<thead></thead>	<thead> 元素，用于定义表格的表头信息	4.2.1
<tbody></tbody>	<tbody> 元素，用于定义表格的主体内容	4.2.1
<tfoot></tfoot>	<tfoot> 元素，用于定义表格的脚注	4.2.1
<tr></tr>	<tr> 元素，用于定义表格的一行	4.2.1
<td></td>	<td> 元素，用于定义表格每一行中的一个单元格	4.2.1
 	用于插入一个空行	4.2.2
<form><./form>	<form> 元素，用于定义一个表单	4.3.1
action = "upload_file.php"	“action”是表单的属性之一，“=”后面的值对应表单提交后与之交互的目标网页地址	4.3.1
method="POST"/ method="GET"	“method”是表单的属性之一，“=”后面值为“POST”或“GET”时分别对应不同的表单数据提交方式	4.3.1
enctype="multipart/form-data"	“enctype”是表单的属性之一，是使用表单上传文件时使用的属性	5.2.2.1
<input>	<input> 元素，用于定义一个用户提交信息的组件，如输入框、上传文件按钮等，组件类型由其“type”属性决定	4.3.1

续表

代　码	功　能	章节
type="text"	“type”是 <input> 元素的属性之一，当“=”后面的值为“text”时，<input> 元素可以定义一个输入框，输入框中可输入纯文本	4.3.1
type="file"	“type”是 <input> 元素的属性之一，当“=”后面的值为“file”时，<input> 元素可以定义一个用户提交文件的组件	5.2.2.1
type="submit"	“type”是 <input> 元素的属性之一，当“=”后面的值为“submit”时，<input> 元素可以定义一个用户提交数据的按钮	5.2.2.1
type="hidden"	“type”是 <input> 元素的属性之一，当“=”后面的值为“hidden”时，<input> 元素将不会在网页中显示，但“value”属性的值会保留	5.6.1
type="password"	“type”是 <input> 元素的属性之一，当“=”后面的值为“password”时，<input> 元素如果定义了一个输入框，则用户在输入框中输入的内容将不会显示在网页中	5.7.1
name="query"	“type”是 <input> 元素的属性之一，根据 <input> 元素定义的组件类型而产生不同功能，如： 当 <input> 元素定义了一个输入框时，其值用于规定输入框的名称； 当 <input> 元素定义了一个用户提交文件的组件时，其值在上传文件后用于指代该文件的变量名； 当 <input> 元素定义了一个用户提交数据的按钮时，其值用于规定按钮的名称	4.3.1 4.3.2 5.2.2.1
value=" 上传 "	“value”是 <input> 元素的属性之一，当 <input> 元素定义了一个用户提交数据的按钮时，其值将显示在按钮上	5.2.2.1
placeholder=" 请输入检索词 "	“type”是输入框的属性之一，其值是输入框的默认显示内容	4.3.1
<button>	<button> 元素，用于定义一个按钮	4.3.1
<textarea>	<textarea> 元素，用于定义一个多行输入框	8.2
PHP		
.php	PHP 网页文件的后缀名	3.2.2.4
<?php ?>	“<?php”是 PHP 代码的开始标记，“?>”是 PHP 代码的结束标记	3.2.2.4

续表

代　码	功　能	章节
$	用于定义变量名	4.2.2
$dbhost = "localhost";	用于给变量名赋值	4.2.2
echo	用于输出内容	3.2.2.4
var_dump()	var_dump() 函数用于输出变量的相关信息	4.2.2
print_r()	print_r() 函数用于打印变量，用特定格式显示变量内容	4.2.2
//	用于添加代码注释	4.2.2
!	否定符	4.2.2
! $conn	在变量名前加否定符用于变量的真值判断	4.2.2
=	用于给变量赋值	4.2.2
==	等于	4.2.2
===	全等	4.2.2
!=	不等	4.2.2
!==	不全等	4.2.2
>	大于	4.2.2
>=	大于等于	4.2.2
<	小于	4.2.2
<=	小于等于	4.2.2
if…else 语句	PHP 的判断语句	4.2.2
for 语句	PHP 的循环语句	5.2.2.2
while 语句	PHP 的循环语句	4.2.2
foreach 语句	PHP 的循环语句	6.2
return 语句	如果在一个函数中调用 return 语句，将立即结束此函数的执行并将它的参数作为函数的值返回	7.4
mysqli_connect($dbhost, $dbuser, $dbpass)	mysqli_connect() 函数用于建立一个到 MySQL 数据库的连接	4.2.2
$conn = mysqli_connect($dbhost, $dbuser, $dbpass);	将数据库连接作为对象赋予到变量中	4.2.2
die()	die() 函数用于将其参数输出后并停止执行后面的代码	4.2.2
mysqli_connect_error ()	mysqli_connect_error () 函数用于给出服务器连接过程出现的错误	4.2.2

续表

代 码	功 能	章节
mysqli_close($conn);	mysqli_close() 函数用于关闭服务器连接	4.2.2
mysqli_select_db($conn,"stiterm");	mysqli_select_db() 函数用于打开数据库	4.2.2
mysqli_uery($conn,"set names 'utf8'");	mysqli_query() 函数用于执行数据库查询	4.2.2
$getterm = mysqli_query($conn,$sql);	将数据库查询操作赋予到变量中	4.2.2
$row = mysqli_fetch_array($getterm, MYSQLI_ASSOC)	mysqli_fetch_array() 函数用于从数据库中获取一行数据，并以索引数组或关联数组的形式赋予变量中	4.2.2
mysqli_num_rows()	mysqli_num_rows() 函数用于统计从数据库中获得的数据行数	5.7.1
$servant = array("luning", "baibai", "liangshuang");	使用 array() 函数定义一个索引数组，并将数组赋予变量中	4.2.2
$servant_cat = array("luning"=>"naonao", "baibai"=>"catti", "liangshuang"=>"titi");	使用 array() 函数定义一个关联数组，并将数组赋予变量中	4.2.2
$data[2][1]	用于读取数组中的值	5.2.2.2
$_POST	超全局变量，用于收集来自 method=” POST” 的表单中的值	
<?php include "shared/head.php"; ?>	include() 函数用于引用代码段	4.3.3
$_FILES	超全局变量，用于将待上传的文件传到服务器中	5.2.2.1
$_FILES["file"]	指代上传后的文件	5.2.2.1
$_FILES["file"]["name"]	用于查看文件名	5.2.2.1
$_FILES["file"]["type"]	用于查看文件类型	5.2.2.1
$_FILES["file"]["size"]	用于查看文件大小	5.2.2.1
$_FILES["file"]["tmp_name"]	用于查看文件在服务器中临时存储的位置	5.2.2.1
$_FILES["file"]["error"]	用于查看文件是否上传错误	5.2.2.1
file_exists()	file_exists() 函数用于判断文件是否存在	5.2.2.1

续表

代　　码	功　　能	章节
move_uploaded_file()	move_uploaded_file() 函数用于移动文件位置	5.2.2.1
PHPExcel	用于处理 Excel 文件的第三方 PHP 工具	5.2.2.2
load()	PHPExcel 内置函数，用于加载文件	5.2.2.2
getSheetCount()	PHPExcel 内置函数，用于统计 Excel 表格的工作表数目	5.2.2.2
getSheet()	PHPExcel 内置函数，用于读取 Excel 表格的指定工作表	5.2.2.2
toArray()	PHPExcel 内置函数，用于将数据转换为数组	5.2.2.2
count()	count() 函数用于统计数组中包含多少组数据	5.2.2.2
isset()	isset() 函数用于判断其参数是否被设置	5.7.1
$_SESSION	超全局变量，用于存储一个会话	5.7.1
session_start()	session_start() 函数用于启动一个会话	5.7.1
header()	header() 函数可用于页面跳转	5.7.1
session_destroy()	session_destroy() 函数用于结束一个会话	5.7.2
simplexml_load_file()	simplexml_load_file() 函数用于将 XML 文档载入到对象中	6.2
json_encode()	json_encode() 函数用于将数组中的数据转换至 JSON 格式存储	6.2
json_decode()	json_decode() 函数用于将 JSON 格式数据转换至数组中	6.2
levenshtein()	levenshtein() 函数用于计算两个字符串之间的编辑距离	6.3.4
similar_text()	similar_text() 函数用于计算两个字符串之间的相似度	6.3.4
str_word_count()	str_word_count() 用于统计字符串中的单词数	7.3
strlen()	strlen() 用于统计每个单词的字符数	7.3
mb_strlen()	mb_strlen() 函数用于统计字符串的长度，统计中文时，如果第二个参数是“utf-8”，则会把一个中文字的长度视为 1 个字符，所以可用来计算中文字符数	7.3
substr_count()	substr_count() 函数用于统计一个字符串在另一个字符串中出现的次数	7.3
str_replace()	str_replace() 函数用于使用其他字符来替换字符串中的指定字符	6.3.2
preg_replace()	preg_replace() 函数用于使用一个正则表达式来实现搜索和替换，匹配成功一次后即停止匹配	7.3

续表

代　码	功　能	章节
preg_match_all()	preg_match_all() 函数用于使用一个正则表达式来实现全局匹配，可一次性匹配全部符合条件的结果	7.3
SQL		
SELECT 语句	用于从数据表中选取数据	4.2.2
WHERE 子句	用于设置过滤条件	4.3.2
LIKE	相似	4.3.2
OR	或	4.3.2
CREATE DATABASE 语句	用于创建数据库	5.1.1
CREATE TABLE 语句	用于创建数据表	5.1.1
DROP DATABASE myterm	用于删除数据库	5.1.2
INSERT 语句	用于添加数据	5.2.2.3
DELETE 语句	用于删除数据	5.5.2
UPDATE 语句	用于更新数据	5.6.2
JavaScript		
<script></script>	“<script>”是 PHP 代码的开始标记，“/<script>”是 PHP 代码的结束标记	5.5.2
alert('****')	用于生成弹出框	5.5.2
TMX 代码		
.tmx	翻译记忆交换文件后缀名	6.1
<tmx></tmx>	用于定义一个翻译记忆交换文件	6.1
<header />	用于定义一个翻译记忆交换文件的头部信息	6.1
<body></body>	用于定义一个翻译记忆交换文件的正文信息	6.1
tu	用于定义一个翻译单元	6.1
tuv	用于定义一个翻译单元语言版本	6.1
seg	用于定义每种语言中的句段文本	6.1

续表

代　码	功　能	章节
正则表达式		
[[:punct:]]	用于匹配任意半角标点符号	7.3
[[:alnum:]]	用于匹配任意字母和数字	7.3
[[:space:]]	用于匹配任意空白字符	7.3
/	正则表达式撰写完成后我们就可以在 PHP 代码中将其赋予给一个变量，赋予变量时我们通常用两个“/”左斜杠（Slash 或 Forward Slash）来包括正则表达式	7.3
i	在 PHP 代码中，为了保证无论大写字母还是小写字母都能匹配到，可在正则表达式后加一个模式修饰符“i”	7.3
u	在 PHP 代码中，为了确保匹配出的中文不出现乱码，可在正则表达式后加一个模式修饰符“u”	7.3
\	转义符	6.3.2 8.1.2
[a-z]	用于匹配任意小写英文字母	8.1.2
[0-9]	用于匹配任意阿拉伯数字	8.1.2
[A-Za-z]	用于匹配任意大写或小写英文字母	8.2
[A-Za-z0-9]	用于匹配任意大写或小写英文字母和任意阿拉伯数字	8.2
[\u4e00-\u9fa5]	用于匹配中文	8.2
[一-龟]	用于匹配中文	8.2
+	用于匹配其前面的子表达式一次或多次	8.1.2
()	用于标记一个子表达式的开始和结束位置	8.1.2
{1,}	{} 作用与 + 类似，其中“1”代表花括号前面的表达式至少出现 1 次	8.1.2
[]	用于匹配字符集合中的任意一个字符	8.2
\t	用于匹配一个制表符	8.2

附录 C

双语词汇表

表 C-1　双语词汇 / 章节　索引表

中　文	英　文	章节
	第一章	
译者	Translator	1
编程	Programming	1
电子数字积分器和计算机	ENIAC, Electronic Numerical Integrator And Computer	1.2
甲骨文公司	Oracle	1.2
微软公司	Microsoft	1.2
国际商业机器股份有限公司	IBM, International Business Machines Corporation	1.2
视窗	Windows	1.2
软件本地化	Software Localization	1.2
利默里克大学	University of Limerick	1.3
世界贸易组织	WTO, World Trade Organization	1.3
翻译本科专业	BTI, Bachelor of Translation and Interpreting	1.3
计算机辅助翻译	CAT, Computer-Aided Translation	1.3
翻译硕士专业学位	MTI, Master of Translation and Interpreting	1.3
谷歌神经翻译系统	GNMT, Google Neural Machine Translation System	1.3
人工智能	AI, Artificial Intelligence	1.5
	第二章	
记事本	Notepad	2.1.1
纯文本	Plain Text	2.1.1
媒体	Media	2.1.1
资源	Resource	2.1.1
链接	Link	2.1.1
超文本	HyperText	2.1.1
超链接	HyperLink	2.1.1
网站服务器	Web Server	2.1.2
服务器	Server	2.1.2
服务	Service	2.1.2
用户	User	2.1.2

续表

中　　文	英　　文	章节
顾客	Customer	2.1.2
客户端	Client	2.1.2
网	Web	2.1.2
万维网	World Wide Web	2.1.2
互联网	Internet	2.1.2
网页浏览器	Web Browser	2.1.2
统一资源定位符	URL, Uniform Resource Locator	2.1.2
网址，网站地址	Web Address, Website Address	2.1.2
数据库	Database	2.1.2
浏览器	Browser	2.1.2
权限	Authorization	2.1.2
标记语言	Markup Language	2.2.1
标记标签	Markup Tag	2.2.1
标记，标签	Tag	2.2.1
开始标签	Opening Tag, Start Tag	2.2.1
结束标签	Closing Tag, End Tag	2.2.1
属性	Attribute	2.2.1
名称	Name	2.2.1
超文本引用	href, Hypertext Reference	2.2.1
值	Value	2.2.1
半角双引号，英文双引号	Halfwidth Quotation Mark, Double Quotation Marks, Double Quotes	2.2.1
尖括号 < >	Angle Bracket	2.2.1
元素	Element	2.2.1
<!DOCTYPE> 声明	<!DOCTYPE> Declaration	2.2.2
HTML 文件	HTML Document	2.2.2
超文本标记语言	HTML, Hypertext Markup Language	2.2.2
粗体	Bold	2.2.2
斜体	Italics	2.2.2

续表

中　文	英　文	章节
渲染	Rendering	2.2.2
根元素	Root Element	2.2.2
元数据	Metadata	2.2.2
字符集	charset, Character Set	2.2.2
美国国家标准学会	ANSI, American National Standard Institute	2.2.2
美国信息交换标准代码	ASCII, American Standard Code for Information Interchange	2.2.2
二进制	Binary Number System	2.2.2
十进制	Decimal Number System	2.2.2
十六进制	Hexadecimal Number System	2.2.2
统一码联盟	Unicode Consortium	2.2.2
统一码标准	Unicode Standard	2.2.2
统一码转换格式	Unicode Transformation Format	2.2.2
UTF-8	8-bit Unicode Transformation Format	2.2.2
标题	Heading	2.2.2
段落	Paragraph	2.2.2
编程语言	Programming Language	2.2.2
标记语言	Markup Language	2.2.2
		2.2.2
第三章		
编辑器	Editor	3.2.1
集成开发环境	IDE, Integrated Development Environment	3.2.2
美国国家超级计算中心	National Center for Supercomputing Applications	3.2.2.1
补丁	Patches	3.2.2.1
结构化查询语言	SQL, Structured Query Language	3.2.2.1
PHP：超文本预处理器	PHP: Hypertext Preprocessor	3.2.2.1
实用信息抽取和报告语言	Perl, Practical Extraction and Reporting Language	3.2.2.1
主机	Host	3.2.2.1
本地主机	Localhost	3.2.2.1

续表

中　　文	英　　文	章节
主机文件	htdocs, Host Documents	3.2.2.1
跨平台	Cross-Platform	3.2.2.2
数据表	Table	3.2.2.3
字符串	String	3.2.2.4
第四章		
大小写不敏感	ci, case insensitive	4.1.1
大小写转换键	Caps Button	4.1.1
大小写锁定键	Caps Lock Button	4.1.1
术语定义	Term Definition	4.1.1
术语数据	Term Data	4.1.1
字段	Field	4.1.1
列	Column	4.1.1
区域设置	Locale	4.1.1
数据类型	Data Type	4.1.1
数字	Number	4.1.1
文本	Text	4.1.1
日期 / 时间	Date	4.1.1
整数型 / 整形	INT	4.1.1
可变长字符串	VARCHAR	4.1.1
排序规则	Collocation	4.1.1
索引	Index	4.1.1
主键	PRIMARY KEY	4.1.1
自动增长	AI, Auto Increment	4.1.1
边框宽度	Border Width	4.2.1
像素值	Pixel Value	4.2.1
制表键	Tab, Tabulator, Tabular Key	4.2.1
空格键	Space	4.2.1
变量	Variable	4.2.2

续表

中　文	英　文	章节
“$”符号	Dollar Sign	4.2.2
变量名称	Variable Name	4.2.2
变量值，变量的值	Variable Value	4.2.2
半角分号;	Semicolon	4.2.2
半角圆括号 ()	Parentheses	4.2.2
代码注释	Comment	4.2.2
函数	Function	4.2.2
参数	Parameter, Argument	4.2.2
形参，形式参数	Formal Parameter	4.2.2
实参，实际参数	Actual Argument	4.2.2
函数的“调用”	Call a function, Invoke a function	4.2.2
条件语句	Conditional Statement	4.2.2
布尔类型	Boolean	4.2.2
真	TRUE	4.2.2
假	FALSE	4.2.2
两个等号 ==	Equal	4.2.2
半角叹号!	Exclamation Mark, Negative Sign	4.2.2
花括号 {}	Curly Brackets	4.2.2
半角双引号 ""	Halfwidth Quotation Mark, Double Quotation Marks, Double Quotes	4.2.2
半角单引号 ''	Single Quotation Marks, Single Quote	4.2.2
句号，点	Period, Dot	4.2.2
连接	Concatenation	4.2.2
连接运算符	Concatenation Operator	4.2.2
while 循环语句	while loop	4.2.2
数组	Array	4.2.2
索引数组	Indexed Array	4.2.2
关联数组	Association Array	4.2.2
键	Key	4.2.2

续表

中　　文	英　　文	章节
键值	Value	4.2.2
半角方括号 []	Square Brackets	4.2.2
循环	Loop	4.2.2
空行	Line Break	4.2.2
表单	Form	4.3.1
自闭合标签	Self-closing Tag	4.3.1
超全局变量	Superglobal	4.3.2
第五章		
增删改查	CRUD, Create, Read, Update, and Delete	5
默认字符集	DEFAULT CHARACTER SET	5.1.1
默认排序规则	DEFAULT COLLATE	5.1.1
反引号 ``	Backtick	5.1.1
删除数据库	DROP	5.1.1
范围解析操作符 ::	Scope Resolution Operator	5.2.2.2
工作表	Sheet	5.2.2.2
for 循环语句	for loop	5.2.2.2
计数器	Counter	5.2.2.2
自增，增量运算符 ++	Increment Operator	5.2.2.2
数据记录	Record	5.3.2
会话	Session	5.7.1
导航栏	Navigation Bar	5.7.2
第六章		
翻译记忆	TM, Translation Memory	6
翻译记忆交换文件格式	TMX, Translation Memory eXchange format	6
句段	SEG, Segment	6
翻译单元	TU, Translation Unit	6
对齐工具	Alignment Tool	6.1

续表

中　文	英　文	章节
可扩展性标记语言	XML, Extensible Markup Language	6.1
翻译单元语言版本	TUV, Translation Unit Variant	6.1
对象	Object	6.2
JavaScript 对象表示法	JSON, JavaScript Object Notation	6.2
转义符	Escape Character	6.3.2
反斜杠，反斜线 \	Backslash	6.3.2
跳过	Escape	6.3.2
模糊匹配	Fuzzy Match	6.3.4
句子相似度	Sentence Similarity	6.3.4
编辑距离	Edit Distantce	6.3.4
第七章		
字符组	Character Classes	7.3
左斜杠，左斜线 /	Slash, Forward Slash	7.3
第八章		
正则表达式	Regular Expression	8
下画线 _	Underscore	8.1.2
第九章		
机器翻译 + 译后编辑	MTPE, Machine Translation and Post-Editing	9
应用程序接口	API, Application Programming Interface	9.1
开发者	Developer	9.1
人工智能全民化	Democratizing AI	9.3